普通高等教育"十三五"规划教材——化工环境系列
兰州理工大学研究生重点学位课程建设项目

环境污染控制原理

张　婷　主编

中国石化出版社

内 容 提 要

　　本书为环境工程专业基础课教材，主要包括沉降与过滤原理、吸附过程原理、萃取过程原理、离子交换过程原理、膜分离过程原理、反应动力学及其解析方法、固相催化反应等内容，紧扣工程实际，偏重理论分析及前沿信息的整理。

　　本书适合高等院校环境工程专业高年级本科生或研究生使用，也可供工程技术人员参考使用。

图书在版编目(CIP)数据

环境污染控制原理 / 张婷主编 . —北京：中国石化出版社，2020.6
普通高等教育"十三五"规划教材 . 化工环境系列
ISBN 978-7-5114-5795-0

Ⅰ.①环… Ⅱ.①张… Ⅲ.①环境污染–污染控制–高等学校–教材 Ⅳ.①X506

中国版本图书馆 CIP 数据核字(2020)第 096123 号

中国石化出版社出版发行

地址:北京市东城区安定门外大街 58 号
邮编:100011　电话:(010)57512500
发行部电话:(010)57512575
http://www.sinopec-press.com
E-mail:press@sinopec.com
北京科信印刷有限公司印刷
全国各地新华书店经销

*

787×1092 毫米 16 开本 12.75 印张 320 千字
2020 年 9 月第 1 版　2020 年 9 月第 1 次印刷
定价:45.00 元

前　言

当今世界面临的环境问题越来越多，也越来越复杂。水污染、大气污染、土壤污染等问题日益凸显；污染物的种类多且组合复杂；污染地区社会条件、经济条件的多样性也会影响污染程度。环境污染的多样性和复杂性决定了环境污染控制技术的多样性和复杂性，也迫切需要环境领域专业技术人才应具有系统的专业理论基础和良好的素质及综合能力。

"环境污染控制原理"是为环境工程专业硕士研究生开设的一门专业基础课程。目前该课程已经成为环境工程专业硕士研究生的核心课程。该课程的任务是系统、深入地阐述环境污染控制工程，即水质净化与水污染控制工程、大气（包括室内空气）污染控制工程、固体废物处理处置等技术以及污染控制装置的基本原理，为相关的专业课程打下良好的理论基础。

鉴于以上，作者针对环境工程专业的特点，以及"环境污染控制原理"课程的开设任务，为环境工程专业学生编写了这本教材。该教材系统分析和归纳总结了水处理工程、大气污染控制工程、固体废物处理处置等所涉及的技术原理及污染控制装置的设计计算，如沉降、过滤、吸附、萃取、离子交换、膜分离、化学反应动力学、固相催化反应等等。这些内容的阐述具有较强的理论性和系统性，体现了环境工程专业的特色。笔者希望通过对本教材的学习，读者能够系统、深入学到环境净化与污染控制工程的基本技术原理、工程设计计算的基本理论以及分析问题和解决问题的方法，为后续的专业课程学习和解决实际工程问题打下良好的基础。

本书是在"环境污染控制原理"讲义的基础上编写的，并参考了多本国内外优秀教材。本书由张婷主编，研究生陈敏敏、刘晋、刘爽、李业云、钱春园、董玲玉、白格、郭旗扬等参与了资料收集、文字编辑和校对的工作，本书由兰州理工大学俞树荣教授主审，兰州理工大学王毅教授审阅并提出了宝贵意见；本书由"兰州理工大学研究生重点学位课程建设项目"资助出版，在此一并表示感谢。本书在编写过程中参考了大量的教材和专著，在此对这些著作的作者也表示感谢。

目　　录

绪　　论

一、环境污染与环境保护

1. 环境的基本概念

（1）环境的定义

环境是指影响人类生存和发展的各种天然的和经过人工改造的自然因素的总体，包括大气、水、海洋、土地、矿藏、森林、草原、野生生物、自然遗迹、人文遗迹、自然保护区、风景名胜区、城市和乡村等。

（2）环境的分类

环境可以按照不同的分类方法进行分类。按时间尺度划分为古代环境、近代环境、现代环境、未来环境；按空间尺度划分为聚落环境、地理环境、地质环境、星际环境；按组成要素或学科划分为大气环境、水环境、土壤环境、生物环境；从生态学角度可划分为陆生环境、水生环境；按环境的形成可分为自然环境和人工环境；从环境与人类的关系密切程度可划分为生活环境和生态环境。其中最重要的就是与人类生存和发展关系极为密切的生活环境和生态环境了。生活环境是指与人类生活密切相关的衣、食、住、行、欣赏、娱乐等各种天然的和经人工改造的自然因素，如房屋周围的空气、河流、水塘、花草树木、风景名胜、城镇、乡村等。而生态环境是指影响生态系统发展的各种生态因素，即环境条件，包括气候条件、土壤条件、水文条件、生物条件、地理条件和人文条件的综合体。

（3）环境的基本特征

环境具有三个最基本的特性：整体性、区域性、变动性。整体性指环境的各个组成部分和要素之间构成了一个有机的整体。环境的区域性在于各个不同层次或不同空间的地域，其结构方式、组成程序、能量物质流动规模和途径、稳定程度等都具有相对的特殊性，从而显示出区域性特征。环境的变动性是指在自然和人类社会行为的共同作用下，环境的内部结构和外在状态始终处于不断变化的过程中。当人类行为作用引起环境结构与状态的改变不超过一定的限度时，环境系统的自动调节功能可以使这些改变逐渐消失，其结构和状态恢复原有面貌。否则，会使环境系统发生不可逆转的变化，这种变化称为环境恶化。

2. 环境问题

广义上的环境问题，是指由于自然演变、自然灾害或人类活动作用对周围环境所引起的环境质量变化，以及这种变化对人类的生产、生活和健康造成的影响。

（1）环境问题的分类

环境问题可以分为原生环境问题(第一类环境问题)和次生环境问题(第二类环境问题)。

原生环境问题是由于自然因素造成的，如洪水、旱灾、虫灾、台风、地震、火山爆发等，属于人类不可抗力的环境问题。虽然这些因素对生态系统的破坏是极其严重的，且具有突发性的特点，但这类因素通常只是局部的，且出现的频率不高，对人类生存影响并不是很大，但对生态环境有一定的影响，例如火山爆发会产生大量的二氧化碳、二氧化硫、火山灰等有害物质(美国华盛顿州的圣·海伦斯火山在 1982 年 6 个月内就喷出 $9.1×10^5$ t 二氧化碳),从而破坏了自然界原有的碳、硫循环,污染了环境。

次生环境问题是指由于人类活动引起的环境质量恶化或生态系统失调,以及这些变化对人类的生产、生活以至健康造成有害影响的现象。人类在利用自然资源进行生产活动,改善人类生活条件的同时,也向周围环境排出了大量的废弃物,其数量远远超过了生态系统的自身调节能力,正常的生态关系被打乱,造成了生态平衡的失调,产生了环境污染。例如,自工业革命以来由于化石燃料的大量使用,致使每年向大气中排放的二氧化碳量高达 $200×10^8$ t 以上,破坏了原有环境中的碳循环,加之地球上大片原始森林被采伐、草原被开垦,绿色植物吸收二氧化碳量减少,造成大气中二氧化碳含量显著趋于增长,在环境中产生所谓的"温室效应",促使地球变暖,这是人类有史以来面临的最大危机,这场危机是全球性的,也直接威胁到人类文明。又如,现代工业的发展,特别是化学工业的发展,导致大量种类繁多的人工合成新物质产生,也带来了新的环境污染问题。其中较为突出的例子就是化学农药的使用,近年来广泛使用的杀虫剂、杀菌剂、除莠剂、植物生长素等虽然对农业生产的发展起了很大作用,但也对人类和其他生物产生了不同程度的危害。由以上两例可见,由于人为因素对生态平衡的破坏而导致的对生态系统平衡的破坏是最常见的、最主要的,这种影响往往是缓慢的、长效应的,而且这种破坏作用也常常是难以扭转的。因此次生环境问题是人类更为关注的环境问题,我们所说的环境污染,主要是对次生环境问题而言的。

次生环境问题按性质一般可分为生态破坏和环境污染两大类。生态破坏类环境问题是指不合理地开发、利用自然资源所造成的环境破坏和资源浪费。由于盲目开耕荒地、滥伐森林、过度放牧、掠夺性捕捞、乱挖滥采、过量抽取地下液体资源等而引起的水土流失、草原退化、地面沉降、土壤沙漠化、盐碱化、沼泽化,森林面积急剧缩小,矿藏资源遭破坏,水源枯竭,野生动植物资源和水生生物资源日益减少,旱涝灾害频繁,以至流行性、地方性疾病蔓延等问题。污染类环境问题指城市化和工农业高速发展而引起的"三废"污染、噪声、放射性和农药污染等环境问题,包括大气污染、水污染、土壤污染等,也包括上述污染所衍生的环境效应,如温室效应、臭氧层破坏、酸雨等。

(2)环境问题的产生

① 原始捕猎阶段:这一阶段因人口自然增长引起,盲目的乱采滥捕,导致森林破坏、猎物缺乏,引起饥荒。

② 农牧阶段:在这一阶段,由于农牧业生产活动引起的盲目开垦,破坏森林、草原,导致水土流失、土地沙漠化、盐渍化等环境问题。

③ 现代工业阶段:这一阶段由于工业的飞速发展,过度开采资源,排放"三废",造成生态破坏、环境污染。

(3)当前人类面临的主要环境问题

当前人类正面临着十分严峻的环境问题,造成环境问题的因素是多方面的。

① 人口和资源问题

人口的急剧增加是当今环境的首要问题。1999 年世界人口突破了 60 亿,比 20 世纪初增长了 4 倍。截至 2019 年 1 月 24 日,全球 230 个国家的人口总数为 75.79 亿,其中中国以 13.95 亿人位居第一,成为世界上人口最多的国家,印度以 13.54 亿人位居第二。随着世界人口的增长和生活水平的提高,资源消耗并未等比例的增加,而是加速增长资源消耗。1950 年到 2003 年间,全球对水资源的需求量提高了 3 倍,对燃料的需求提高了 4 倍,肉类需求增长550%，二氧化碳排放量增加400%。1950年全球共有汽车5300万辆，而到了2002年增加到5.65亿辆；纸张消费在1961年到2002年间增加了423%，在此期间，地球的森林覆盖面积减少了12%，欧洲河流和湖泊里的生物种类减少了55%。占全球人口20%的发达国家，每年却消耗了世界75%以上的资源。

② 大气污染问题

大气污染问题主要包括：温室气体过量排放造成的气候变化，广泛的大气污染和酸沉降，臭氧层破坏以及有毒有害化学物质的污染危害及其越境转移等。其中温室效应、酸雨和臭氧层破坏已经成为全球环境的三大问题。

温室效应是指大气层中某些微量组分能使太阳的短波辐射透过，加热地面，而地面增温后所放出的热辐射，却被这些组分所吸收从而使大气增温。主要的温室气体有 CO_2、CH_4、N_2O、CFC（氟氯烷烃类物质）等，其中 CO_2 的作用占55%，CFC占24%。温室效应会引起全球气候变暖，海平面上升，改变降雨和蒸发体系，影响农业和粮食资源，改变大气环流进而影响海洋水流、导致富营养化地区的迁移、海洋生物的再生分布和一些商业捕鱼区的消失。

酸雨是指pH值小于5.6的降水。酸雨的形成原因是大量 SO_2 和 NO_x 的排放，包括自然排放和人为排放，以人为排放为主。酸雨的危害包括：破坏森林生态系统，破坏土壤的性质和结构，破坏水生生态系统，腐蚀建筑物和损害人体的呼吸系统和皮肤。

臭氧层位于离地面25km的平流层中吸收来自太阳的99%高强度紫外线，保护地球生命。由于人类在生产和生活活动中排放氟利昂和其他臭氧层消耗物质（ODS），这些物质虽是较重的气体，但可以在2~5年的时间内扩散到平流层。每年从9月到11月，南极上空会出现臭氧减少的现象，即臭氧空洞现象；北极和青藏高原上空也会出现臭氧空洞现象。臭氧的减少将导致地面接收紫外线辐射量的增加，对健康和植物产生影响。对人体健康来说，臭氧减少1%紫外线辐射所引起的白内障将使10万人失明，并增加3%的非黑瘤皮肤癌。而对于农作物，臭氧减少25%，农作物产量将减少20%~25%。

③ 水环境污染问题

淡水资源在地球上分布的不均匀，导致许多地区缺水，又由于城市化和工业发展，需消耗大量的水，同时大量污染物的排放破坏了水体的生态平衡，更加加剧了水的供求矛盾。

水体是河流、湖泊、沼泽、水库、地下水、冰川和海洋等"贮水体"的总称。与水不同，它不仅包括水，还包括水中悬浮物、溶解物质、底泥及水生生物等。水体污染是指排入水中的物质在数量上超过了该物质在水体中的本底含量和环境容量，使水体和水体底泥的物理、化学性质或生物群落组成发生变化，从而降低了水体的使用价值。水体具有在其环境容量的范围内，通过物理、化学和生物作用，使进入水体的污染物浓度得以降解，消除其污染物的毒性的能力。若超出这个范围，则水质会恶化，变得黑臭。

④ 固体废弃物问题

随着经济的发展、城市化进程的加快和人民生活水平的提高，垃圾的排放量迅速增加，现状不容乐观。由于人们的生活节奏加快，饮食方面常以快捷的速食品作为首选食物，一日三餐丢弃的塑料包装盒、包装袋、快餐盒、易拉罐、罐头盒等越来越多；很多的废旧家用电器、生活日用品的丢弃量也日益增长。除了生活垃圾，建筑垃圾和一些化工厂、电镀厂、塑料厂等企业产生的大量有害垃圾数量也很庞大。

我国是世界上垃圾问题最严重的国家之一。中国全国工业固体废物年产生量达 $8.2 \times$

10^8t，综合利用率约 46%。全国城市生活垃圾年产生量为 $1.4×10^8$t，达到无害化处理要求的不到 10%。塑料包装物和农膜导致的白色污染已蔓延全国各地。

⑤ 生态破坏问题

全球目前有 70% 的土地面积存在不同程度的土地退化。由于世界人口的不断增加，致使人均占有土地面积将逐渐减少。全球 $50×10^8$ 公顷（1 公顷 = 10000m²）可耕地中，已有 84% 的草场、59% 的旱土和 31% 的水浇地明显贫瘠，饥饿和营养不良地区逐渐扩大，土地的水土流失和荒漠化已威胁到全人类的生存。随着森林资源的逐渐削减，水土流失现象必然加剧，毁林灭草是加剧水土流失的根本原因。目前，全球水土流失面积达 30%，每年流失的具有生产力的表层土 $250×10^8$t，每年损失 500 万～700 万公顷耕地。如果土壤以这样的毁坏速度计算，每 20 年丧失掉的耕地就等于今天印度的全部耕地面积（$1.4×10^8$ 公顷）。中国是全世界水土流失最严重的国家，截至 2004 年，已有 4200 万公顷的耕地出现不同程度的水土流失，约占中国耕地总面积的 43%，每年约有 $50×10^8$t 泥沙流入江河湖海，其中 62% 左右来自耕地表层。此外，土地荒漠化、盐碱化面积也不断增大。

与此同时，人类正面临着继 650 万年前恐龙灭绝后最大的一场生物多样性危机，目前世界上每小时就有一个物种消失。据国外的科学家估计，物种丧失的速度比人类干预以前的自然灭绝速度要快 1000 倍。在 1990～2020 年之间，因砍伐森林而损失的物种，可能要占世界物种总数的 5%～25%，即每年损失 15000～50000 个物种，或每天损失 40～140 个物种。据联合国环境计划署估计，在未来的 20～30 年之中，地球总生物多样性的 25% 将处于灭绝的危险之中。中国是生物多样性破坏较严重的国家，高等植物中濒危或接近濒危的物种达 4000～5000 种，约占中国拥有的物种总数的 15%～20%，高于世界 10%～15% 的平均水平。在联合国《国际濒危物种贸易公约》列出的 640 种世界濒危物种中，中国有 156 种，约占总数的 1/4。中国滥捕乱杀野生动物和大量捕食野生动物的现象仍然十分严重，屡禁不止。

3. 环境科学与环境保护

（1）环境科学及其研究的对象和任务

环境科学是一门由多学科到跨学科的庞大学科体系组成的新兴学科，也是一个介于自然科学、社会科学和技术科学之间的边际学科。环境科学可定义为"是一门研究人类社会发展活动与环境演化规律之间相互作用关系，寻求人类社会与环境协同演化、持续发展途径与方法的科学"。

环境科学是研究"人类—环境"系统的发生和发展、调节和控制以及改造和利用的科学。环境科学的研究对象是"人类与环境"这对矛盾之间的关系，其目的是要通过调整人类的社会行为，保护、发展和建设环境，从而使环境永远为人类社会持续、协调、稳定的发展提供良好的支持和保证。环境科学的研究对象和研究目的决定了它不可能被传统的自然科学、社会科学和技术科学中的任一门类所包容，它既与三大门类中的许多学科有着密切的联系，又具有统一的学科思想、综合的研究方法和学科概念体系等整体化特征。

环境科学的具体研究内容包括：①人类社会经济行为引起的环境污染和生态破坏，环境系统在人类活动影响下的变化规律；②确定环境质量恶化的程度及其与人类社会活动的关系；③寻求人类社会与环境协调持续发展的途径和方法，以争取人类社会与自然界的和谐。

环境科学的主要任务有：①探索全球范围内环境演化的规律；②揭示人类活动同自然生态之间的关系；③探索环境变化对人类生存的影响；④研究区域环境污染综合防治的技术措

施和管理措施。

（2）环境科学的分支学科

由于人类生存环境的复杂性和其中自然过程的多样性决定了环境工程包罗万象，也决定了该学科与其他许多学科紧密相连，特别是和化学工程、土木工程、生物工程等课程体系都有交叉。环境科学的分支学科如图1所示。

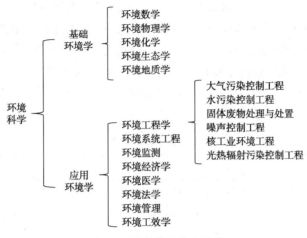

图1　环境科学的分支学科

（3）环境保护的概念和任务

环境保护指人类为解决现实的潜在的环境问题，维持自生的生存和发展而进行的各种具体实践活动的总称。保护环境和自然资源的中心任务，一是保护、增殖可更新资源使其恢复和不断更新扩大，为人类所永续利用；保护和合理利用不可更新资源使其避免破坏和浪费并为人类所充分利用，以保护和改善生活环境和生态环境。二是防治环境污染和其他公害，即积极防治人类生产、生活活动过程中产生的废气、废水、废渣、粉尘、垃圾、放射性物质，以及农药等有害物质和噪声、振动、恶臭等对环境的污染和危害，保障人体健康，促进社会现代化事业的发展。环境保护内容可用图2表示。

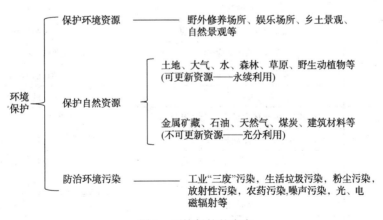

图2　环境保护的内容

二、环境污染控制技术及原理简介

1. 水污染控制技术

水中污染物的可按性质分为：有机污染物、无机污染物、致病微生物和放射性污染物。水处理的基本目的是利用各种技术，将污水中的污染物分离去除或将其转化为无害物质，使污水得到净化。水处理的方法种类繁多，归纳起来可以分为物理法、化学法和生物法三大类。物理法是利用物理作用分离水中污染物的方法，在处理过程中不改变污染物的化学性质。化学法是利用化学反应的作用处理水中污染物的方法，通常改变污染物在水中的存在形式，使之从水中去除，或者使污染物彻底氧化分解、转化为无害物质，从而达到水质净化和污水处理的目的。生物法是利用生物特别是微生物的作用，使水中的污染物分解、转化成无害物质的方法。各种水处理方法的原理与主要去除对象分别如表1~表3所示：

表1　水的物理处理法

处理方法	主要原理	主要去除对象
沉淀	重力沉降作用	相对密度大于1的颗粒
离心分离	离心沉降作用	相对密度大于1的颗粒
气浮	浮力作用	相对密度小于1的颗粒
过滤(砂滤等)	物理阻截作用	悬浮物
过滤(筛网过滤)	物理阻截作用	粗大颗粒、悬浮物
反渗透	渗透压	无机盐等
膜分离	物理截留等	较大分子污染物
蒸发浓缩	水与污染物的蒸发性差异	非挥发性污染物

表2　水的化学处理法

处理方法	主要原理	主要去除对象
中和法	酸碱反应	酸性、碱性污染物
化学沉淀法	沉淀反应、固液分离反应	无机污染物
氧化法	氧化反应	还原性污染物、有害微生物(消毒)
还原法	还原反应	氧化性污染物
电解法	电解反应	氧化、还原性污染物
超临界分解法	热分解、氧化还原反应、游离基反应等	几乎所有的有机污染物
汽提法	污染物在不同相间的分配	有机污染物
吹脱法	污染物在不同相间的分配	有机污染物
萃取法	污染物在不同相间的分配	有机污染物
吸附法	界面吸附	可吸附性污染物
离子交换法	离子交换	离子性污染物
电渗析法	离子迁移	无机盐
混凝法	电中和、吸附架桥作用	胶体性污染物、大分子污染物

表 3　水的生物处理法

处理方法		主要原理	主要去除对象
好氧处理法	活性污泥法 生物膜法 流化床法	生物吸附、生物降解	可生物降解性有机污染物、还原性无机污染物（NH_4^+等）
生态技术	氧化塘 土地渗滤 湿地系统	生物吸附、生物降解、土壤吸附、植物吸附与吸收	有机污染物、氮、磷、重金属
厌氧处理法	厌氧消化池 厌氧接触法 厌氧生物滤池 高效厌氧反应器（UASB[①]等）	生物吸附、生物降解	可生物降解性有机污染物、氧化态无机污染物（NO_3^-，SO_4^{2-}）
厌氧-好氧 联合工艺		生物吸附、生物降解、硝化-反硝化、生物摄取与排出	有机污染物、氮（硝化-反硝化）、磷

注：①UASB：upflow anaerobic sludge blanket（升流式厌氧污泥床反应器）。

2. 空气污染控制技术

空气中的污染物种类繁多，根据其存在的状态可分为颗粒/气溶胶态污染物和气态污染物。空气净化和大气污染控制技术可分为分离法和转化法两大类。分离法是利用污染物与空气的物理性质的差异使污染物从空气或废气中分离的方法。转化法是利用化学反应或生物反应，使污染物转化成无害物质或易于分离的物质，从而使空气或废气得到净化与处理的一类方法。常见的空气净化和大气污染控制技术如表 4 所示。

表 4　空气净化与废气处理技术

处理技术	主要原理	主要去除对象
机械除尘	重力沉降作用、离心沉降作用	颗粒/气溶胶状态污染物
过滤除尘	物理阻截作用	颗粒/气溶胶状态污染物
静电除尘	静电沉降作用	颗粒/气溶胶状态污染物
湿式除尘	惯性碰撞作用、洗涤作用	颗粒/气溶胶状态污染物
物理吸收法	物理吸收	气态污染物
化学吸收法	化学吸收	气态污染物
吸附法	多孔固体表面吸附	气态污染物
催化氧化法	氧化还原反应	气态污染物
生物法	生物降解作用	可降解性有机污染物、还原态无机污染物
燃烧法	燃烧反应	有机污染物
稀释法	扩散	所有污染物

3. 土壤污染控制技术

由于土壤的物理结构和化学成分比较复杂，污染土壤的净化比废水与废气处理困难得多。污染土壤的净化技术可分为物理法、化学法和生物法。几种代表性的土壤净化方法如表 5 所示。

7

表 5　土壤净化与污染控制技术

处理技术	主要原理	主要去除对象
客土法	稀释作用	所有污染物
隔离法	物理隔离（防止扩散）	所有污染物
清洗法(萃取法)	溶解作用	溶解性污染物
吹脱法(通气法)	挥发作用	挥发性有机物
热处理法	热分解作用、挥发作用	有机污染物
电化学法	电场作用（移动）	离子或极性污染物
焚烧法	燃烧反应	有机污染物
微生物净化法	生物降解作用	可降解性有机污染物
植物净化法	植物转化、植物挥发、植物吸收/固定	重金属、有机污染物

4. 固体废弃物处理处置技术

固体废弃物按其来源可分为工业固体废弃物和城市垃圾两大类。固体废弃物的处理处置往往与其中所含可利用物质的回收、综合利用联系在一起。常用的固体废弃物处理处置技术如表 6 所示。

表 6　固体废弃物处理处置技术

处理技术	主要原理	主要去除对象
压实	压强（挤压）作用	高孔隙率固体废弃物
破碎	冲击、剪碎、挤压破碎	大型固体废弃物
分选	重力作用、磁力作用	所有固体废弃物
脱水/干燥	过滤作用、干燥	含水量高的固体废弃物
中和法	中和反应	酸性、碱性废渣
氧化还原法	氧化还原反应	氧化还原性废渣(如铬渣)
固化法	固化与隔离作用	有毒有害固体废弃物
堆肥	生物降解作用	有机垃圾
焚烧	燃烧反应	有机固体废弃物
填埋处理	隔离作用	无机等稳定性固体废弃物

5. 环境污染控制技术原理

环境污染物的种类越来越多，再加上污染物的物理和化学性质千差万别，化学物质产生源以及在环境中的迁移转化规律异常复杂，由化学物质引起的环境污染问题也将越来越复杂。另外，不同的地区以及同一地区在不同时期的环境条件、社会条件和经济条件也各不相同，人与环境间的具体矛盾也随时间、空间的变化而变化，因此环境污染问题具有强烈的综合性和时间及地域特征。环境污染控制不能生搬硬套现有的技术和经验，应根据不同的目的、对象以及社会经济条件，选择最优的方案，采取适宜的管理与技术措施。

根据环境污染问题的以上特点和环境质量改善的不同需求，经过长期的探索和实践，已经开发出种类繁多的环境净化与污染控制技术，而这些技术在不同的地区和历史时期又有不同的表现形式，形成了体系庞大的环境净化与污染控制技术体系。但是，从技术原理上看，这些种类繁多的污染控制技术可以分为"隔离技术""分离技术"和"转化技术"三大类。隔离技术是将污染物和被污染物隔离，从而切断污染物向周围环境的扩散途径，防止污染进一步扩大；分离技术是利用污染物与被污染物或其他污染物在物理性质或化学性质上的差异使其与被污染物或其他污染物分离，从而达到污染物去除或回收利用的目的；转化技术是利用化学反应或生物反应，使污染物转化成无害物质或易于分离的物质，从而使被污染物得到净化与处理。

三、环境污染控制原理的主要研究内容和方法

1. 环境污染控制原理的研究对象和内容

环境污染控制原理的研究对象是环境净化与污染控制的基本理论和技术原理以及污染物净化装置的设计计算理论，其中技术原理部分包括污染物分离与转化的宏观机理和微观过程。环境净化与污染控制的宏观机理又包含分离过程(如沉降、过滤、吸附、萃取、膜分离等)机理和转化过程(如化学转化和生物转化)机理；而其微观过程主要是宏观现象的产生机制和微观步骤。

环境污染控制原理课程的目的是为提高环境净化与污染控制以及污染物净化装置的效率提供理论支持。也就是说该课程将从理论上指导环境净化与污染控制技术的选择，阐述提高污染物去除效率的思路、手段和方法。

2. 环境污染控制原理的基本研究方法

(1) 进行"量"与"变化速率"的数学计算。包括根据质量守恒与能量守恒原理进行的物料与能量衡算；根据物质与能量的迁移过程、转化过程进行的微观过程解析；最后提出变化速率的数学表达，为工程设计计算提供依据。

(2) 明确分析问题的基本思路。首先根据环境净化与污染控制的简单现象了解其宏观机理；然后进行微观过程分析，剖析组成宏观过程的基本要素，这是一个简单过程复杂化的过程，一个宏观过程往往是一系列微观过程的串联，宏观过程的速率往往由某个关键的微观过程速率所决定，该过程称为"控制步骤"或"控速过程"，进行微观过程分析的意义在于：有针对性地采取科学、合理的手段，提高污染物的去除效率；最后就是环境污染控制过程的数学表达，这是将复杂过程的简单化的过程，数学表达的目的在于对过程进行定量计算，这是工程设计计算的基础，而过程简单化的目的在于科学、合理的简化可大大简化计算过程，提高设计计算效率。

3. 本课程的主要内容

环境污染控制原理是充分吸收和借鉴了流体力学、传递工程原理、化工原理、反应工程原理等课程(学科)等比较成熟的理论，该课程的主要内容包括：

(1) 分离过程原理：主要阐述沉淀、过滤、吸附、萃取、离子交换、膜分离等基本分离过程的机理和基本设计计算理论。

(2) 反应工程原理：主要阐述化学与生物反应计量学及动力学、各类化学与催化反应器的解析与设计理论等。

第一章　沉降与过滤

在环境污染防治领域，对水体、空气、土壤进行净化以及从固体废弃物中回收有用物质都涉及混合物分离问题。分离就是将污染物与被污染物或其他污染物分离开来，从而达到去除污染物或回收有用物质的目的。

混合物根据性质可分为均相混合物和非均相混合物。均相混合物是指物质内部物料性质均匀且不存在相界面的混合体系，如溶液、混合气体。非均相混合物是指物系内部有两相界面，且界面两侧的物料性质截然不同的混合体系。

根据界面两侧的物料性质不同，非均相混合物可以分为五类：固-固体系，如固体混合物；固-液体系，如悬浮液；固-气体系，如含尘气体；液-气体系，如含雾气体；液-液体系，如乳浊液。

非均相混合物中包括分散相和连续相。分散相是指处于分散状态的物质，如分散在流体中的固体颗粒、液滴或气泡。连续相是指包围分散物质且处于连续状态的流体，如气态非均相物系中的气体、液态非均相物系中的连续液体。

均相和非均相混合物性质不同，分离方法也不同。常用的方法为传质分离和机械分离。传质分离是指依靠物质的分子运动（包括分子扩散与涡流扩散）实现混合物中各组分分离的方法，如吸收、吸附、萃取和膜分离等，分离对象为均相混合物。机械分离是指以力（重力、离心力、压差、电磁力）的作用引起颗粒或流体整体运动的分离方法，如沉降和过滤等，分离对象为非均相混合物。由机械分离的定义可知，均相混合物不能用机械的方法分离。

本章主要讨论的是非均相混合物用沉降和过滤的方法分离的相关过程。

第一节　沉　　降

一、概述

1. 沉降分离的一般原理

沉降分离主要用于颗粒物从流体中的分离。其基本原理是悬浮在流体（水或气体）中的颗粒物借助外场作用力（重力、离心力、电或惯性力等）产生定向作用，使颗粒物与流体之间发生相对运动，沉降到器壁、器底或其他沉积表面，实现颗粒物与流体的分离，或者使颗粒相增稠，流体相澄清的一类操作。

2. 沉降分离的类型

沉降分离按作用力的不同可分为重力沉降、离心沉降、电沉降、惯性沉降和扩散沉降。重力沉降和离心沉降是利用待分离的颗粒和流体之间存在的密度差，在重心或离心力的作用下使颗粒和流体之间发生相对运动；电沉降是将颗粒置于电场中使之带电，并在电场力的作用下使带电颗粒在流体中产生相对运动；惯性沉降是指颗粒物与流体一起运动时，由于在流体中存在的某种障碍物的作用，流体产生绕流，而颗粒物由于惯性偏离流体；扩散沉降是利用微小粒子布朗运动过程中碰撞在某种障碍物上，从而与流体分离。

本节主要讨论重力沉降和离心沉降。

3. 流体阻力

当某一颗粒在不可压缩的连续流体中稳定运行时，颗粒会受到来自流体的阻力。由于颗粒具有一定的形状，在流体中运动时必须排开其周围的流体，导致其前面的压力较后面的大，由此产生形状阻力。同时，流体具有一定的黏性，颗粒与周围流体之间存在黏性摩擦，从而产生摩擦阻力。通常把这两种阻力统称为流体阻力。

流体阻力的方向与颗粒物在流体中运动的方向相反，其大小与流体和颗粒物之间的相对运动速率 u、流体的密度 ρ、黏度 μ 以及颗粒物的大小、形状有关。只要颗粒与流体之间有相对运动，就会产生阻力。对于一定的颗粒和流体，只要相对运动速度相同，流体对颗粒的阻力就一样。

对于非球形颗粒物，这种关系一般非常复杂。只有对形状简单的球形颗粒物，在颗粒物与流体之间的相对运动速率很低时，才能列出理论关系式。

对于球形颗粒，根据量纲分析，可得出流体阻力的计算方程为

$$F_D = \xi_D A_p \frac{\rho u^2}{2} \qquad (1.1.1)$$

式中　ξ_D——由实验确定的阻力系数，量纲为 1；

　　　A_p——沉降颗粒在垂直于运动方向水平面的投影面积，对于球形颗粒，$A_p = \pi d_p^2 / 4$，m^2，d_p 为球形颗粒直径；

　　　u——颗粒与流体之间的相对运动速率，m/s；

　　　ρ——流体的密度，kg/m^3。

4. 阻力系数的计算

上面的阻力计算公式中，阻力系数 ξ_D 是颗粒的雷诺数（Re_p）和颗粒形状的函数，即

$$\xi_D = f(Re_p)$$

$$Re_p = \frac{d_p u \rho}{\mu} \qquad (1.1.2)$$

式中　μ——流体的黏度，Pa·s；d_p——颗粒的定性尺寸，对于球形颗粒，d_p 为其直径，m。

根据实验，阻力系数与雷诺数之间的关系如图 1.1.1 所示。

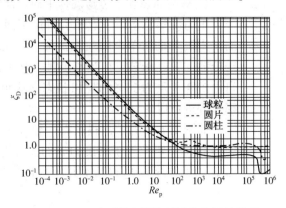

图 1.1.1　阻力系数与颗粒雷诺数之间的关系

（1）在层流区，当$Re_p \leqslant 2$时，颗粒运动处于层流状态，阻力系数与雷诺数之间的关系为

$$\xi_D = \frac{24}{Re_p} \qquad (1.1.3)$$

对于球形颗粒，将式(1.1.2)和式(1.1.3)代入式(1.1.1)中，得

$$F_D = 3\pi u d_p \mu \qquad (1.1.4)$$

这就是著名的斯托克斯阻力定律。通常把$Re_p \leqslant 2$的区域称为斯托克斯区域。

（2）在过渡区，当$2 < Re_p < 10^3$时，颗粒运动处于湍流过渡区，ξ_D与Re_p之间呈曲线关系，关系式为

$$\xi_D = \frac{18.5}{Re_p^{0.6}} \qquad (1.1.5)$$

当Re_p增大至超过层流区后，在颗粒半球线的稍前处就会发生边界层的分离，致使颗粒的后部产生旋涡，造成较大的摩擦损失。

（3）在湍流区，当$10^3 < Re_p < 2 \times 10^5$时，颗粒运动处于湍流状态，$\xi_D$几乎不随$Re_p$而变化，可近似表示为

$$\xi_D \approx 0.44$$

（4）在湍流边界层区，随着Re_p的增大（$Re_p > 2 \times 10^5$时），颗粒边界层内的流动由层流转变为湍流，边界层内的速度增大，使边界层的分离点向颗粒半球线的后侧移动。此时，颗粒后部的旋涡区缩小，形状阻力突然降低，阻力系数骤然下降，阻力系数从0.44降为0.1，并几乎保持不变，即

$$\xi_D = 0.1$$

当颗粒为其他形状的规则颗粒(圆柱和圆片)时，流体阻力和流体与颗粒的相对方位有关。当流体沿径向流向圆柱时，其流动情况与流过球形颗粒的情况类似，因此流体阻力ξ_D与颗粒的Re_p关系曲线也与球形颗粒的类似。

流体沿圆片轴向绕流时，情况就不同了，此时一旦出现边界层分离现象，即便使边界层内流动转变为湍流，分离点也不再移动，圆片后部的旋涡区不再缩小。因此在$Re_p > 2000$后，ξ_D基本保持不变。

二、重力沉降

1. 球形颗粒在重力场流体中的沉降过程

重力沉降是指由于地球引力作用而发生的颗粒沉降过程。而自由沉降是指单个颗粒在流体中沉降，或者颗粒群在流体中分散的较好而颗粒在互不接触，互不碰撞的条件下的沉降。自由沉降是重力沉降的理想状态。这里对比较理想的自由沉降过程进行讨论。

如图1.1.2所示，假设有一粒径为d_p、密度为ρ_p、质量为m的球形颗粒置于密度为ρ的流体介质中，颗粒将受到重力F_g、流体浮力F_b和流体阻力F_D的作用，且

$$F_g = \frac{\pi}{6} d_p^3 \rho_p g \qquad (1.1.6)$$

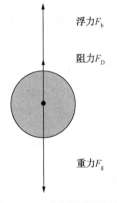

图1.1.2 重力沉降颗粒的
受力情况

浮力F_b

阻力F_D

重力F_g

$$F_b = \frac{\pi}{6} d_p{}^3 \rho g \qquad (1.1.7)$$

$$F_D = \xi_D \frac{\pi d_p{}^2}{4} \cdot \frac{\rho u^2}{2}$$

根据牛顿第二定律，颗粒所受到的合外力使得颗粒产生向下运动的加速度，即

$$F_合 = F_g - F_b - F_D = m \frac{du}{dt} \qquad (1.1.8)$$

$$\frac{\pi}{6} d_p{}^3 \rho_p g - \frac{\pi}{6} d_p{}^3 \rho g - \xi_D \frac{\pi d_p{}^2}{4} \cdot \frac{\rho u^2}{2} = m \frac{du}{dt} \qquad (1.1.9)$$

随着颗粒的沉降，当颗粒相对于流体的运动速度逐渐增大时，流体阻力 F_D 也逐渐增大，使得合外力不断减小，从而加速度不断减小，此时颗粒虽然进行加速运动，但是是一个减加速运动的过程。经过一段很短的时间后，作用在颗粒上的重力、浮力和流体阻力三者之间达到平衡，加速度变为零，此后，颗粒开始以恒速做下沉运动。颗粒沉降达到等速运动时的速度称为颗粒的沉降速度 u_t。

此时，颗粒在流体中所受的净作用力为零，即

$$\frac{\pi}{6} d_p{}^3 \rho_p g - \frac{\pi}{6} d_p{}^3 \rho g - \xi_D \frac{\pi d_p{}^2}{4} \cdot \frac{\rho u^2}{2} = 0 \qquad (1.1.10)$$

整理并用 u_t 表示沉降速度，可得：

$$u_t = \sqrt{\frac{4(\rho_p - \rho) d_p g}{3 \rho \xi_D}} \qquad (1.1.11)$$

式中　　u_t——颗粒沉降速度，m/s；

d_p——颗粒直径，m；

ρ_p——颗粒密度，kg/m^3；

ρ——流体密度，kg/m^3；

g——重力加速度，m/s^2；

ξ_D——阻力系数，为雷诺数的函数，无量纲。

由于阻力系数与颗粒雷诺数之间的关系曲线可分为几个不同的区域，因此颗粒沉降速度的计算也需要按不同的区域进行。

（1）在层流区中，$Re_p \leqslant 2$，将阻力系数计算式（1.1.3）代入式（1.1.11）中，整理得

$$u_t = \frac{d_p{}^2 (\rho_p - \rho) g}{18 \mu} \qquad (1.1.12)$$

该式称为斯托克斯（Stocks）公式。

（2）在过渡区中，$2 < Re_p < 10^3$，将阻力系数计算式（1.1.5）代入式（1.1.11）中，整理得

$$u_t = d_p \sqrt[3]{\frac{4 g^2 (\rho_p - \rho)^2}{225 \mu \rho}} \qquad (1.1.13)$$

该式称为艾伦（Allen）公式。

（3）在湍流区中，$10^3 < Re_p < 2 \times 10^5$，将 $\xi_D \approx 0.44$ 代入式（1.1.11）中，整理得

$$u_t = 1.74 \sqrt{\frac{(\rho_p - \rho) d_p g}{\rho}} \qquad (1.1.14)$$

该式称为牛顿（Newton）公式。

由上述公式可知，颗粒在流体中的沉降速度与许多因素有关。对于一定的流体体系，颗粒沉降速度只与颗粒粒径有关。因此可以根据颗粒粒径计算颗粒的沉降速度，也可以通过测定颗粒沉降速度来求颗粒粒径。

2. 沉降速度的计算

（1）公式法

如果在计算颗粒沉降速度时能确定颗粒沉降所处的流动区域，可直接使用对应区域的公式。

（2）试差法

通常，在不知道颗粒沉降速度的情况下，难以判断沉降属于哪个区域。因此，需要采用试差法计算颗粒的沉降速度。具体步骤为：先假设沉降处于层流区，则颗粒的沉降速度可按斯托克斯公式计算，然后按求出的颗粒沉降速度验证雷诺数是否在层流区，如果计算出来的$Re_p \leqslant 2$，说明颗粒沉降是在层流区，假设成立，计算出的颗粒沉降速度就是正确的；否则，可换用相应区域公式计算颗粒沉降速度，然后再验证相应的雷诺数是否在该区域，直到按假设的区域计算出的雷诺数值恰好与所用公式的雷诺数范围相一致为止。

（3）摩擦数群法

在ξ_D与Re_p的关系曲线图1.1.1中，由于ξ_D与Re_p都含有未知数u_t，无法用该图进行u_t的计算。但如果把图1.1.1进行适当的转换，使ξ_D与Re_p其中之一变成不包含u_t的已知数群，则可以直接求解u_t。

$$u_t = \sqrt{\frac{4(\rho_p-\rho)d_p g}{3\rho \xi_D}} \Rightarrow \xi_D = \frac{4(\rho_p-\rho)d_p g}{3\rho u_t^2}$$

$$Re_p = \frac{d_p u_t \rho}{\mu} \Rightarrow Re_p^2 = \frac{d_p^2 u_t^2 \rho^2}{\mu^2}$$

$$\xi_D Re_p^2 = \frac{4(\rho_p-\rho)d_p g}{3\rho u_t^2} \cdot \frac{d_p^2 u_t^2 \rho^2}{\mu^2} = \frac{4 d_p^3(\rho_p-\rho)\rho g}{3\mu^2}$$

以$\xi_D Re_p^2 \sim Re_p$作图，标绘在双对数坐标系中，如图1.1.3所示。

则u_t的计算步骤为：①计算$\xi_D Re_p^2$；②由图中查得相应Re_p；③由Re_p的定义式可以反算u_t。

若已知沉降速率求颗粒的直径，也可以采用类似的处理方法。

$$u_t = \sqrt{\frac{4(\rho_p-\rho)d_p g}{3\rho \xi_D}} \Rightarrow \xi_D = \frac{4(\rho_p-\rho)d_p g}{3\rho u_t^2}$$

$$Re_p = \frac{d_p u_t \rho}{\mu} \Rightarrow Re_p^{-1} = \frac{\mu}{d_p u_t \rho}$$

$$\xi_D Re_p^{-1} = \frac{4(\rho_p-\rho)d_p g}{3\rho u_t^2} \cdot \frac{\mu}{d_p u_t \rho} = \frac{4\mu(\rho_p-\rho)g}{3\rho^2 u_t^3}$$

以$\xi_D Re_p^{-1} \sim Re_p$作图，标绘在双对数坐标系中，如图1.1.3所示。

则u_t的计算步骤为：①计算$\xi_D Re_p^{-1}$；②由图中查得Re_p；③由Re_p的定义式可以求得d_p。

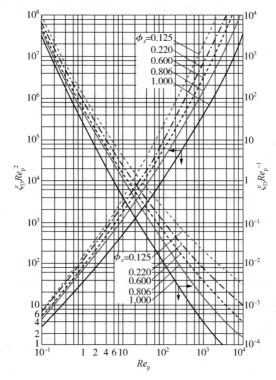

图 1.1.3　$\xi_D Re_p^2 \sim Re_p$ 及 $\xi_D Re_p^{-1} \sim Re_p$ 的关系曲线（ϕ_s 为颗粒球形度）

（4）无量纲判据 K

层流区的上限是 $Re_p = 2$，由 Re_p 的定义式和式（1.1.12）可得在层流区

$$Re_p = \frac{d_p u_t \rho}{\mu} \Rightarrow Re_p = \frac{d_p \rho}{\mu} \cdot \frac{d_p^2 (\rho_p - \rho) g}{18\mu} = \frac{d_p^3 (\rho_p - \rho) \rho g}{18\mu^2} \leqslant 2$$

令

$$K = \frac{d_p^3 (\rho_p - \rho) \rho g}{\mu^2}$$

则

$$Re_p = \frac{K}{18} \leqslant 2 \Rightarrow K \leqslant 36$$

湍流区的下限是 $Re_p = 1000$，则由 Re_p 的定义式和式（1.1.14）可得在湍流区

$$Re_p = \frac{d_p u_t \rho}{\mu} \Rightarrow Re_p = \frac{d_p \rho}{\mu} \times 1.74 \sqrt{\frac{(\rho_p - \rho) d_p g}{\rho}} = 1.74 \sqrt{\frac{d_p^3 (\rho_p - \rho) \rho g}{\mu^2}} \geqslant 1000$$

则

$$Re_p = 1.74 \sqrt{K} \geqslant 1000 \Rightarrow K \geqslant 3.3 \times 10^5$$

K 可以作为无量纲判据，用来判断沉降属于什么区域。所以，当 $K \leqslant 36$ 时，沉降属于层流区；当 $K > 3.3 \times 10^5$ 时，沉降属于湍流区。应用这种方法，只要已知颗粒直径，就能求出 K，从而就能判断沉降属于什么区域，不必再使用试差法。

【例题 1.1.1】直径为 $100\mu m$ 的少量玻璃珠分散于 20℃ 的清水中，已知玻璃珠的密度为 $2500 kg/m^3$，水的黏度为 $1.0 \times 10^{-3}\ Pa \cdot s$，试求：玻璃珠的沉降速度。

解：假设玻璃珠的沉降处于层流区，20℃的清水的密度为 998.2 kg/m³。

$$u_t = \frac{d_p^2(\rho_p - \rho)g}{18\mu} = \frac{(100 \times 10^{-6})^2 \times (2500 - 998.2) \times 9.81}{18 \times 1.0 \times 10^{-3}} = 0.0082 \, \text{m/s}$$

检验

$$Re_p = \frac{d_p u_t \rho}{\mu} = \frac{100 \times 10^{-6} \times 0.0082 \times 998.2}{1.0 \times 10^{-3}} = 0.82 < 2$$

假设成立，计算正确。

3. 沉降速度的影响因素

（1）干扰沉降

当颗粒的体积浓度小于 0.2% 时，理论计算值的偏差在 1% 以内，但当颗粒浓度较高时，由于颗粒间相互作用明显，便发生干扰沉降，自由沉降的公式不再适用。

（2）壁面效应

当颗粒在靠近器壁的位置沉降时，由于器壁的影响，沉降速度较自由沉降速度小，这种影响称为壁面效应。当器壁尺寸远远大于颗粒尺寸时（例如在 100 倍以上），容器壁面效应可忽略，否则需加以考虑。

（3）颗粒形状的影响

颗粒球形度越小，沉降速度越小；同一种固体物质，球形或近球形颗粒比同体积非球形颗粒的沉降快一些。

4. 沉降分离设备

在水处理中，基于重力沉降的原理进行固液分离的处理构筑物为沉淀（砂）池，最典型的形式是平流式沉淀池，如图 1.1.4 所示。

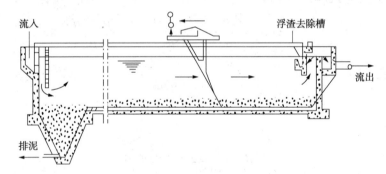

图 1.1.4　平流式沉淀池

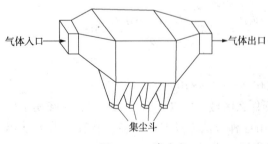

图 1.1.5　降尘室

在平流式沉淀池中，原水从进水区进入沉淀池，沿池长向出水口方向水平流动。原水中的颗粒物在流动过程中发生沉降，沉淀到池底部，经刮泥机汇入排泥斗，然后排出。与颗粒物分离后的处理水经出水堰收集，排出。

在气体净化中，用于分离气体中尘粒的重力沉降设备称为降尘室。如图 1.1.5 所示。

降尘室是指利用重力沉降从气流中分离出尘粒的设备。其操作原理是：降尘室是一个封闭设备，内部是一个空室，含尘气体进入降尘室后，因流动截面积的扩大而使颗粒与气体之间产生相对运动，颗粒向室底作沉降运动，只要在气流通过降尘室的时间内颗粒能够降至室底，尘粒便可从气流中分离出来，从而使气体得到净化。

（1）沉降设备的工作原理

以降尘室为例，假设降尘室的长、宽、高分别为 L、B 和 H（图1.1.6）。含尘气体进入降尘室后，均匀分布在整个入流断面上，并以速率 u_i 水平流向出口端。

假设某一直径为 d_p 的颗粒处于入流断面的顶部，该颗粒有两种运动：第一种运动是随流体的水平运动，从入口流到出口所需要的时间，即为颗粒在降尘室中的停留时间 $t_{停}$，即

$$t_{停} = \frac{L}{u_i} \qquad (1.1.15)$$

第二种运动是沉降运动。假设颗粒沉降速率为 u_t，则颗粒从降尘室顶沉降到底的沉降时间为

$$t_{沉} = \frac{H}{u_t} \qquad (1.1.16)$$

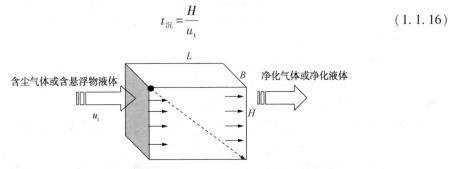

图1.1.6 降尘室或沉淀池工作过程示意图

颗粒在降尘室中能够被分离的条件为 $t_{停} \geq t_{沉}$，即

$$\frac{L}{u_i} \geq \frac{H}{u_t} \qquad (1.1.17)$$

显然，若处于入口顶部的颗粒在降尘室中能够除去，则其他位置的直径为 d_p 的颗粒都能被除掉。因此，上式是流体中直径为 d_p 的颗粒完全去除的条件。

（2）沉降设备的相关计算

在降尘室中能够被完全去除的最小颗粒的粒径叫作临界粒径，用 $d_{p_{min}}$ 表示。该种颗粒在降尘室中的停留时间恰好等于其从沉降设备的顶部到底部的沉降时间，即 $t_{停} = t_{沉}$，或 $L/u_i = H/u_t$。假设粒径为 $d_{p_{min}}$ 的颗粒在降尘室中的沉降处于层流区，则有

$$\frac{L}{u_i} = \frac{H}{\dfrac{d_{p_{min}}^2 (\rho_p - \rho) g}{18\mu}}$$

整理得

$$d_{p_{min}} = \sqrt{\frac{18\mu H u_i}{g(\rho_p - \rho) L}} \qquad (1.1.18)$$

若降尘室的生产能力为 V_s，即能满足100%除去某粒度颗粒时的气体处理量，有

$$V_s = A_{截} u_i = B H u_i \qquad (1.1.19)$$

其中 $A_{截}$ 降尘室的横截面积。

降尘室的底面积为 $A_底$，有 $A_底 = LB$

则

$$\frac{V_s}{A_底} = \frac{Hu_i}{L}$$

代入式(1.1.18)中，$d_{p_{min}}$ 的表达式又可以写成：

$$d_{p_{min}} = \sqrt{\frac{18\mu V_s}{g(\rho_p - \rho)A_底}} \qquad (1.1.20)$$

能满足 100% 除去某粒度颗粒条件为 $L/u_i = H/u_t$，即 $Lu_t = Hu_i$。则由式(1.1.19)得

$$V_s = A_截 u_i = BHu_i = BLu_t = A_底 u_t \qquad (1.1.21)$$

由上式可知，从理论上讲降尘室的生产能力只与其沉降底面积及颗粒的沉降速度有关，而与其高度无关。故可将降尘室做成多层，室内均匀设置若干水平隔板(间距为 40~100mm)，构成多层降尘室。在同气速下，装有横向隔板的降尘室除尘效果更好。因为隔板间基本保持了相同的流动速度，而且颗粒达到隔板或底部的沉降距离更短。

(3) 降尘室的相关说明

① 沉降速度应按需要分离下来的最小颗粒计算；

② 气流速度不应太高，以免干扰颗粒的沉降或把已经沉降下来的颗粒重新卷起。为此，应保证气体流动的雷诺数处于层流范围内；

③ 降尘室结构简单，流动阻力小，但体积庞大，分离效率低，通常仅适用于分离直径大于 50μm 的颗粒，用于过程的预除尘；

④ 多层降尘室虽能分离细小的颗粒，并节省地面，但出灰麻烦。为便于清灰，可以将隔板装成可翻动或倾斜式。

【例题 1.1.2】拟采用降尘室回收常压炉气中所含的球形固体颗粒。降尘室底面积为 10m²，宽和高均为 2m。操作条件下，气体的密度为 0.75kg/m³，黏度为 2.6×10⁻⁵ Pa·s；固体的密度为 3000 kg/m³；降尘室的生产能力为 3 m³/s。试求：①理论上能完全捕集下来的最小颗粒直径；②粒径为 40μm 颗粒的回收百分率；③如欲完全回收直径为 10μm 的尘粒，在原降尘室内需设置多少层水平隔板？

解：①理论上能完全捕集下来的最小颗粒直径

在降尘室内能够完全被分离出来的最小颗粒的沉降速度为

$$u_t = \frac{Hu_i}{L} = \frac{V_s}{A_底} = \frac{3}{10} = 0.3 \text{m/s}$$

假设理论上能完全捕集下来的最小颗粒在降尘室中的沉降处于层流区

$$d_{p_{min}} = \sqrt{\frac{18\mu V_s}{g(\rho_p - \rho)A_底}} = \sqrt{\frac{18 \times 2.6 \times 10^{-5} \times 3}{9.81 \times (3000 - 0.75) \times 10}} = 6.91 \times 10^{-5} \text{m} = 69.1\mu\text{m}$$

校核沉降流型

$$Re_p = \frac{d_p u_t \rho}{\mu} = \frac{69.1 \times 10^{-6} \times 0.3 \times 0.75}{2.6 \times 10^{-5}} = 0.598 < 2$$

假设成立，求得的最小粒径有效。

② 40μm 颗粒的回收百分率

在降尘室内能够完全被分离出来的最小颗粒的沉降速度表示为 $u_{t_{min}}$，40μm 颗粒的沉降

速度表示为 u_{t40}，则有

$$u_{t_{min}} = \frac{d_{p_{min}}{}^2 (\rho_p - \rho) g}{18\mu}$$

$$u_{t_{40}} = \frac{d_{p_{40}}{}^2 (\rho_p - \rho) g}{18\mu}$$

$$\frac{u_{t_{min}}}{u_{t_{40}}} = \left(\frac{d_{p_{min}}}{d_{p_{40}}}\right)^2$$

由于各种尺寸颗粒在降尘室内的停留时间均相同，40μm 颗粒的回收率可用 $u_{t40}/u_{t_{min}}$ 来确定。

$$\eta = \frac{u_{t_{40}}}{u_{t_{min}}} = \left(\frac{d_{p_{40}}}{d_{p_{min}}}\right)^2 = \left(\frac{40}{69.1}\right)^2 = 0.335 = 33.5\%$$

③ 完全回收直径为 10μm 的尘粒需设置的水平隔板层数

$$u_{t_{10}} = \frac{d_{p_{10}}{}^2 (\rho_p - \rho) g}{18\mu} = \frac{(10\times10^{-6})^2 (3000 - 0.75) 9.81}{18 \times 2.6 \times 10^{-5}} = 6.29 \times 10^{-3} \text{m/s}$$

$$n = \frac{V_s}{BL u_{t_{10}}} - 1 = \frac{3}{10 \times 6.29 \times 10^{-3}} - 1 = 46.69，取 47 层。$$

三、离心沉降

离心沉降是指将流体置于离心力场中，依靠离心力的作用来实现颗粒物从流体中沉降分离的过程。对于两相密度差较小，颗粒较细的非均相物系，在离心力场中可得到较好的分离效果。通常，气固非均相物质的离心沉降是在旋风分离器中进行的，液固悬浮物系的离心沉降可在旋液分离器或离心机中进行。

1. 球形颗粒在离心力场中的沉降过程

如图 1.1.7 所示，假设含有颗粒物的非均相流体处于离心力场中，颗粒与流体一起以角速度 ω 围绕中心轴旋转。设某一质量为 m、密度为 ρ、粒径为 d_p 的球形颗粒处于与中心轴距离为 r 的离心力场中，则离心力场中颗粒在径向的受力情况如图 1.1.8 所示。颗粒在离心力场中受到三个力的作用：惯性离心力 F_c、浮力 F_b 和流体阻力 F_D。

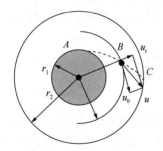

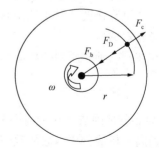

图 1.1.7　颗粒在旋转流场中的运动　　　　图 1.1.8　离心力场中颗粒的沉降分析

惯性离心力：$F_c = mr\omega^2 = \frac{1}{6}\pi d_p^3 \rho_p r \omega^2$　　　　　　　　　　　　　　（1.1.22）

浮力（向心力）：$F_b = \frac{1}{6}\pi d_p^3 \rho r \omega^2$　　　　　　　　　　　　　　　　（1.1.23）

流体阻力：$F_D = \xi_D \dfrac{\pi d_p^2}{4} \cdot \dfrac{\rho u_r^2}{2}$ (1.1.24)

颗粒以一定的速度在离心力场中运动，其受到的惯性离心力的作用方向为沿径向向外，其中离心加速度 $a_c = \omega^2 r = u_\theta^2 / r$，$u_\theta$ 是颗粒在离心力场中运动时的切向速度；颗粒受到的浮力（向心力）来自其周围流体，其大小等于密度为 ρ 的同体积流体在该位置所受的惯性离心力，方向指向中心轴；由于颗粒与流体之间的相对运动，颗粒还会在运动过程中受到流体阻力的作用，其方向也指向中心轴，其中 u_r 为离心沉降速度，即颗粒在径向上相对于流体的速度。

所以，颗粒在离心力场中受到的合力 $F_合$ 为

$$F_合 = F_c - F_b - F_D = \frac{1}{6}\pi d_p^3 \rho_p r \omega^2 - \frac{1}{6}\pi d_p^3 \rho r \omega^2 - \xi_D \frac{\pi d_p^2}{4} \cdot \frac{\rho u_r^2}{2} = m \frac{d u_r}{d t}$$

在离心沉降过程中没有匀速段，但当小颗粒沉降时，加速度很小，可近似作为匀速沉降处理。颗粒受到的惯性离心力、浮力和流体阻力达到平衡，则 $F_合 = 0$，即

$$\frac{1}{6}\pi d_p^3 \rho_p r \omega^2 - \frac{1}{6}\pi d_p^3 \rho r \omega^2 - \xi_D \frac{\pi d_p^2}{4} \cdot \frac{\rho u_r^2}{2} = 0$$ (1.1.25)

则颗粒的离心沉降速度为

$$u_r = \sqrt{\frac{4(\rho_p - \rho) d_p a_c}{3\rho \xi_D}} = \sqrt{\frac{4(\rho_p - \rho) d_p r \omega^2}{3\rho \xi_D}}$$ (1.1.26)

对照重力沉降速度公式

$$u_t = \sqrt{\frac{4(\rho_p - \rho) d_p g}{3\rho \xi_D}}$$

式（1.1.26）中除了用离心加速度 a_c 代替了重力沉降速度公式中的重力加速度 g 之外，形式完全相同。与重力沉降相比，离心沉降有如下特征：

（1）离心沉降的方向不是向下，而是向外，即背离旋转中心。颗粒在旋转流体中沿着半径逐渐增大的螺旋形轨道前进。

（2）由于离心力随旋转半径而变化，致使离心沉降速度也随着颗粒所处的位置而变化，所以颗粒的离心沉降速度不是恒定的，而重力沉降速度是恒定不变的。且离心沉降速度在数值上远大于重力沉降速度，对于细小颗粒以及密度与流体相近的颗粒的分离，利用离心沉降要比重力沉降有效的多。

同一颗粒在同一种介质中的离心加速度与重力加速度的比值为

$$K_c = \frac{r \omega^2}{g}$$ (1.1.27)

K_c 称为离心分离因数，它是离心分离设备的重要性能指标，大小可以根据需要人为调节。某些高速离心机的分离因数的数值可以高达数十万，旋流分离器的分离因数的数值通常在几十至数百，因此，对于一定的悬浮体系，采用离心沉降可加快沉降过程。

2. 离心沉降设备

离心沉降分离设备有两种形式：旋流器和离心沉降机。旋流器的特点是设备静止，流体在设备中旋转运行而产生离心作用，可用于气体和液体非均相混合物的分离，其中用于气体非均相混合物分离的设备叫旋风分离器，用于液体非均相混合物分离的称为旋流分离器。离

心沉降机通常用于液体非均相混合物的分离，其特点是装有液体混合物的设备本身高速旋转并带动液体一起旋转，从而产生离心作用。

（1）旋风分离器

旋风分离器结构简单，操作方便，在环境工程领域得到了广泛应用。在大气污染控制工程中，作为一种常用的除尘装置，旋风分离器主要适用于粒径在 $5\mu m$ 以上的气体净化和颗粒回收操作，尤其是各种气—固流态化装置的尾气处理。对颗粒含量高于 $200g/m^3$ 的气体，由于颗粒聚结作用，甚至能除去 $3\mu m$ 以下的颗粒；旋风分离器还可以从气流中分离除去雾沫。但旋风分离器不适用于处理黏性粉尘、含湿量高的粉尘及腐蚀性粉尘。

① 基本结构和原理

旋风分离器基本结构如图 1.1.9 所示。

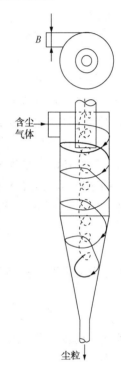

旋风分离器由进气筒、上筒体、下锥体和中央排气管等部分组成，上筒体位于主体的上部，主体的下部为圆锥形的下锥体，顶部中央是中央排气管，进气筒位于圆筒的上部，与圆筒切向连接。

含有粉尘的气体从侧面的矩形进气筒以速率 u_θ 由切向进入筒体，气体中的粉尘在随气流旋转向下的过程中同时受惯性离心力的作用，被甩向筒壁，在重力的作用下落入灰斗，从锥形底排出。而气流旋转到达上筒体底部后进入圆锥部分，圆锥部分的旋转半径缩小，使得气流的切向速度增大，做自上而下的螺旋运动。已净化的气体旋转到达下锥体底部后沿中心轴旋转上升，最后由顶部的中央排气管排出。通常把下行螺旋形气流称为外旋流，上行螺旋形气流称为内旋流。这样在筒内部就形成了外旋流和内旋流，内、外旋流的旋转方向相同。外旋流是旋风分离器的主要除尘区，上行内旋流形成低压气芯，其压力低于气体出口压力，要求出口或集尘室密封良好，以防气体漏入而降低除尘效果。

图 1.1.9　旋风分离器的操作原理示意图

② 分离因数

旋风分离器中的惯性离心力是由气体进入口的切向速度 u_θ 产生的。

离心加速度大小为

$$\omega^2 r_m = \frac{u_\theta^2}{r_m}$$

式中　u_θ——粒子在离心力场中运动时的切向速度；

r_m——平均旋转半径，可用下式求得

$$r_m = \frac{D-B}{2}$$

式中　D——旋风分离器圆筒直径；

B——进气筒宽度。

惯性离心力大小为

$$F_c = m r_m \omega^2 = \frac{\pi d_p^3 \rho_p u_\theta^2}{6 r_m}$$

分离因数为

$$K_c = \frac{r_m \omega^2}{g} = \frac{u_\theta^2}{r_m g}$$

其大小为 $5 \sim 2500$，一般可分离气体中直径为 $5 \sim 75 \mu m$ 的粉尘。

③ 性能指标

评价旋风分离器性能的主要指标有临界直径、分离效率和压降。

a. 临界直径

临界直径是指理论上在旋风分离器中能够从气体中全部分离出来的最小颗粒的直径，用 d_c 来表示。

为了便于分析和计算，对气体和颗粒在筒内的运动做如下假设：

（a）气体进入旋风分离器后，规则地在筒内旋转 N 圈后进入排气筒，旋转的平均切线速率等于入口气体速率 u_θ；

（b）颗粒在筒内与气体之间的相对运动为层流；

（c）颗粒在沉降过程中所穿过的气流的最大厚度等于进气筒宽度 B。

根据颗粒离心沉降速率方程式，由于气体密度 $\rho \ll$ 颗粒密度 ρ_p，在计算密度差时可以忽略气体的密度 ρ，相应于临界直径 d_c 的颗粒沉降速率为

$$u_r = \frac{1}{18} \frac{\rho_p - \rho}{\mu} r_m \omega^2 d_c^2 \approx \frac{\rho_p d_c^2 u_\theta^2}{18 \mu r_m} \tag{1.1.28}$$

根据上文假设（c），颗粒最大沉降时间为

$$t_r = \frac{B}{u_r} = \frac{18 \mu r_m B}{\rho_p d_c^2 u_\theta^2} \tag{1.1.29}$$

若气体旋转上升之前在筒内旋转圈数为 N，则运行的距离为 $2\pi r_m N$，故气体在筒内的停留时间为

$$t = \frac{2\pi r_m B}{u_\theta} \tag{1.1.30}$$

能够从分离器内 100% 分离出来的最小颗粒的直径 d_c 应满足 $t_r = t$，即

$$\frac{18 \mu r_m B}{\rho_p d_c^2 u_\theta^2} = \frac{2\pi r_m B}{u_\theta}$$

整理得

$$d_c = \sqrt{\frac{9\mu B}{\pi u_\theta \rho_p N}} \tag{1.1.31}$$

该式表示了旋风分离器能完全去除的最小颗粒粒径 d_c 与旋风分离器结构和操作参数等的关系。该临界直径是旋风分离器效率高低的重要标志，d_c 愈小，分离效果越好。

一般旋风分离器以圆筒直径 D 为参数，其他尺寸与 D 成一定比例，如在标准旋风分离器中，矩形进气筒宽度 $B = D/4$，高度 $h_i = D/2$。由式（1.1.31）可知，临界粒径 d_c 随分离器尺寸增大而增加，由此导致旋风分离效率的降低。入口气速愈大，d_c 愈小。但入口气速过高会引起局部涡流的增加，使已沉降下来的颗粒重新扬起，导致分离效率下降。所以，当气体处

理量很大时，常将若干个小尺寸的旋风分离器并联使用(称为旋风分离器组)以维持较好的除尘效果。气体在旋风分离器中的旋转圈数 N 与进口气速和旋风分离器的结构形式有关，对标准旋风分离器，N 可取 5，对于一般旋风分离器，N 可取 $0.5\sim3.0$。

b. 分离效率

分离效率有两种表示方法：总效率和分效率或称粒级效率。

总效率是指进入旋风分离器的全部粉尘中被分离下来的粉尘的比例，即

$$\eta_0 = \frac{\rho_1 - \rho_2}{\rho_1} \times 100\%$$

式中　ρ_1、ρ_2——旋风分离器进、出口气体含尘浓度，kg/m^3。

总效率不能表示旋风分离器对各种尺寸粒子的不同分离效果。

粒级效率是指进入旋风分离器的粒径为 d_i 的颗粒被分离下来的比例，即

$$\eta_i = \frac{\rho_{i1} - \rho_{i2}}{\rho_{i1}} \times 100\%$$

式中　ρ_{i1}、ρ_{i2}——粒径 d_i 颗粒在旋风分离器入口和出口气体中的含量，kg/m^3。

总效率和粒级效率之间的关系为

$$\eta_0 = \sum_{i=1}^{n} x_i \eta_i$$

式中　x_i——粒径为 d_i 的颗粒占总颗粒的质量分数。

在工业应用中，通常用总效率来表示旋风分离器的分离效果。总效率表示了总的除尘效果，但并不能准确的代表旋风分离器的分离效率，因为总效率相同的两台旋风分离器，其分离性能有可能相差很大。这是因为若被分离的气体混合物中的颗粒具有不同的粒径分布，则各种颗粒被分离的比例也是不同的。因此，粒级效率更能准确地表示旋风分离器的分离效率。

粒级效率与颗粒粒径的关系曲线称为粒级效率曲线，可以通过实测获得，也可以通过理论计算。如图 1.1.10 所示，理论上 $d_p \geq d_c$ 的颗粒，粒级效率均为 1，而 $d_p < d_c$ 的颗粒的粒级效率在 $0\sim100\%$ 之间。但实际上，直径小于 d_c 的颗粒中，有些在旋风分离器进口处就已经很靠近壁面，在停留时间内能够到达壁面上；有些在器内聚结成了大的颗粒，因而具有较大的沉降速率。直径大于 d_c 的颗粒中，由于气体涡流的影响，在没有到达器壁时就被气流带出了分离器，导致其粒级效率 <1。如图 1.1.10 所示，只有当颗粒的粒径大于 d_c 很多时，其粒级效率才为 1。

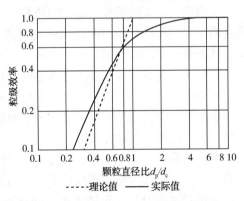

图 1.1.10　旋风分离器的粒级效率曲线

有时也把旋风分离器的粒级效率绘成 d_p/d_{50} 的函数曲线。d_{50} 是粒级效率为 50% 时的颗粒直径，称为分割粒径。对于标准旋风分离器来说，d_{50} 可用下式估算：

$$d_{50} = 0.27 \sqrt{\frac{\mu D}{u_\theta \rho_p}} \tag{1.1.32}$$

式中　D——旋风分离器圆筒直径。

其曲线关系如图 1.1.11 所示。

23

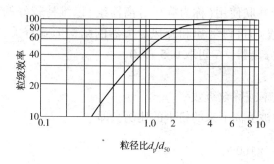

图 1.1.11　标准旋风分离器的 $\eta_i \sim d_p/d_{50}$ 曲线

对于同一形式且尺寸比例相同的旋风分离器，无论大小，皆可用同一条 $\eta_i \sim d_p/d_{50}$ 曲线，这给旋风分离器效率的估算带来了很大方便。

c. 压强降（阻力损失）

气体通过旋风分离器时，由于进气管、排气管及主体器壁所引起的摩擦阻力，气体流动时的局部阻力以及气体旋转所产生的动能损失造成的气体的压强降。

计算方程式为

$$\Delta p = \xi \frac{\rho u_\theta^2}{2} \tag{1.1.33}$$

式中，ξ 为阻力系数，同一结构形式及尺寸比例旋风分离器的 ξ 为常数，不因尺寸大小而改变，标准型旋风分离器 $\xi = 8.0$。旋风分离器的压降一般在 $500 \sim 2000\text{Pa}$ 内。

综上所述，影响旋风分离器性能（分离性能及压降）的重要因素有：处理量越大、进口越窄、长径比越大（N 越大）及粉尘浓度高（利于颗粒的聚结、抑制气体涡流使阻力下降）等情况均有利于分离；进口气速 u_θ 稍高有利于分离，但过高则导致涡流加剧，反不利于分离，陡然增大压强降；实际应用中，常采用多级串、并联操作来提高分离效率和处理能力。

（2）旋流分离器

旋流分离器用于分离悬浮液，但并不能把固体颗粒和液体介质完全分离，在结构和操作原理上与旋风分离器类似。设备主体是由圆筒和圆锥两部分组成。悬浮液从顶部入流管沿切向进入圆筒，向下做螺旋运动，固体颗粒受惯性离心力作用而被甩向器壁，随下向流沉降至椎底的出口，从底部排出的浓缩液为底流；清液或含有微细颗粒的液体则成为上升的内旋流，从顶部的中心管排出，成为溢流。

与旋风分离器相比，旋流分离器的特点是：①形状细长、直径小、圆锥部分长，有利于颗粒的分离；②中心经常有一个处于负压的气柱，有利于提高分离效果。

在水处理中，旋流分离器又称为水力旋流器，可用于高浊水泥沙的分离、暴雨径流泥沙分离、矿厂废水矿渣的分离等。

液体的黏度约为空气的 50 倍，液体的 $(\rho_p - \rho)$ 比气体的小，悬浮液进口速度也比含尘气体的小，所以同样大小和密度的颗粒，沉降速率远小于含尘气体在旋风分离器中的沉降速率；要达到同样的临界粒径要求，则旋液分离器的直径要比旋风分离器小很多（增大离心力），锥形部分长度大得多（延长停留时间）。

旋液分离器的粒级效率和颗粒直径的关系曲线与旋风分离器颇为相似，并且同样可根据粒级效率及粒径分布计算总效率。

【例题 1.1.3】已知某标准型旋风分离器的圆筒部分直径 $D = 400\text{mm}$，入口高度 $h_i = D/2$，入口宽度 $B = D/4$，气体在旋风分离器内旋转的圈数为 $N = 5$，分离气体的体积流量为 $1000\text{m}^3/\text{h}$，气体的密度为 0.6kg/m^3，黏度为 $3.0 \times 10^{-5}\text{Pa} \cdot \text{s}$，气体中粉尘的密度为 4500kg/10m^3，求旋风分离器能够从气体中分离出粉尘的临界直径。若分离器的粒级效率如图 1.1.10 所示，粉尘颗粒的粒度分布如下表所示，试计算除尘的总效率。

粒径范围/μm	0~5	5~10	10~15	15~20
质量分数 x_i	0.10	0.55	0.30	0.05

解：气体的入口速度（平均切线速度）为

$$u_\theta = \frac{q_V}{B h_i} = \frac{\dfrac{1000}{3600}}{0.2 \times 0.1} = 13.9 \text{m/s}$$

假设沉降处于斯托克斯区，将 $\mu = 3.0 \times 10^{-5} \text{Pa} \cdot \text{s}$，$B = 0.1\text{m}$，$N = 5$，$\rho_p = 4500 \text{ kg/m}^3$，$u_\theta = 13.9\text{m/s}$，代入式（1.1.31）中得

$$d_c = \sqrt{\frac{9\mu B}{\pi u_\theta \rho_p N}} = \sqrt{\frac{9 \times 3 \times 10^{-5} \times 0.1}{\pi \times 13.9 \times 4500 \times 5}} = 5.2 \times 10^{-6} = 5.2 \mu\text{m}$$

检验：

$$r_m = \frac{D-B}{2} = \frac{3}{8}D = 0.15\text{m}$$

$$u_r = \frac{\rho_p d_c^2 u_\theta^2}{18\mu r_m} = \frac{4500 \times (5.2 \times 10^{-6})^2 \times 13.9^2}{18 \times 3 \times 10^{-5} \times 0.15} = 0.29\text{m/s}$$

$$Re_p = \frac{d_c u_r \rho}{\mu} = \frac{5.2 \times 10^{-6} \times 0.29 \times 0.6}{3 \times 10^{-5}} = 0.03 < 2$$

因此沉降在层流区，符合斯托克斯公式，计算正确。

由粉尘的粒度分布和分离器的粒级效率曲线，可以计算总的除尘效率，如下表所示：

粒径范围/μm	质量分数 x_i	平均粒径/μm	d_p/d_c	粒级效率 η_i
0~5	0.10	2.5	0.48	0.36
5~10	0.55	7.5	1.44	0.88
10~15	0.30	12.5	2.4	0.98
15~20	0.05	17.5	3.37	1

所以，总的除尘效率为

$$\eta_0 = \sum_{i=1}^{n} x_i \eta_i = 0.1 \times 0.36 + 0.55 \times 0.88 + 0.30 \times 0.98 + 0.05 \times 1 = 0.864$$

第二节 过 滤

一、过滤操作的基本概念

过滤是利用重力或压差使含固体颗粒的非均相物系通过某种多孔性过滤介质，悬浮液中的固体颗粒被截留，滤液则穿过介质流出，从而实现固液分离。过滤的目的是获得清净的液体或固体产品，常作为沉降、结晶、固液反应等操作的后续过程。过滤属于机械分离操作，与蒸发、干燥等非机械分离操作相比其分离速度较快，能量消耗较低。过滤分为滤饼过滤和深层过滤两种方式。

1. 过滤介质

（1）织物介质

又称滤布，包括由棉、毛、丝、麻等天然纤维及由各种合成纤维制成的织物，以及由玻璃丝、金属丝等织成的网。可截留颗粒的直径的范围为 $5\sim65\mu m$。这种过滤介质价格便宜，清洗及更换方便，应用最广。

（2）多孔性固体介质

具有很多微细孔道的固体材料，如多孔陶瓷、多孔塑料及烧结金属（或玻璃）制成的多孔管或板，此类介质多耐腐蚀，且孔道细微，适用于处理只含少量细小颗粒的腐蚀性悬浮液及其他特殊场合。可截留颗粒的最小直径为 $1\sim3\mu m$。

（3）堆积粒状介质

由细砂、木炭、石棉、硅藻土等细小的颗粒或非编织纤维（玻璃纤维等）堆积而成，一般用于处理固体含量很小的悬浮液，如水的净化处理等，多用于深层过滤。

（4）多孔膜

在超滤和微滤中以多孔无机膜、有机膜为介质，可截留颗粒直径在 $1\mu m$ 以下的微细颗粒。

不论是何种过滤介质都应具有多孔、足够的机械强度和尽可能小的流动阻力的特性，且耐热耐腐蚀。

2. 滤饼过滤

当采用的过滤介质的孔比待过滤流体中的固体颗粒的粒径小时，将悬浮液置于过滤介质的一侧，固体被过滤介质截留形成滤饼层，而液体则通过过滤介质形成滤液。实际上采用的过滤介质的孔不一定都小于待过滤流体中所有的固体颗粒的粒径，在刚开始过滤时小颗粒可能会进入过滤介质孔道内，但随着过滤的进行，细小的颗粒在过滤介质孔道内发生架桥，从而形成滤饼。在滤饼过滤中，真正起分离作用的是滤饼层，而不是过滤介质。如图 1.2.1 所示。滤饼过滤适用于分离颗粒含量较高（固相体积分率大于 1%）的悬浮液。

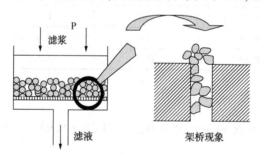

图 1.2.1　滤饼过滤

滤饼可分为不可压缩滤饼和可压缩滤饼。不可压缩滤饼的颗粒为不易变形的坚硬物体，如硅藻土、碳酸钙等。当滤饼两侧压强差增大时，颗粒形状和颗粒间空隙均无显著变化，单位厚度床层的流体阻力恒定。可压缩滤饼由容易变形的物质构成，如某些氢氧化物类的胶体。当滤饼两侧压强差增大时，颗粒形状和颗粒间空隙显著改变，单位厚度床层的流动阻力增大。

在过滤的过程中，有时会用到助滤剂。助滤剂一般是质地坚硬的细小固体颗粒，如硅藻土、石棉、碳粉等。将助滤剂加入悬浮液中，在形成滤饼时便能均匀地分散在滤饼中间，改善滤饼结构，使液体得以畅通地流过，或预涂于过滤介质表面以防止介质孔道堵塞。在一定的过滤操作压差范围内，助滤剂具有较好的刚性，能与滤渣形成多孔床层，使滤饼具有良好的渗透性和较低的流动阻力。另外助滤剂具有良好的化学稳定性，不与悬浮液反应，也不溶解于液相中。

3. 深层过滤

深层过滤是指悬浮液中的固体颗粒在过滤过程中并不形成滤饼而沉积于较厚的过滤介质内部。此时，颗粒尺寸小于介质孔隙，颗粒可进入长而曲折的通道，在惯性和扩散作用下，进入通道的固体颗粒趋向通道壁面并借由静电力与分子间力附着其上。如图 1.2.2 所示。深层过滤中真正起过滤作用的是过滤介质。深层过滤常用于颗粒很小、含固量很低（颗粒的体积分率<0.1%）且处理量较大的悬浮液，如自来水的净化、污水处理、浑浊药液的澄清以及分子筛脱色等。

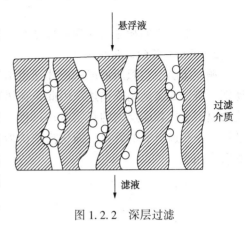

图 1.2.2　深层过滤

二、过滤基本方程的推导

从流体力学角度考虑，过滤实际上就是流体通过固体颗粒床层的流动过程，流体只有克服了固体颗粒对其阻力才能进一步流过多孔介质。工程实际所关心的问题是需向流体提供多少能量才可满足流体克服颗粒对其的阻力。

1. 颗粒床层的几何特性

（1）床层的空隙率

固定床是指众多固体颗粒堆积而成的静止的颗粒层。而床层的空隙率ε为单位体积床层中的空隙体积，表示众多颗粒按某种方式堆积成固定床的疏密程度。其定义式为

$$\varepsilon = \frac{床层体积-颗粒体积}{床层体积}$$

假设床层体积为 V_B，堆积在床层中的所有球形颗粒的总体积为 V_p，则有

$$\varepsilon = \frac{V_B - V_p}{V_B} \tag{1.2.1}$$

在滤料层中，颗粒滤料是任意堆积的，其任何部位的空隙率都是相同的。空隙率的大小反映了床层中颗粒的疏密程度及其对流体的阻滞程度。空隙率对流体阻力的影响很大，空隙率越小，颗粒床层越密，对流体的阻滞程度越大。空隙率的大小与颗粒的形状、粒度分布、颗粒床层的填充方法和条件、容器直径与颗粒直径之比等有关。对于均匀的球形颗粒，最松排列的空隙率为 0.48，最紧密排列时的空隙率为 0.26；非球形颗粒任意堆积时的床层空隙率往往要大于球形颗粒，一般为 0.35~0.7。

（2）床层的比表面积

颗粒的比表面积 a 是指单位体积颗粒所具有的表面积，可用下式表示：

$$a = \frac{A_p}{V_p} \tag{1.2.2}$$

式中 A_p 为堆积在床层中的所有球形颗粒的总表面积。

床层的比表面积 a_B 为单位床层体积具有的颗粒表面积，可用下式表示：

$$a_B = \frac{A_p}{V_B} \tag{1.2.3}$$

如忽略因颗粒相互接触而使裸露的颗粒表面减少，则 a_B 与颗粒比表面积 a 间的关系为：

$$a_B = (1-\varepsilon)a \qquad (1.2.4)$$

床层的比表面积主要与颗粒尺寸有关，颗粒尺寸越小，床层的比表面积越大。

2. 颗粒床层的简化模型

颗粒床层中空隙所形成的流体通道结构非常复杂，不但细小曲折，而且相互关联，很不规则，难以如实地精确描述。因此，在研究床层空隙中流体的流动过程时，通常采用简化的流动模型来代替床层内的真实流动过程。如图 1.2.3 所示。可将实际床层简化成由许多相互平行的小孔道组成的管束，简化模型认为流体流过颗粒床层的阻力与通过这些小孔道管束时的阻力相等。

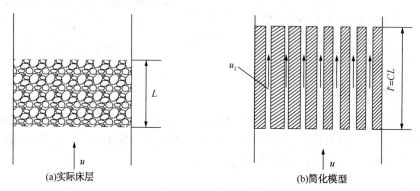

(a)实际床层   (b)简化模型

图 1.2.3   颗粒床层的简化模型

在简化模型中，假定：

① 小孔道管束的长度与床层厚度成正比，即

$$l' = CL \qquad (1.2.5)$$

式中 l'——小孔道管束的长度，m；

　　　　L——床层厚度，m；

　　　　C——比例系数，无量纲。

② 孔道的内表面积等于全部颗粒的表面积；

③ 孔道的全部流动空间等于颗粒床层的空隙容积。

按照确定非圆形管道当量直径的方法，颗粒床层的当量直径定义为

$$d_e = \frac{4\times流通截面积}{润湿周边} = \frac{4\times流通截面积\times流道长度}{润湿周边\times流道长度} = \frac{4\times流道容积}{流道内表面积} = \frac{4\varepsilon V_B}{a_B V_B} = \frac{4\varepsilon}{a(1-\varepsilon)} \qquad (1.2.6)$$

由上式可知，床层的当量直径 d_e 与床层空隙率和颗粒的比表面积有关，或者说与颗粒的粒径有关。通常床层的空隙率变化幅度不大，因此床层的当量直径主要与颗粒的粒径有关，颗粒的粒径越小，比表面积越大，床层的当量直径越小。

3. 过滤速度

根据上述简化模型，流体在颗粒床层中的流动可以看成是在小孔道管束中的流动。假设通过床层（床层面积为 A）的流体速度（即空床速度，也称为表观速度）为 u，在小孔道管束内（所有小孔道的横截面积之和为 A_1）的流体速度（即真实速度）为 u_1，由连续性方程可得

$$Au = A_1 u_1$$

而 $\dfrac{A_1}{A} = \varepsilon$ 则有

$$u = \varepsilon u_1 \qquad (1.2.7)$$

过滤过程流体流动的特点是流体在固定床中同一截面上的流速分布很不均匀且流体流经固定床会产生压降。产生压降的主要原因有两个，一是流体和颗粒表面之间的摩擦引起的黏性摩擦阻力；二是流体流动过程中因孔道截面的突然扩大和收缩以及流体对颗粒的撞击而产生的形体阻力。

由于孔道的直径很小，阻力很大，流体在孔道内的流动速度很小，可以看成是层流。直管中的压力降是流动阻力的体现，有

$$\Delta p_1 = \lambda \frac{l'}{d_e} \cdot \frac{\rho u_1^2}{2} \qquad (1.2.8)$$

式中　Δp_1——滤饼中流动阻力引起的压力降；

　　　λ——摩擦系数；

　　　ρ——流体密度；

层流流动时，$\lambda = 64/Re'$

则流动速度可以用 Hagen-Poiseuille 定律来描述，即

$$u_1 = \frac{\Delta p_1}{32 \mu l'} d_e^2 \qquad (1.2.9)$$

式中　μ——流体的黏度。

将式(1.2.5)、式(1.2.6)和式(1.2.7)代入式(1.2.9)中，整理得

$$u = \frac{\varepsilon^3}{2Ca(1-\varepsilon)^2} \cdot \frac{\Delta p_1}{\mu L} \qquad (1.2.10)$$

令 $r = \dfrac{2Ca(1-\varepsilon)^2}{\varepsilon^3}$，$r$ 为滤饼的比阻，即单位厚度滤饼的阻力，单位为 $1/m^2$，则有

$$u = \frac{\Delta p_1}{r \mu L} \qquad (1.2.11)$$

比阻 r 的物理意义是：它在数值上等于黏度为 $1Pa \cdot s$ 的滤液以 $1m/s$ 的平均流速通过厚度为 $1m$ 的滤饼层时所产生的压强降。比阻反映了颗粒形状、尺寸及床层空隙率对滤液流动的影响。床层空隙率 ε 愈小及颗粒比表面 α 愈大，则床层愈致密，对流体流动的阻滞作用也愈大。

假设在过滤过程中，过滤的床层面积为 A，某一时刻 t 得到的滤液量为 V，则过滤速度为

$$u = \frac{dV}{Adt}$$

若 q 为单位床层面积上的滤液量，$q = V/A$，则有

$$u = \frac{dV}{Adt} = \frac{dq}{dt} \qquad (1.2.12)$$

滤饼过滤中，过滤介质的阻力一般都比较小，但有时却不能忽略，尤其在过滤初始阶段，滤饼尚薄的期间。过滤介质的阻力与其厚度及本身的致密程度有关。通常把过滤介质的阻力视为常数。

考虑过滤介质的阻力，假设滤浆流经过滤介质产生的阻力引起的压力降为 Δp_2，将滤饼与过滤介质串联，则过滤总推动力等于滤液通过串联的滤饼与过滤介质的总压强差；过滤总阻力等于滤饼层过滤阻力与介质过滤阻力之和。设想以一层厚度为 L_e 的滤饼来代替过滤介

质，而过程仍能完全按照原来的速率进行，那么，这层设想的滤饼就应当具有与介质相同的阻力。

则在稳态过滤时，有

$$u = \frac{\Delta p_1}{r\mu L} = \frac{\Delta p_2}{r\mu L_e} = \frac{\Delta p_1 + \Delta p_2}{r\mu L + r\mu L_e} = \frac{\Delta p}{r\mu(L + L_e)} \qquad (1.2.13)$$

式中 L_e 为与滤饼的比阻相同的过滤介质的当量厚度。在一定的操作条件下，以一定介质过滤一定悬浮液时，L_e 为定值，但同一介质在不同的过滤操作中，L_e 值不同。滤饼和过滤介质压力降如图 1.2.4 所示。

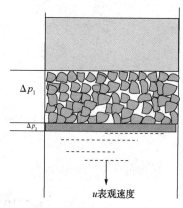

图 1.2.4　滤饼和过滤介质的压力降

设每获得单位体积滤液时，被截留在过滤介质上的滤饼体积为 c（m^3滤饼/m^3滤液），则在任一瞬间的滤饼厚度 L 与当时已获得的滤液体积 V 之间的关系为

$$L = \frac{cV}{A}$$

同理，如生成厚度为 L_e 的滤饼所应获得的滤液体积以 V_e 表示，则

$$L_e = \frac{cV_e}{A}$$

将以上两式代入过滤速度表达式中得

$$u = \frac{dV}{Adt} = \frac{\Delta p A}{cr\mu(V + V_e)} \qquad (1.2.14)$$

4. 过滤基本方程

滤饼层的比阻 r 是表示滤饼层结构特性的参数，对于不可压缩滤饼，滤饼层的颗粒结构稳定，在压力的作用下不变形，r 与 Δp 无关；对于可压缩滤饼，在压力的作用下滤饼层的颗粒结构容易发生变形，r 与 Δp 有关。

根据经验，在大多数情况下，r 与 Δp 的关系可以表示成

$$r = r_0 \Delta p^s \qquad (1.2.15)$$

式中　r_0——单位压差下滤饼的比阻，$m^{-2} \cdot Pa^{-1}$；

　　　s——压缩指数，对于可压缩滤饼，$s = 0.2 \sim 0.8$，对于不可压缩滤饼，$s = 0$。

将式（1.2.15）代入式（1.2.14），得

$$\frac{dV}{Adt} = \frac{\Delta p^{1-s} A}{c r_0 \mu(V + V_e)} \qquad (1.2.16)$$

再令 $K = \dfrac{2\Delta p^{1-s}}{c r_0 \mu}$，把 K 代入式（1.2.16）中，并整理得

$$\frac{dV}{dt} = \frac{K A^2}{2(V + V_e)} \qquad (1.2.17)$$

或

$$\frac{dq}{dt} = \frac{K}{2(q + q_e)} \qquad (1.2.18)$$

式中 K 为过滤常数，单位为 m^2/s，反映了悬浮液的过滤特性，与悬浮液浓度、滤液黏度以及滤饼层的颗粒性质和可压缩性有关，其值需要通过实验测定。V_e 和 q_e 是过滤介质的特

性参数，与过滤介质的性质有关。

式(1.2.17)和式(1.2.18)即为过滤基本方程，表示某一时刻单位时间的滤液量与推动力、滤饼厚度、滤饼结构、过滤介质特性以及滤液物理性质的关系，是计算过滤过程的最基本的关系式。

三、过滤过程的计算

过滤过程的计算主要是确定滤液量与过滤时间和过滤压差等参数之间的关系，一般分为两种情况：恒压过滤和恒速过滤。

1. 恒压过滤

恒压过滤是指在过滤过程中，过滤压差保持恒定，即过滤推动力保持不变，K 为常数。在过滤初始阶段，滤饼还未形成，过滤阻力小，过滤速率大；当过滤持续进行，滤饼逐渐变厚，过滤阻力逐渐增大，过滤速度逐渐减小。对式(1.2.17)和式(1.2.18)积分得

$$V^2 + 2V V_e = K A^2 t \tag{1.2.19}$$

和

$$q^2 + 2q q_e = Kt \tag{1.2.20}$$

若过滤介质阻力可忽略不计，则上面两式简化为

$$V^2 = K A^2 t \tag{1.2.21}$$

$$q^2 = Kt \tag{1.2.22}$$

2. 恒速过滤

恒速过滤是指在过滤过程中过滤速度 u 保持不变，即滤液量与过滤时间成正比，此时 K 不为常数。当过滤持续进行，滤饼逐渐变厚，过滤阻力持续增大，为保证过滤速度不变，过滤推动力也在持续增大。

恒速过滤时，有

$$u = \frac{dV}{Adt} = \frac{KA}{2(V+V_e)} = \frac{V}{At} = 常数$$

整理得

$$V^2 + V V_e = \frac{K}{2} A^2 t \tag{1.2.23}$$

或

$$q^2 + q q_e = \frac{K}{2} t \tag{1.2.24}$$

若过滤介质阻力可忽略不计，则上面两式简化为

$$V^2 = \frac{K}{2} A^2 t \tag{1.2.25}$$

$$q^2 = \frac{K}{2} t \tag{1.2.26}$$

3. 先恒速过滤再恒压过滤

若过滤过程为先恒速过滤，再以恒速过滤最终的压差进行恒压过滤，恒速过滤阶段的过滤时间为 t_1，滤液量为 V_1，恒压阶段过滤时间从 t_1 持续到 t（即恒压阶段过滤时间为 $t_2 = t - t_1$），滤液量从 V_1 累积到 V，对式(1.2.17)进行积分，则有

$$\int_{V_1}^{V} 2(V+V_e)\,dV = KA^2 \int_{t_1}^{t} dt$$
$$(V^2-V_1^2)+2V_e(V-V_1)=KA^2 t_2 \qquad\qquad (1.2.27)$$

如忽略介质阻力

$$V^2-V_1^2=KA^2 t_2 \qquad\qquad (1.2.28)$$

【例题 1.2.1】在实验室中用过滤面积为 0.1 m^2 的滤布对某种水悬浮液进行过滤试验，在恒定压差下，过滤 5min 得到滤液 1L，又过滤 5min 得到滤液 0.6L。如果再过滤 5min，可以再得到多少滤液？

解：在恒压过滤条件下，过滤方程为 $q^2+2qq_e=Kt$

$$q_1=\frac{1\times10^{-3}}{0.1}=1\times10^{-2}\,m^3/m^2,\quad t_1=5\times60=300s$$

$$q_2=\frac{(1+0.6)\times10^{-3}}{0.1}=1.6\times10^{-2}\,m^3/m^2,\quad t_2=600s$$

代入过滤方程得

$$(1\times10^{-2})^2+2\times1\times10^{-2}q_e=300K \qquad\qquad (1)$$
$$(1.6\times10^{-2})^2+2\times1.6\times10^{-2}q_e=600K \qquad\qquad (2)$$

联立式（1）、式（2）可以求得

$$q_e=0.7\times10^{-2}\,m^3/m^2,\quad K=0.8\times10^{-6}\,m^2/s$$

因此，$\quad q^2+2\times0.7\times10^2 q=0.8\times10^{-6}t$，

当 $t_3=15\times60=900s$，则：$q_3^2+2\times0.7\times10^2 q_3=0.8\times10^{-6}\times900$，

解得：$q_3=2.073\times10^{-2}\,m^3/m^2$

所以 $(q_3-q_2)\times0.1=(2.073\times10^{-2}-1.6\times10^{-2})\times0.1=0.473\times10^{-3}\,m^3$

因此可再得到的滤液为 0.473L。

【例题 1.2.2】用一台过滤面积为 10m^2 的过滤机过滤某种悬浮液，悬浮液中固体颗粒的含量为 60kg/m^3，颗粒密度为 1800 kg/m^3，滤饼的比阻为 $4\times10^{11}\,m^{-2}\cdot Pa^{-1}$，压缩指数为 0.3，滤饼含水的质量分数为 0.3，且忽略过滤介质阻力，滤液的物性接近 20℃ 的水。采用先恒速后恒压的操作方式，恒速过滤 10min 后，进行恒压过滤操作 30min，得到的总滤液的量为 8m^3。求最后的操作压差和恒速过滤阶段得到的滤液量。

解：设恒速过滤阶段得到的滤液体积为 V_1，在忽略过滤介质阻力的情况下，根据恒速过滤方程式（1.2.25），得

$$V_1^2=\frac{K}{2}A^2 t_1=\frac{\Delta p^{1-s}A^2 t_1}{c r_0 \mu}$$

滤液的物性可查得：黏度 $\mu=1\times10^{-3}Pa\cdot s$，密度为 998.2 kg/$m^3$，根据过滤的物料衡算按以下步骤求 c：

已知 1m^3 悬浮液形成的滤饼中固体颗粒质量为 60kg，滤饼含水的质量分数为 0.3，则滤饼中的水的质量 y 为

$$\frac{y}{60+y}=0.3，\text{所以}\ y=25.7kg$$

所以滤饼的体积为 $\frac{60}{1800}+\frac{25.7}{998.2}=0.059m^3$，滤液体积为 $1-0.059=0.941m^3$

则 $c = \dfrac{0.059}{0.941} = 0.0627$

$$V_1^2 = \frac{\Delta p^{1-s} A^2 t_1}{c r_0 \mu} = \frac{10^2 \times 10 \times 60}{0.0627 \times 1 \times 10^{-3} \times 4 \times 10^{11}} \Delta p^{0.7} = 2.394 \times 10^{-3} \Delta p^{0.7} \tag{1}$$

在恒压过滤阶段，应用式（1.2.28）

$$V^2 - V_1^2 = K A^2 t_2$$

$$8^2 - V_1^2 = \frac{\Delta p^{1-s} A^2 t_2}{c r_0 \mu} = \frac{10^2 \times 30 \times 60}{0.0627 \times 1 \times 10^{-3} \times 4 \times 10^{11}} \Delta p^{0.7} = 1.436 \times 10^{-3} \Delta p^{0.7} \tag{2}$$

联立式（1）、式（2），得 $\dfrac{64 - V_1^2}{V_1^2} = \dfrac{1.436}{0.2394} = 6$，

所以，求得恒速过滤的滤液体积 $V_1 = 3.02 \text{m}^3$，

进而求得恒压过滤的操作压力 $\Delta p = 1.3 \times 10^5 \text{Pa}$。

四、过滤常数的测定

1. 过滤常数 K 和 q_e

如前所述，过滤常数 K、V_e 或 q_e 不仅与过滤悬浮液的浓度和性质有关，而且与过滤条件有关，因此一般需要由实验确定。

将恒压过滤方程式（1.2.20）改写为

$$\frac{t}{q} = \frac{1}{K} q + \frac{2}{K} q_e \tag{1.2.29}$$

式（1.2.29）表明，在恒压过滤条件下，t/q 与 q 之间具有线性关系，其直线的斜率为 $1/K$，截距为 $2q_e/K$。因此只要在实验中测得不同过滤时间 t 时的单位过滤面积的滤液量，即可根据拟合的线性方程（图1.2.5）求得过滤常数 K 和 q_e。

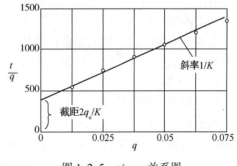

图 1.2.5 $t/q \sim q$ 关系图

2. 压缩指数 s

根据 K 与 Δp 之间的关系式

$$K = \frac{2}{c r_0 \mu} \Delta p^{1-s}$$

两侧取对数，得

$$\lg K = (1-s) \lg \Delta p + C \tag{1.2.30}$$

可见，$\lg K$ 与 $\lg \Delta p$ 之间为线性关系。因此在不同压差下进行恒压实验，求出不同压差下的 K，再根据式（1.2.30）求出滤饼层的压缩指数 s。

五、滤饼洗涤

在某些过滤操作中，为了去除或回收滤饼中残留的滤液或可溶性杂质，需要在过滤结束时对滤饼进行洗涤。洗涤过程需要确定的主要参数是洗涤速度和洗涤时间。

1. 洗涤速度

洗涤速度是指单位时间通过单位洗涤面积的洗涤液量，用 $\left(\dfrac{\mathrm{d}V}{A\mathrm{d}t}\right)_w$ 表示。洗涤液在滤饼层

中的流动过程与过滤过程类似。由于洗涤是在过滤终了以后进行的，洗涤速度与过滤终了时的滤饼层状态有关。洗涤时的推动力与过滤终了时的推动力相同，且由于滤饼厚度不再增加，洗涤时的阻力也与过滤终了时的阻力相同，因此洗涤速度为常数，若过滤终了时的速度为$\left(\dfrac{\mathrm{d}V}{A\mathrm{d}t}\right)_e$，则洗涤速度与过滤终了时的速度之间的关系为

$$\frac{\left(\dfrac{\mathrm{d}V}{A\mathrm{d}t}\right)_w}{\left(\dfrac{\mathrm{d}V}{A\mathrm{d}t}\right)_e}=\frac{\mu L}{\mu_w L_w} \qquad (1.2.31)$$

式中　μ，μ_w——滤液和洗涤液的黏度，Pa·s；

　　　L，L_w——过滤终了时滤饼厚度和洗涤时穿过的滤饼层厚度，m。

根据过滤基本方程，过滤终了时的过滤速度为

$$\left(\frac{\mathrm{d}V}{A\mathrm{d}t}\right)_e=\frac{KA}{2(V+V_e)} \qquad (1.2.32)$$

2. 洗涤时间

设洗涤液用量为V_w，则洗涤时间为

$$t_w=\frac{V_w}{\left(\dfrac{\mathrm{d}V}{\mathrm{d}t}\right)_w} \qquad (1.2.33)$$

六、过滤设备及过滤计算

过滤设备是指用来进行过滤的机械设备或者装置，是工业生产中常见的通用设备。按推动力的不同可以分为以压力差为推动力的过滤设备和以离心力为推动力的过滤设备。以压力差为推动力的过滤设备包括板框压滤机、叶滤机、回转真空过滤机等；以离心力为推动力的过滤设备包括各种离心机。这里主要介绍以压力差为推动力的过滤设备。

1. 板框压滤机

（1）板框压滤机的结构及工作原理

板框压滤机广泛用于污水处理厂中污泥的脱水，具有过滤推动力大、滤饼的含固率高、滤液清澈、固体回收率高、调理药品消耗量少等优点。板框压滤机的结构如图1.2.6所示。

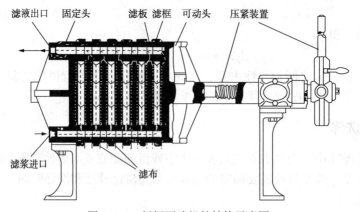

图1.2.6　板框压滤机的结构示意图

板框压滤机由滤板、滤框和洗涤板组成。一般而言，板框压滤机的滤框有 10~60 块不等，过滤面积约为 2~80m²。滤板、滤框和洗涤板的排布方式为：过滤板—滤框—洗涤板—滤框—过滤板……。板框的分布图如图 1.2.7 所示。板与框相间排列而成，在滤框的两侧覆有滤布，用压紧装置把板与框压紧，即在板与框之间构成压滤室。在板与框的上端中间相同部位开有小孔，压紧后成为一条通道，加压到 0.2~0.4MPa 的污泥，由该通道进入压滤室，滤板的表面刻有沟槽，下端钻有供滤液排出的孔道，滤液在压力下，通过滤布、沿沟槽与孔道排出滤机，使污泥脱水。

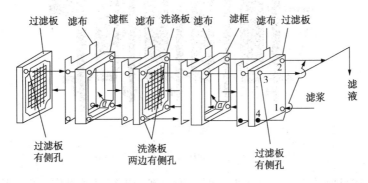

图 1.2.7　板框分布示意图

图 1.2.8 表示了板框压滤机分别在过滤阶段和洗涤阶段流体的走向。从图中可以看出，过滤的时候，滤浆从滤框的进口进入，经框两侧的滤布过滤后，滤渣逐渐在框内形成滤饼，滤液分别从过滤板（非洗板）和洗涤板的位置排放出来，滤浆通过的最大滤饼的厚度为框厚度的 1/2。而洗涤的时候，洗涤液从洗涤板的位置进入，横穿过板框和板框内的滤饼之后，分别从过滤板（非洗板）的位置排放出来，此时，洗涤液通过的滤饼厚度为框的厚度。

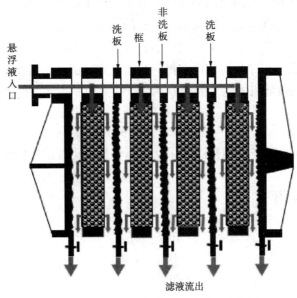

图 1.2.8(a)　板框压滤机过滤阶段示意图

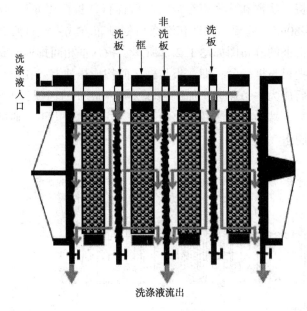

图 1.2.8(b)　板框压滤机洗涤阶段示意图

从上面的表述可以看出，由于板框的两个侧面都能进行过滤操作，板框压滤机的过滤面积为板框侧面积的 2 倍再乘以框的个数。另外，由于板框压滤机的洗涤方式为横穿洗涤，则洗涤时洗涤液通过的滤饼厚度为过滤时滤浆通过的滤饼厚度的 2 倍，即 $L_w=2L$；洗涤面积为过滤面积的 1/2，即 $A_w=1/2A$。

（2）板框压滤机生产能力的计算

板框压滤机属于间歇式过滤机，每个操作循环由过滤、洗涤、卸渣、整理重装四个阶段组成。完成一个操作循环所需的时间为操作周期 T。若过滤时间为 t，洗涤时间为 t_w，卸渣、整理重装等辅助工作的时间为 t_D，则板框压滤机的操作周期为

$$T= t+t_w+t_D \tag{1.2.34}$$

过滤机的生产能力是指单位时间内获得的滤液量或滤饼量。假设每个操作循环中过滤机所得的滤液量为 V，则过滤机的生产能力 Q 为

$$Q=\frac{V}{T}=\frac{V}{t+t_w+t_D} \tag{1.2.35}$$

式（1.2.34）和式（1.2.35）中的过滤时间 t 可以根据恒压过滤方程来进行计算，洗涤时间 t_w 可根据下面的方法计算。

根据式（1.2.31），有

$$\frac{\left(\dfrac{dV}{Adt}\right)_w}{\left(\dfrac{dV}{Adt}\right)_e}=\frac{\mu L}{\mu_w L_w}$$

则

$$\left(\frac{dV}{dt}\right)_w=\frac{\mu L\,A_w}{\mu_w L_w A}\left(\frac{dV}{dt}\right)_e \tag{1.2.36}$$

若滤浆的黏度 μ 与洗涤液的黏度 μ_w 相等，根据前面的分析有 $L_w = 2L$，$A_w = 1/2A$，代入上式得

$$\left(\frac{dV}{dt}\right)_w = \frac{\mu L A_w}{\mu_w L_w A}\left(\frac{dV}{dt}\right)_e = \frac{L A_w}{2L \times 2 A_w}\left(\frac{dV}{dt}\right)_e = \frac{1}{4}\left(\frac{dV}{dt}\right)_e = \frac{1}{4} \times \frac{K A^2}{2(V+V_e)} \tag{1.2.37}$$

则有

$$t_w = \frac{V_w}{\left(\dfrac{dV}{dt}\right)_w} = \frac{8 V_w(V+V_e)}{K A^2} \tag{1.2.38}$$

若洗涤水用量 V_w 为滤液 V 的 b 倍，则上式可变为

$$t_w = \frac{8 V_w(V+V_e)}{K A^2} = \frac{8b(V^2+VV_e)}{K A^2} \tag{1.2.39}$$

辅助时间 t_D 可根据实际操作确定。

【例题 1.2.3】以总过滤面积为 $0.1 m^2$，滤框厚 25mm 的板框压滤机过滤 20℃下的 $CaCO_3$ 悬浮液，悬浮液含 $CaCO_3$ 质量分率为 13.9%，滤饼中含水的质量分率为 50%，纯 $CaCO_3$ 密度为 $2710kg/m^3$。若恒压下测得其过滤常数 $K = 1.57 \times 10^{-5} m^2/s$，$q_e = 0.0378m^3/m^2$。试求该板框压滤机每次过滤（滤饼充满滤框）所需的时间。

解：以 1kg 的悬浮液为计算基准。

1kg 悬浮液中含 $CaCO_3$ 0.139kg，滤饼中含水的质量分率为 50%，设 1kg 悬浮液过滤得到的滤饼中含水 y kg，则有

$$\frac{y}{0.139+y} = 0.5, \quad y = 0.139kg$$

则滤饼质量为 $0.139+0.139 = 0.278kg$

滤液质量为 $1-0.278 = 0.722kg$

20℃滤液（水）的密度为 $998.2kg/m^3$

滤饼体积为 $\dfrac{0.139}{2710} + \dfrac{0.139}{998.2} = 1.903 \times 10^{-4} m^3$

滤液体积为 $\dfrac{0.722}{998.2} = 7.233 \times 10^{-4} m^3$

$$c = \frac{1.903 \times 10^{-4}}{7.233 \times 10^{-4}} = 0.263$$

滤框充满时滤饼体积为 $V_{饼} = 0.1/2 \times 0.025 = 0.00125m^3$

则滤液体积为 $V_{液} = V_{饼}/c = 0.00125/0.263 = 4.75 \times 10^{-3} m^3$

$$q = 4.75 \times 10^{-3}/0.1 = 0.0475 \ m^3/m^2$$

根据恒压过滤方程 $q^2+2qq_e = kt$

将 $K = 1.57 \times 10^{-5} m^2/s$，$q_e = 0.0378m^3/m^2$，$q = 0.0475 \ m^3/m^2$ 代入，

解得 $t = 166.6 \ s$

2. 回转真空过滤机

（1）回转真空过滤机的结构及工作原理

回转真空过滤机是指利用真空抽吸作用并在圆筒旋转过程中连续完成整个过滤操作的设备。回转真空过滤机属于连续式过滤机，一般在恒压下连续操作，其特点是任何时间都在进行过滤，但过滤只发生在处于过滤区的那部分区域，即过滤、洗涤、干燥、卸渣等操作在过

滤机的不同位置同时进行。

回转真空过滤机主要部件有转筒、滤布和分配头等。转筒的侧壁上覆盖有金属网，转筒的长径之比约为1/2~2；滤布蒙在筒外壁上；分配头又包括转动盘和固定盘。

回转真空过滤机借抽吸作用使过滤和洗涤等各项操作分别在一个旋转圆筒中完成，压缩介质大都是空气。转筒外壁开有小孔并包有滤布，转筒内部被分隔成若干个彼此不相通的扇形格，它们通过空心轴上的孔道与分配头相连，并在圆筒旋转时轮流与真空管路及压缩空气管路连通。过滤时将滤浆放入滤浆槽内，转筒下半部浸于滤浆中，浸没于滤浆中的过滤面积约占全部面积的30%~40%，转速为0.1r/min至2~3r/min，上半部露于槽外，槽内有搅拌器使滤浆搅拌均匀。如图1.2.9所示，当转筒旋转时，各扇形格转到Ⅰ区时浸于滤浆中，与真空相连而变为负压，滤液穿过滤布进入扇形格内，经分配头和滤液管道排出，转至Ⅱ区时，由于连续抽真空，扇形格内仍是负压，使剩余滤液吸尽，并将滤饼吸干，洗涤水喷洒于滤饼上，扇形格内负压将洗涤水吸入，与滤液一起排出或单独排出，扇形格与压缩空气相通，将被吸干后的滤饼吹松，便于卸除；转至Ⅲ区内时，滤饼被伸向过滤表面的刮刀剥落，滤饼剥落后，可用水或在扇形格内通入空气、蒸汽将滤布洗净，使其复原，重新开始一个循环。

从上述表述中可以看出，回转真空过滤机的转筒在旋转一周的过程经历了一个操作循环，包括过滤、洗涤、吹松、刮渣等步骤；滤饼的洗涤过程属于置换洗涤，洗涤液的走向与滤浆走向完全相同，洗涤液穿过的滤饼厚度为过滤终了时滤浆穿过的滤饼厚度，则有 $L_w = L$。

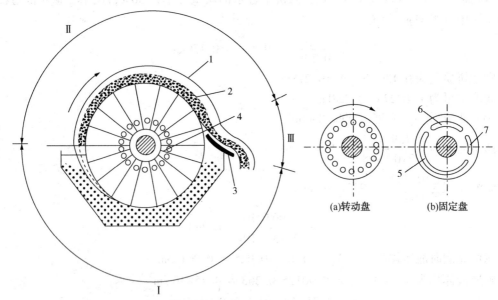

图1.2.9 回转真空过滤机及分配头结构

1—转筒；2—滤饼；3—割刀；4—分配头；5—吸走滤液的真空凹槽；
6—吸走洗水的真空凹槽；7—通入压缩空气的凹槽；
Ⅰ—过滤区；Ⅱ—洗涤脱水区；Ⅲ—卸渣区

(2)回转真空过滤机生产能力的计算

回转真空过滤机操作示意图如图1.2.10所示。回转真空过滤机的转数为 n，即旋转一周的时间为 $1/n$。起过滤作用的是浸没在液体中的转筒表面，所对应的圆心角 β 与 2π 之比称为浸没度 ϕ。浸没度等价于过滤时间在旋转周期中所占的比例，因此每个周期中有效的过滤时间为

$$t = \frac{\phi}{n} \qquad (1.2.40)$$

这样就可以把回转真空过滤机部分面积的连续过滤转换为全部转筒面积的部分时间过滤。过滤机的总过滤面积为转筒的表面积，可由下式计算：

$$A = \pi DL \qquad (1.2.41)$$

式中　A——转筒总过滤面积，m^2；

　　　D——转筒直径，m；

　　　L——转筒长度，m。

回转真空过滤机的操作周期

$$T = \frac{1}{n} \qquad (1.2.42)$$

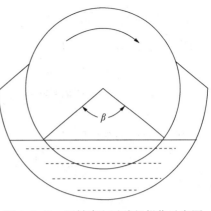

图 1.2.10　回转真空过滤机操作示意图

生产能力

$$Q = \frac{V}{T} = nV \qquad (1.2.43)$$

根据恒压过滤方程，有

$$V^2 + 2V V_e = K A^2 \frac{\phi}{n} \qquad (1.2.44)$$

根据上式，可求得每一操作周期所得的滤液量为

$$V = \sqrt{K A^2 \frac{\phi}{n} + V_e^2} - V_e \qquad (1.2.45)$$

则回转真空过滤机的生产能力 Q 为

$$Q = nV = n\left(\sqrt{K A^2 \frac{\phi}{n} + V_e^2} - V_e\right) \qquad (1.2.46)$$

如果忽略介质阻力，则

$$Q = A \sqrt{K\phi n} \qquad (1.2.47)$$

【例题 1.2.4】某板框过滤机有 5 个滤框，框的尺寸为 635mm×635mm×25mm。过滤操作在 20℃、恒定压差下进行，过滤常数 $K = 4.24×10^{-5} m^2/s$，$q_e = 0.0201 m^3/m^2$，滤饼体积与滤液体积之比 $c = 0.08 \ m^3/m^3$，滤饼不洗涤、卸渣、重整等辅助时间为 10min。试求框全充满所需时间。

现改用一台回转真空过滤机过滤滤浆，所用滤布与前相同，过滤压差也相同。转筒直径为 1m，长度为 1m，浸入角度为 120°。问转鼓每分钟多少转才能维持与板框过滤机同样的生产能力？

假设滤饼不可压缩。

解：以一个框为基准进行计算。

过滤面积　$A = 2A_{侧} = 2×0.636×0.635 = 0.806 m^2$

框全充满时滤饼的体积为

$V_{饼} = 0.636×0.635×0.025 = 0.0101 m^3$

滤液量　$V = \dfrac{V_{饼}}{c} = \dfrac{0.0101}{0.08} = 0.126 \ m^3$

单位过滤面积的滤液量 $\quad q=\dfrac{V}{A}=\dfrac{0.126}{0.806}=0.156\ \mathrm{m^3/m^2}$

再根据恒压过滤方程得

$$q^2+2q\,q_e=Kt$$

$$t=\frac{q^2+2q\,q_e}{K}=\frac{0.156^2+2\times0.156\times0.0201}{4.24\times10^{-5}}=721.9\mathrm{s}$$

板框过滤机的生产能力为

$$Q=\frac{5V}{t+t_D}=\frac{5\times0.126}{721.9+10\times60}=4.733\times10^{-4}\mathrm{m^3/s}$$

改用回转真空过滤机后,压差不变,故 K 不变;滤布不变,故 q_e 不变。生产能力与板框过滤机相同。

则 $K=4.24\times10^{-5}\mathrm{m^2/s}$, $q_e=0.0201\mathrm{m^3/m^2}$, $Q=4.733\times10^{-4}\mathrm{m^3/s}$

过滤面积 $A=\pi DL=\pi\times1\times1=3.14\mathrm{m^2}$

$$V_e=q_eA=0.0201\times3.14=0.0631\mathrm{m^2}$$

$$\phi=\frac{120°}{360°}=\frac{1}{3}$$

设转筒转数为 n,则回转真空过滤机生产能力

$$Q=n\left(\sqrt{K\,A^2\frac{\phi}{n}+V_e^2}-V_e\right)$$

$$4.733\times10^{-4}=n\left(\sqrt{4.24\times10^{-5}\times3.14^2\frac{\frac{1}{3}}{n}+0.0631^2}-0.0631\right)$$

解方程得

$n=0.00288\ \mathrm{r/s}=0.173\mathrm{r/min}$

习　　题

1. 相对密度7.9、直径2.5mm的钢球,在某黏稠油品(相对密度0.9)中以5mm/s的速度匀速沉降。试求该油品的黏度。

2. 直径为 $30\mu\mathrm{m}$ 的球形颗粒,于大气压及20℃下某气体中的沉降速度为在水中沉降速度的88倍,又知此颗粒在此气体中的有效重量为水中有效重量的1.6倍。试求此颗粒在此气体中的沉降速度。

3. 某一锅炉房的烟气沉降室,长、宽、高分别为11m、6m、4m,沿沉降室高度的中间加一层隔板,故尘粒在沉降室内的降落高度为2m。烟气温度为150℃,沉降室烟气流量为 $12500\mathrm{Nm^3/h}$,试核算沉降室是否能沉降 $35\mu\mathrm{m}$ 以上的尘粒。

4. 一降尘室长6m,宽3m,中间装有19块隔板,隔板间距为0.1m,用以除去炉气中的矿尘。矿尘密度为 $3000\mathrm{kg/m^3}$,炉气密度 $0.5\mathrm{kg/m^3}$,黏度为 $0.035\mathrm{Pa\cdot s}$。现要除去炉气中 $10\mu\mathrm{m}$ 以上的颗粒,试求:(1)为完成上述任务,可允许的最大气流速度为多少?(2)每小时

最多可送入炉气多少立方米?(3)若取消隔板,为完成任务该降尘室的最大处理量是多少?

5. 流量为15000kg/h、温度为350℃的含尘气体用长6m、宽2.1m、高1.8m且含有4层隔板的降尘室进行净化处理。已知尘粒密度为2000 kg/m³,求(1)能被完全除去的最小颗粒直径;(2)若将该股空气先降温至50℃再送入降尘室,则能被完全除去的最小颗粒直径为多少?(3)降温至50℃后,为使临界颗粒直径不变,则气体的质量流量变为多少?

6. 原用一个旋风分离器处理含尘气体,因分离效率不高,拟改用多个旋风分离器并联操作,其形式及各部分尺寸的比例不变,气体进口速度也不变。求分别采用两台及三台并联操作时,每台分离器的直径室单台操作时的多少倍,可分离的颗粒的临界直径是原来的多少倍?(假定颗粒在器内沉降运动处在层流区)

7. 工厂的气流干燥器中送出12000m³/h、温度为70℃的含尘热空气,尘粒密度为2000kg/m³,采用标准旋风分离器除尘。试求器身直径分别为1600mm和1000mm时理论上能被完全除去的最小颗粒直径和旋风分离器压降。

8. 在一板框过滤机上过滤某种悬浮液,在1atm表压下过滤20min,在每1m²过滤面积上得到0.197m³的滤液,再过滤20min又得到0.09m³的滤液。试求共过滤1h可得到的总滤液量。

9. 过滤面积为0.1m²的板框过滤机在60kPa的压差下处理某悬浮液。开始400s得到滤液5.0×10^{-4}m³,又过600s,得到另外5.0×10^{-4}m³的滤液。操作条件下滤液黏度为1cP。试求:(1)该压差下的过滤常数K和q_e;(2)再收集5.0×10^{-4}m³滤液所需时间;(3)若获得每立方米滤液所得到的滤饼体积为0.06m³,则滤饼的比阻是多少?

10. 一小型板框压滤机有5个框,长宽各为0.2m,在300kPa(表压)下恒压过滤2h,滤饼充满滤框并得滤液80L。每次洗涤与装卸时间各为0.5h。若滤饼不可压缩,且过滤介质阻力可忽略不计。求:(1)洗涤速率为多少?(2)若操作压强增加一倍,其他条件不变,过滤机的生产能力为多少?

11. 25℃下对每升水中含25g某种颗粒的悬浮液用具有26个框的BMS20/635-25板框压滤机进行过滤。在过滤机入口处滤浆的表压为3.39×10^5Pa,过滤常数为$K=1.678\times10^{-4}$m²/s,$q_e=0.0217$m³/m²。每次过滤完毕用清水洗涤滤饼,洗水温度及表压与滤浆相同而其体积为滤液体积的8%。每次卸渣、清理、装合等辅助操作时间为15min。已知固相密度为2930kg/m³,又测得湿饼密度为1930kg/m³。求此板框压滤机的生产能力。

12. 一转筒真空过滤机,其直径和长度均为1m,用来过滤某种悬浮液。原工况下每转一周需时1min,操作真空度为4.9kPa(500mmHg),每小时可得滤液60L,滤饼厚度为12mm,新工况下要求生产能力提高1倍,操作真空度提高至6.37kPa(650mmHg),已知滤饼不可压缩,介质阻力可忽略。试求:(1)新工况过滤的转速应为多少?(2)新工况所生成的滤饼厚度为多少?

第二章 吸 附

第一节 吸附与吸附分离操作

一、吸附的基本概念

多孔性固体表面的分子或原子因受力不均而具有剩余的表面能，当流体中的某些物质碰撞固体表面时，受到这些不平衡力的作用就会停留在固体表面上，这种现象称为吸附。如图 2.1.1 所示。

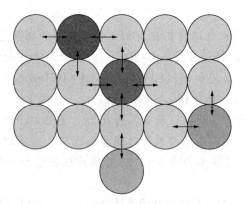

图 2.1.1 多孔性固体的剩余表面能

二、吸附剂与吸附质

吸附分离操作是通过多孔固体物料与某一混合组分体系接触，有选择的使体系中的一种或多种组分附着于固体表面，从而实现特定组分分离的操作过程。吸附特定组分的多孔固体称为吸附剂。被吸附到吸附剂表面的特定组分称为吸附质。吸附质附着到吸附剂表面的过程为吸附，而吸附质从吸附剂表面逃逸到另一相中的过程为解吸。通过吸附，吸附剂可实现混合组分的物料分离；通过解吸，吸附剂的吸附能力得到恢复，故解吸即是吸附剂的再生过程。作为分离对象的体系可以是气相，也可以是液相，因此吸附过程是发生在"气-固"或"气-液"体系的非均相界面上。

1. 吸附剂的主要特性

（1）吸附剂应具有较大的内表面，吸附容量大。由于吸附过程发生在吸附剂表面，所以吸附容量取决于吸附剂表面积的大小。吸附表面积包括吸附剂颗粒的内表面积和外表面积，通常吸附剂的总表面积主要由于颗粒空隙内表面积提供，外表面积只占总表面积的极小部分。吸附剂的总表面积与颗粒微孔的尺寸、数量以及排列有关，一般孔径为 20～100Å，比表面积可达数百至数千平方米每克。

（2）吸附剂应对吸附质具有较高的选择性。吸附剂对不同的吸附质具有不同的吸附能力，为了实现对目的组分的分离，吸附剂对要分离的目的组分应有较大的选择性，吸附剂的选择性越高，一次吸附操作的分离就越完全。因此，对于不同的混合体系应选择适合的吸附剂。例如，活性炭对 SO_2 和 NH_3 的吸附能力远远大于空气，通常被用来分离空气中的 SO_2 和 NH_3，达到净化空气的目的。吸附剂对吸附质的吸附能力随吸附质沸点的升高而增大，当吸附剂与流体混合物接触时，首先吸附高沸点的组分。

（3）吸附剂应具有良好的流动性和适当的堆积密度，对流体的阻力较小。另外，还应具备一定的机械强度，以防在运输和操作过程中发生过度的破碎，造成设备堵塞或组分污染。吸附剂破碎还是造成吸附剂损失的直接原因。

（4）吸附剂应具有较好的热稳定性，在较高温度下解吸再生其结构不会发生太大的变化。同时，还应具有耐酸耐碱的良好化学稳定性。

（5）容易再生。

（6）易得，价廉。

2. 常用吸附剂

（1）活性炭

活性炭是由煤或者木质原料加工得到的产品，通常一切含碳物料，如煤、重油、木材、果核、秸秆等都可以加工成黑炭，经活化后制成活性炭。常用的活性炭活化方法有药剂活化法和水蒸气活化法两种。前者是将含碳原材料炭化后，用氯化锌、硫化钾和磷酸等药剂进一步活化。目前多采用将氯化锌直接与原材料混合，同时进行炭化和活化的方法，这种方法主要用于制粉炭。后者是将炭化和活化分别进行，即将干燥的物料经破碎、混合、成型后，送入炭化炉内，在 $200 \sim 600 ℃$ 下炭化以去除大部分挥发性物质，炭化温度取决于原料的水分及挥发性物质含量；然后在 $800 \sim 1000 ℃$ 下部分气化形成孔道结构高度发达的活性炭。气化过程中适用的气体除了水蒸气外，还可以使用空气、烟道气或 CO_2。

活性炭具有大的比表面积，其值可达数百甚至上千平方米每克，居各种吸附剂之首。活性炭具有非极性表面，属疏水和亲有机物的吸附剂。活性炭的特点是吸附容量大，热稳定性高，化学稳定性好，解吸容易。

（2）活性炭纤维

合成纤维经炭化后可制成活性炭纤维吸附剂，使吸附容量提高数十倍，因活性炭纤维可以编制成各种织物，使流体流动阻力减少。由于其对流体的阻力较小，因此其装置更加紧凑。活性炭纤维的吸附能力比一般活性炭要高 1~10 倍，对恶臭的脱除最为有效，特别是对丁硫醇的吸附量比颗粒活性炭高出 40 倍。在废水处理中，活性炭纤维也比颗粒活性炭去除污染物的能力强。

活性炭纤维分为两种，一种是将超细活性炭微粒加入增稠剂后与纤维混纺制成单丝，或用热熔法将活性炭黏附于有机纤维或玻璃纤维上，也可以与纸浆混黏制成活性炭纸。另一种是以人造丝或合成纤维为原料，与制备活性炭一样经过炭化和活化两个阶段，加工成具有一定比表面积和一定孔分布结构的活性炭纤维。

（3）炭分子筛

活性炭也可加工成炭分子筛。炭分子筛类似沸石分子筛具有接近分子大小的超微孔，由于孔径分布均一，在吸附过程中起到分子筛的作用，故称之为炭分子筛，但其孔隙形状与沸石分子筛完全不同。炭分子筛由微晶炭构成，具有表面疏水的特性，耐酸耐碱、耐热性和化学稳定性较好，但不耐燃烧。

经过严格加工的炭分子筛孔径分布较窄，孔径大小均一，能选择性地让尺寸小于孔径的分子进入微孔，而尺寸大于孔径的分子则被阻隔在微孔外，从而起到筛选分子的作用。常用于空气分离制氮、改善饮料气味、香烟的过滤嘴等场合。炭分子筛的制备方法有热分解法、热收缩法、气体活化法、蒸汽吸附法等。

（4）硅胶

硅胶是一种坚硬无定形链状结构的硅酸聚合物颗粒，由水玻璃溶液加热得到的凝胶经老化、水洗、干燥后制成，属亲水性的极性吸附剂。硅胶的化学式为 $SiO_2 \cdot nH_2O$。硅胶的孔径分布单一且窄小，其孔径约为数十埃。它的比表面积达 800 m^2/g。由于硅胶表面羟基产生一定的极性，使硅胶对极性分子(如水、甲醇等)和非饱和烃具有明显的选择性。工业用的硅胶有球型、无定形、加工成型和粉末状四种，主要用于气体和液体的干燥、溶液的脱水。硅胶作为极性吸附剂能吸附大量的水分，当其吸附气体中的水分时，可达自身重量的50%，因此常被用于高湿度气体的干燥。硅胶吸附水分时的放热量很大，可使自身温度高达100℃，并伴随颗粒破碎。

（5）活性氧化铝

活性氧化铝是由含水氧化铝加热脱水制成的一种极性吸附剂。活性氧化铝不仅含有无定形凝胶，还含有氢氧化物晶体形成的刚性骨架结构。活性氧化铝无毒、坚硬，对多数气体和蒸汽稳定，在水或液体中浸泡不会软化、膨胀或破碎，具有良好的机械强度。

活性氧化铝的比表面积约为 200~500 m^2/g，对水分有极强的吸附能力，主要用于气体的干燥和液体的脱水，如汽油、煤油、芳烃等化工产品的脱水，空气、氮气、氢气、氯气、氯化氢和二氧化硫等气体的干燥，同时也是常用的催化剂载体。

（6）沸石分子筛

沸石分子筛是硅铝四面体形成的具有三维结构的硅铝酸金属盐晶体，是一种具有均一孔径的强极性吸附剂。每一种沸石分子筛都具有相对均一的孔径，其大小随分子筛种类的不同而异，大致相当于分子的大小。

沸石有天然沸石和人工合成沸石，其化学通式为

$$Me_{x/n}[(AlO_2)_x(SiO_2)_y] \cdot mH_2O$$

式中　Me——阳离子；

　　　n——金属离子价数；

　　　m——结晶水分子数；

　　　x，y——化学式中的原子配平数。

天然沸石的种类很多，但并非所有的天然沸石都具有工业价值。目前实用价值较大的天然沸石有斜发沸石、镁沸石、毛沸石、片沸石、钙十字沸石、丝光沸石等。天然沸石虽然具有种类多、分布广、储量大、价格低廉等优点，但由于天然沸石杂质多、纯度低，在许多性能上不如合成沸石，所以人工合成沸石在工业生产中占有相当重要的地位。目前人工合成的沸石分子筛已有 100 多种，工业上最常用的合成分子筛有 A 型、X 型、Y型、L 型、丝光沸石和 ZSM 系列沸石。沸石分子筛是一种强极性的吸附剂，对极性分子，特别是对水有很大的亲和能力，它的比表面积可达 750 m^2/g，具有很强的选择性。常用于石油馏分的分离、各种气体和液体的干燥等场合，如从混合二甲苯中分离出对二甲苯，从空气中分离氧等等。

（7）有机树脂吸附剂

有机树脂吸附剂是高分子物质，属于大孔高分子聚合物类吸附材料，其为不溶于强酸、强碱或有机溶剂的高度交联的苯乙烯类聚合物，具有高比表面积和独特的孔径分布。它是最近几年高分子领域里新发展起来的一种多孔性树脂，由苯乙烯和二乙烯苯等单体，在甲苯等有机溶剂存在下，通过悬浮共聚法制得的鱼籽样的小圆球。它可以制成强极性、弱极性、非极性、中性，广泛用于废水处理、维生素的分离及过氧化氢的精制等场合。

3. 吸附剂的性能参数

（1）密度

填充密度（又称体积密度），是指单位填充体积的吸附剂质量。通常将烘干的吸附剂装入量筒中，摇实至体积不变，此时吸附剂的质量与该吸附剂所占的体积比称为填充密度。

表观密度（又称颗粒密度），定义为单位体积吸附剂颗粒本身的质量。

真实密度是指扣除颗粒内细孔体积后单位体积吸附剂的质量。

（2）吸附剂的比表面积

吸附剂的比表面积是指单位质量的吸附剂所具有的吸附表面积，单位为 m^2/g。吸附剂孔隙的孔径大小直接影响吸附剂的比表面积，孔径的大小可分三类：大孔、过渡孔和微孔。吸附剂的比表面积以微孔提供的表面积为主，常采用气相吸附法测定。

（3）吸附容量

吸附容量是指吸附剂吸满吸附质时的吸附量（单位质量的吸附剂所吸附吸附质的体积或质量），它反映了吸附剂吸附能力的大小。吸附量可以通过观察吸附前后吸附质体积或质量的变化测得，也可用电子显微镜等观察吸附剂固体表面的变化测得。

三、吸附分离操作的分类

1. 按作用力性质分类

根据吸附剂和吸附质之间作用力性质的不同，吸附过程可以分为物理吸附、化学吸附和离子交换吸附。

物理吸附是由于吸附质分子与吸附剂表面分子间存在的范德华力所引起的，当吸附剂表面分子与吸附质分子间的引力大于流体相内部分子间的引力时，吸附质分子就被吸附在固体表面上，这种吸附也称为范德华吸附。其特点为：被吸附的分子不是附着在吸附剂表面的特定位置上，而是稍能在介质表面上作自由移动，常常为多层吸附。

化学吸附又称活性吸附，它是由于吸附剂和吸附质之间发生化学反应而引起的，化学吸附的强弱取决于两种分子之间化学键力的大小。其特点为：需要在较高温度下进行，选择性较强，为单分子层吸附。

离子交换吸附是指吸附质的离子由于静电引力作用聚集在吸附剂表面的带电点上，并置换出原先固定在这些带电点上的其他离子。离子交换吸附在生物方面的应用主要突出在植物根部细胞表面吸附的阳离子、阴离子与土壤溶液中阳离子、阴离子的交换过程；在工业上的应用表现在借助于离子交换剂上的离子和废水中的离子进行交换反应而除去废水中有害离子的方法。其特点为：每吸附一个吸附质的离子，同时吸附剂放出一个等当量的离子，吸附质离子带电荷越多，它在吸附剂表面吸附力越强。

2. 按吸附操作条件分类

吸附过程还可以根据吸附操作条件分为变温吸附（temperature swing adsorption，TSA）

和变压吸附(pressure swing adsorption，PSA)。在 TSA 循环中，吸附剂主要靠加热法得到再生。一般加热是借助预热清洗气体来实现，每个加热—冷却循环通常需要数小时乃至数十小时。因此，TSA 几乎专门用于处理量较小的物料分离。PSA 循环过程通过改变系统的压力来实现的。系统加压时，吸附质被吸附剂吸附，系统降低压力，则吸附剂发生解吸，再通过惰性气体的清洗，吸附剂得到再生。由于压力的改变可以在极短的时间内完成，所以 PSA 循环过程通常只需要数分钟乃至数秒钟。PSA 循环过程被广泛用于大通量气体混合物的分离。

四、吸附分离操作的应用

吸附分离操作的应用范围很广，既可以对气体或液体混合物中的某些组分进行大吸附量分离，也可以去除混合物中的痕量杂质。吸附分离操作在实际工业生产中的应用主要有以下几个方面：

(1)气体或液体的脱水及深度干燥，如空气除湿，如将乙烯气体中的水分脱到痕量，再聚合等；

(2)气体或液体的除臭、脱色及溶剂蒸气的回收，工厂排气中稀薄溶剂蒸气的回收、去除等，如在喷漆工业中，常有大量的有机溶剂逸出，采用活性炭处理排放的气体，既减少环境的污染，又可回收有价值的溶剂；

(3)气体预处理及痕量或大量物质的分离，如天然气中水分、酸性气体的分离，纯氮、纯氧的制取等；

(4)分离某些精馏难以分离的物系，如烷烃、烯烃、芳香烃馏分的分离；

(5)废气和废水的处理，如从高炉废气中回收一氧化碳和二氧化碳，从炼厂废水中脱除酚等有害物质。

(6)其他应用，如食品工业的产品精制，葡萄糖浆的精制，海水中钾、铀等金属离子的分离富集，稀土金属的吸附回收，储能材料等。

传统上，吸附分离操作仅作为脱色、除臭和干燥脱水等辅助过程得到应用。随着合成沸石分子筛、碳分子筛等新型吸附剂的开发，吸附剂对各种性质相近组分的选择性系数大大提高，加之连续吸附分离工艺的开发和改进，进二十多年来吸附分离技术得到了迅速发展，正日益成为重要的分离技术。对于液相吸附，我国已建成多套年产万吨以上的对二甲苯生产装置；对于气相吸附分离，合成氨释放气变压吸附分离氢气装置、大型变压吸附空气分离装置均已实现工业化，并得到推广普及。

第二节　吸　附　平　衡

在吸附的同时发生脱附，吸附速度和脱附速度相等，表观吸附速度为零，吸附质在气相或液相中的浓度和吸附剂表面上的浓度都不再发生改变时的状态称之为吸附平衡。目前，对单组分气体的吸附平衡研究比较透彻，其他如混合气体的同时吸附、液相吸附等的机理尚未充分了解，一些相关的理论在应用上都有一定的局限性。

物理吸附是一个动态的平衡过程，气体分子可以被吸附到固体表面上，被吸附到固体表面的气体分子也可以解脱出来，某一时间，当吸附上去的分子数量和解脱出来的分子数量相等时，就达到吸附平衡，这时的吸附量称为平衡吸附量，对于一定的固体和气体，在一定的温度和压力下，其平衡吸附量是一定的。工业化吸附操作过程中，吸附质的回收、吸附剂的再利用都是基于这种原理。而化学吸附由于分子之间的化学键力远大于物理吸附的作用力，往往是不可逆过程。本节主要介绍物理吸附，对于化学吸附不做详细介绍。

一、单组分气相在固体上的吸附平衡

首先考虑单一组分气体的吸附或混合气体中只有一个组分发生吸附而其他组分几乎不被吸附的情况。一般来说，吸附剂对于相对分子质量小、临界温度高、挥发度低的气体组分的吸附要比相对分子质量大、临界温度低、挥发度高的气体组分的吸附更加容易。优先被吸附组分可以置换已经被吸附的其他组分。在溶剂回收、气体精制过程中，经常遇到的情况是用吸附剂处理混有苯、丙酮、水蒸气等组分的空气。这时挥发度较高的空气的存在可以认为不对吸附剂与这些低挥发度气体组分之间的平衡关系产生任何影响。而只有进行挥发度相近组分的混合气体的吸附分离时，各组分的吸附量才存在平衡关系。

1. 吸附平衡理论

在一定条件下吸附剂与吸附质接触，吸附质会在吸附剂上发生凝聚，与此同时，凝聚在吸附剂表面的吸附质也会向气体中逸出。当两者的变化速率相等，吸附质在气固两者中的浓度不再随时间发生变化时，称这种状态为吸附平衡状态。当气体和固体的性质一定时，平衡吸附量是气体压力及温度的函数，即

$$q_e = f(p, T) \tag{2.2.1}$$

式中　　q——平衡吸附量，kg(吸附质)/kg(吸附剂)或 kmol(吸附质)/kg(吸附剂)。

当温度一定时，且为低浓度吸附时，上式可简化成为

$$q_e = f(p) \tag{2.2.2}$$

在这种情况下，平衡吸附量仅仅是平衡分压的函数，以平衡吸附量对平衡分压作图，得到的曲线即为吸附等温线。

通常情况下，吸附量随温度的上升而减少，随压力的升高而增大。低温、高压情况下吸附量大，极低温情况下吸附量显著增大。图 2.2.1 为不同温度下 NH_3 在木炭上的吸附等温线。当吸附质组分分压较低时，吸附等温线斜率较大，可以近似看作直线，说明在低压范围内，吸附量 q 与其分压 p 成正比。随着分压的增大，吸附等温线斜率减小，曲线逐渐趋于平缓，说明吸附量受分压的影响减弱，最终达到饱和吸附量，吸附剂不再具有吸附能力。

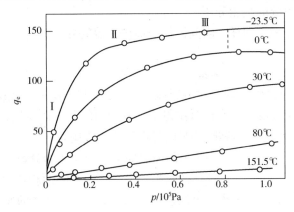

图 2.2.1　不同温度下 NH_3 在木炭上的吸附等温线

相同温度下同一吸附条件下吸附量与压力的关系式，称为等温吸附方程。具有代表性的等温吸附方程主要有 Freundlich 等温吸附方程，Langmiur 等温吸附方程和 BET 等温吸附方程。

（1）Freundlich 方程

在气固两相的条件下，以 q_e 表示平衡吸附量，p 表示吸附质在气相中的平衡分压，q_e 与 p 的关系式可以表示为

$$q_e = k\,p^{1/n} \qquad\qquad (2.2.3)$$

式中　k——吸附系数；

n——常数，$n \geqslant 1$。

n 和 k 为两个经验常数，其值与吸附剂、吸附质的性质以及温度有关。通常情况下，k 值随温度的升高而降低。

式(2.2.3)表示吸附量与吸附质分压的 $1/n$ 次方成正比。由于吸附等温线的斜率随吸附质分压的增加有较大变化，该方程往往不能描述整个分压范围的平衡关系，特别是在低压和高压区域内不能得到满意的实验拟合结果。因此 Freundlich 方程适用于中等压力范围内气体在固体表面上的吸附。

常数 k 和 n 可以使用实验方法来测定。对式(2.2.3)两边取以 e 为底的对数，可以得到

$$\ln q_e = \ln k + 1/n\,\ln p \qquad\qquad (2.2.4)$$

以 $\ln q_e$ 对 $\ln p$ 作图得到一条直线，由直线的斜率和截距可得 n 和 k。

（2）Langmuir 方程

Langmuir 方程是是由物理化学家 Langmuir Itying 于 1916 年根据分子运动理论和一些假定提出的。Langmuir 的研究认为固体表面的原子或分子存在向外的剩余价力，它可以捕捉气体分子。这种剩余价力的作用范围与分子直径相当，因此吸附剂表面只能发生单分子层吸附。该方程推导的基本假定为：①单分子层吸附。气体分子在固体表面为单层吸附，气体分子只能吸附到固体的空白表面上。②固体表面均匀。吸附剂表面性质均一，每一个具有剩余价力的表面分子或原子只能吸附一个气体分子。③吸附在固体表面的气体分子之间无作用力。气体的吸附与解吸速率与其周围是否有被吸附分子的存在无关。④吸附与解吸是动态平衡的。被吸附分子受热运动影响可以重新回到气相，吸附过程类似于气体的凝结过程，脱附类似于液体的蒸发过程。达到吸附平衡时，脱附速度等于吸附速度。⑤气体分子在固体表面的凝结速度正比于该组分的气相分压。

设吸附剂表面覆盖率，即任一瞬间固体表面被覆盖的分数，为 θ，则 θ 可以表示为

$$\theta = \frac{q}{q_m} \qquad\qquad (2.2.5)$$

式中　q_m——吸附剂表面所有吸附点均被吸附质覆盖时的吸附量，即饱和吸附量。温度一定时，当压力增加到一定程度时，平衡吸附量不随着压力的升高而增加，吸附剂表面已达吸附饱和时的吸附量即为饱和吸附量。

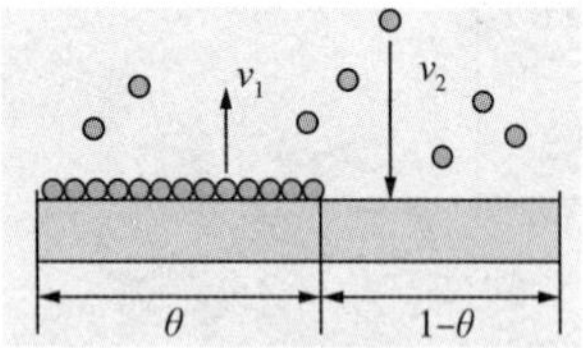

图 2.2.2　表面覆盖率示意图

$1-\theta$ 为固体表面上空白面积的分数。

气体的吸附速率与剩余吸附面积比率($1-\theta$)和气体分压成正比，可以表示为 $k_1 p(1-\theta)$，气体的脱附速率与表面覆盖率 θ 成正比，可以表示为 $k_{-1}\theta$。吸附达到平衡时，吸附速率和脱附速率相等，则

$$k_1 p(1-\theta) = k_{-1}\theta \qquad (2.2.6)$$

式中　k_1——吸附速率常数；

　　　k_{-1}——脱附速率常数。

由覆盖率定义式(2.2.5)及上式(2.2.6)整理可得

$$\theta = \frac{q_e}{q_m} = \frac{bp}{1+bp} \qquad (2.2.7)$$

式(2.2.7)整理后可得到单分子层吸附的 Langmuir 方程

$$q_e = \frac{bp\,q_m}{1+bp} \qquad (2.2.8)$$

式中　$b=k_1/k_{-1}$，为 Langmuir 平衡常数，表示吸附能力的强弱程度。与吸附剂和吸附质的性质以及温度有关，其值越大，表示吸附剂的吸附能力越强。

Langmuir 等温吸附式能较好地说明典型等温吸附线的特征。当压力较低或弱吸附时，$bp\ll1$，$q_e=bpq_m$；当压力较高或强吸附时，$bp\gg1$，$q_e=q_m$；当压力适中时呈曲线关系，如图 2.2.3 所示。Langmuir 等温吸附式也适用于单分子层化学吸附。

该方程能较好地描述低、中压力范围的吸附等温线。当气相中吸附质分压较高，接近饱和蒸汽压时该方程产生偏差。这是由于这时的吸附质可以在微细的毛细管中冷凝，单分子层吸附的假设不再成立的缘故。

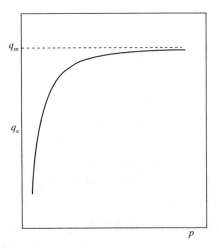

图 2.2.3　Langmuir 典型等温吸附

【例题 2.2.1】在 273K 时用木炭吸附 CO 气体，当 CO 平衡分压分别为 24.0×10^3Pa 和 41.2×10^3Pa 时对应的平衡吸附量为 5.567×10^{-3}dm$^3\cdot$kg^{-1} 和 8.668×10^{-3} dm$^3\cdot$kg^{-1}，设该吸附服从 Langmuir 公式，试计算固体表面覆盖率达 90% 时，CO 的平衡分压是多少？

解：$q_{e_1} = \dfrac{b\,p_1 q_m}{1+b\,p_1}$，$q_{e_2} = \dfrac{b\,p_2 q_m}{1+b\,p_2}$

$\dfrac{q_{e_1}}{q_{e_2}} = \dfrac{p_1(1+b\,p_2)}{p_2(1+b\,p_1)}$，即 $\dfrac{5.567\times10^{-3}}{8.668\times10^{-3}} = \dfrac{24.0\times10^3(1+b\times41.2\times10^3)}{41.2\times10^3(1+b\times24.0\times10^3)}$

解得 $b=6.96\times10^{-6}$Pa^{-1}

$$\theta = \frac{bp}{1+bp} = 0.9,\quad p = \frac{\theta}{b-\theta b} = \frac{0.9}{b-0.9b} = \frac{9}{6.96\times10^{-6}} = 1.293\times10^6\text{Pa}$$

【例题 2.2.2】273.15K 时，1g 活性炭在不同压力下吸附氮气的体积如下表所示（已换算成标准状态下的体积），试证明氮气在活性炭上的吸附服从 Langmuir 等温方程，并求吸附常数。

p/Pa	523.9	1730.2	3057.9	4533.5	7495.5
$q/(\text{mL}\cdot\text{g}^{-1})$	0.987	3.04	5.08	7.04	10.31

解：气相吸附的 Langmuir 等温方程可变换为

$$\frac{1}{q_e} = \frac{1}{bq_m p} + \frac{1}{q_m}$$

可见 $1/q_e$ 和 $1/p$ 成直线关系，因此将实验数据整理为

$\dfrac{1}{p}$ /Pa^{-1}	0.0019	0.00058	0.00033	0.00022	0.00013
$\dfrac{1}{q_e}$/(g·mL^{-1})	1.013	0.329	0.197	0.142	0.097

以 $1/q_e$ 和 $1/p$ 为坐标作图，得到如图 2.2.4 所示直线。

该直线线性关系良好（相关系数为 0.997），可以证明吸附符合 Langmuir 等温方程。

由直线的截距 $1/q_m = 0.012$，求得 $q_m = 83.3\text{mL/g}$；由直线的斜率 $1/(bq_m) = 572.08$，求得 $b = 2.09 \times 10^{-5} \text{Pa}^{-1}$。

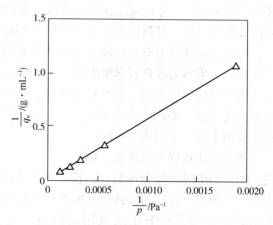

图 2.2.4　例题 2.2.2 附图

（3）BET 方程

该方程是 Brunauer、Emmett 和 Teller 等人基于多分子层吸附模型推导出来的。BET 理论认为吸附过程取决于范德华力。由于这种力的作用，可使吸附质在吸附剂表面吸附一层以后，再一层一层吸附下去，只不过逐渐减弱而已。该方程推导的基本假定为：①吸附可以是多分子层的；②吸附热与表面覆盖度无关；③第一层的吸附热 Q_1 与以后各层的吸附热不同，第二层以上各层的吸附热为吸附质的液化热 Q_L；④只在固体空白表面和最外气体吸附层表面上发生吸附与脱附，即吸附平衡时空白表面和不同吸附层吸附位占据的表面分数是恒等的。根据其基本假定，对多分子层吸附根据各层吸附平衡条件建立方程、求解、整理，得到 BET 方程：

$$q_e = \frac{cpq_m}{(p_0-p)\left[1+(c-1)(p/p_0)\right]} \tag{2.2.9}$$

式中　q_e——平衡吸附量，kg(吸附质)/kg(吸附剂)；

q_m——单分子层吸附时的饱和吸附量，kg(吸附质)/kg(吸附剂)；

p_0——指定温度下气态吸附质的饱和蒸汽压，Pa；

c——常数，其值与温度、吸附热和冷凝热有关。

对于气相吸附，BET 公式也可以写成：

$$\frac{q_e}{q_m} = \frac{V}{V_m} = \frac{cp}{(p_0-p)\left[1+(c-1)(p/p_0)\right]} \tag{2.2.10}$$

式中　V_e——平衡吸附体积，m^3(吸附质)/kg(吸附剂)；

V_m——单分子层吸附时的饱和吸附体积，m^3(吸附质)/kg(吸附剂)。

其中，c 可以用下式计算：

$$c = \exp\frac{Q_1-Q_L}{RT} \tag{2.2.11}$$

式中 Q_1——第一层的吸附热；

$\quad\quad Q_L$——第二层及以上各层的吸附热，即吸附质的液化热。

BET 方程的适应性较广，可以描述多种类型（Ⅰ、Ⅱ、Ⅲ）的吸附等温线；BET 公式中的两个常数有重要的应用意义：V_m 可用于计算比表面积，c 可用于计算净吸附热。BET 方程的应用范围为 p/p_0 在 $0.05 \sim 0.35$ 之间，在吸附质分压很低或很高时会产生较大误差。

饱和吸附体积 V_m 可以用下面的方法计算，式（2.2.10）可变形为

$$\frac{p}{V(p_0-p)} = \frac{1+(c-1)\dfrac{p}{p_0}}{c\,V_m} \tag{2.2.12}$$

$$\frac{p}{V(p_0-p)} = \frac{1}{c\,V_m} + \frac{c-1}{c\,V_m}\frac{p}{p_0}$$

以 $\dfrac{p}{V(p_0-p)}$ 对 p/p_0 作图为一直线，斜率为 $a = \dfrac{c-1}{c\,V_m}$，截距为 $b = \dfrac{1}{c\,V_m}$，则

$$V_m = \frac{1}{a+b} \tag{2.2.13}$$

得到 V_m 的值后，可以按下列方法计算吸附剂的比表面积。

$$A_t = A_m N_A n$$

$$n = \frac{p\,V_m m_a}{RT}$$

$$A_t = A_m N_A \frac{p\,V_m m_a}{RT} \quad (\text{m}^2) \tag{2.2.14}$$

$$a_s = \frac{A_t}{m_a} = A_m N_A \frac{p\,V_m}{RT} \quad (\text{m}^2/\text{g}) \tag{2.2.15}$$

上述各式中

A_t——吸附剂的总表面积，m^2；

A_m——一个吸附分子的截面积，m^2；

N_A——阿伏伽德罗常数，$N_A = 6.02 \times 10^{23}$；

n——吸附质的物质的量，mol；

p——平衡分压，Pa；

m_a——吸附剂质量，kg；

R——摩尔气体常数，$R = 8.314\text{J}/(\text{mol}\cdot\text{K})$；

a_s——吸附剂的比表面积，m^2/kg。

（4）温度对吸附平衡的影响

在一定的平衡压力下，随着温度的升高，吸附量减小。将某一温度下吸附质的平衡压力与相同的饱和蒸气压在双对数坐标上作图，可以发现相同吸附量的各点均落在同一直线上，称为等量吸附线，其倾角的正切为吸附热。图 2.2.5 所示为用活性炭吸附丙酮时，蒸汽压、吸附平衡分压与吸附量的关系。图中横坐标取为温度及其相对应的丙酮蒸气压，纵坐标取为丙酮在该温度下的吸附平衡分压。

将 1mol 气体从吸附平衡分压 p 压缩至该温度下吸附质饱和蒸汽压 p_0 所需的吉布斯自由能 ΔG（J/mol）称为吸附位势，即

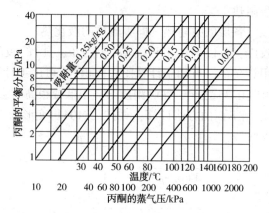

图 2.2.5 活性炭吸附丙酮的蒸气压，吸附平衡分压与吸附量的关系

$$\Delta G = RT \ln \frac{p_0}{p} \qquad (2.2.16)$$

式中 R——摩尔气体常数，$R = 8.314 J/(mol \cdot K)$。

由于 RT 项和 $\ln(p_0/p)$ 项相互抵消，当吸附量相同时，ΔG 基本上与温度无关。

如果已知某一温度的吸附等温线，根据吸附量相同，吸附位势相同，而与温度无关的原理，可以求出其他任意温度的吸附等温线。

2. 吸附热力学

根据热力学公式
$$\Delta G = \Delta H - T\Delta S$$
$$\Delta H = \Delta G + T\Delta S$$

由于吸附是一自发过程，$\Delta G < 0$；吸附过程混乱度降低，$\Delta S < 0$。因此，$\Delta H < 0$，固体对气体的吸附通常为放热过程。

吸附过程中产生热量的现象与气体分子的冷凝相似，但吸附热通常比蒸发相变焓大，有时可能高出数倍。完全没有吸附吸附质的吸附剂吸附一定量的吸附质所产生的累积热量称为积分吸附热（Q_i），已吸附一定量的吸附剂再吸附无限少量吸附质所产生的热量称为微分吸附热（Q_d）。吸附量 q 一定时，温度变化 dT，压力也相应变化 dp，根据 Clausius-Clapeyron 方程可以得到

$$\left(\frac{\partial \ln p}{\partial T}\right) = \frac{Q_d}{RT^2} \qquad (2.2.17)$$

式中 Q_d——吸附量等于 q 时的微分吸附热，kJ/kmol；

　　　p——吸附质的吸附平衡分压，Pa。

对应平衡温度 $T_1(K)$ 和 $T_2(K)$ 的平衡分压分别为 p_1 和 p_2，对上式积分，得

$$\ln p_1 - \ln p_2 = \frac{Q_d(T_2 - T_1)}{R\,T_1 T_2} \qquad (2.2.18)$$

利用式（2.2.18）可以求得微分吸附热 Q_d。

在给出等量吸附线图的情况下，下面的关系式成立：

$$\frac{d\ln p}{d\ln p_0} = \frac{Q_d}{\lambda} \qquad (2.2.19)$$

式中 λ——蒸发相变焓，kJ/kmol。

从式（2.2.19）可知，由等量吸附线图中求出直线的斜率（参见图 2.2.5），再乘以蒸发相

变焓 λ，也可以求出微分吸附热。

吸附量达到 q 时的积分吸附热 $Q_i[\mathrm{kJ/kg}(吸附剂)]$ 可以表示为

$$Q_i = \int_0^q \frac{Q_d}{M_A}\mathrm{d}q \qquad\qquad (2.2.20)$$

式中　M_A——吸附剂的相对分子质量。

表 2.2.1 列出了各种吸附剂的微分吸附热。

表 2.2.1　各种吸附剂的微分吸附热

吸附剂	吸附质	温度/℃	微分吸附热/$(\mathrm{kJ \cdot kmol^{-1}})$	压力范围/kPa	蒸发相变焓/$(\mathrm{kJ \cdot kmol^{-1}})$
活性炭	C_2H_4	10	37202~29678	0~73315	8569
	SO_2	10	49324~36659	0~111705	24996
	H_2O	10	47652~39668	0~2239	43639
硅胶	CO_2	10	29009~24244	0~72782	10743
	NH_3	10	27797~22990	0~65317	8569
活性氧化铝	C_2H_4	10	30514~25080	0~82646	8569

吸附过程发生放热现象是吸附质进入吸附剂毛细孔道的重要特征之一，吸附热可以衡量吸附剂对吸附质分子吸附能力的大小，也可以表征吸附现象的物理和化学本质以及吸附剂和催化剂的活性。化学吸附中的吸附键强，所以化学吸附的放热量比物理吸附的放热量大。吸附热对于了解表面过程、表面结构、表面的均匀性，评价吸附剂和吸附质之间作用力的大小，甚至能量衡算和吸附剂的选择都有帮助。

二、双组分气体吸附

混合气体中有两种组分发生吸附时，每一种组分吸附量均受另一种组分的影响。图 2.2.6 表示将乙烷-乙烯混合气体在 25℃、0.1MPa 条件下，用活性炭和硅胶吸附时，气相中乙烷的摩尔分数 x 和吸附相中乙烷的摩尔分数 y 的关系，这与气-液平衡中的 x-y 图类似。从图中可以看出，活性炭对乙烷的吸附较多，而硅胶对乙烯的吸附较多。

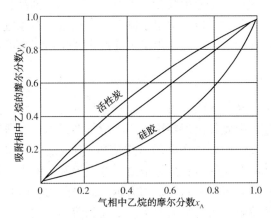

图 2.2.6　乙烷-乙烯混合气体的平衡吸附(25℃，101.325kPa)

1. 吸附的相对挥发度 α

设混合气体吸附平衡时 A、B 组分的吸附量分别为 q_A、$q_B[\mathrm{kmol/kg}(吸附剂)]$，气相中的分压分别为 p_A、p_B，A 组分在气相和吸附相中的摩尔分数分别为 x_A、y_A，则 A 组分相对

于 B 组分的相对挥发度 α 可以表示为

$$
\begin{aligned}
\alpha &= \frac{p_B y_A}{p_A(1-y_A)} = \frac{p_B q_A}{p_A q_B} \\
&= \frac{(1-x_A)q_A}{x_A q_B} \\
&= \frac{y_A(1-x_A)}{x_A(1-y_A)}
\end{aligned}
$$

根据 Lewis 等人对碳氢化合物气体进行测定的结果，用气相摩尔分数为 0.5 时的 α 值，在各种摩尔分数条件下的计算结果和实验结果具有良好的一致性，α 可以是一定值，而且对于三组分体系也可以使用双组分体系的 α。

2. 各组分的吸附量

Lewis 等人提出，对于碳氢化合物体系，设 q_{A0}、q_{B0} 分别为各组分单独存在且压力等于双组分总压时的平衡吸附量 [kmol/kg(吸附剂)]，则下列关系式成立

$$
\frac{q_A}{q_{A0}} + \frac{q_B}{q_{B0}} = 1 \tag{2.2.21}
$$

这种关系也可以扩展到三组分体系。

对于能吸附多种气体的单分子层吸附，Langmuir 等温吸附式可推导出对每一种气体均存在：

$$
\theta_i = \frac{b_i p_i}{1 + b_i p_i} \tag{2.2.22}
$$

$$
\theta = \sum \theta_i = \sum \frac{b_i p_i}{1 + b_i p_i} \tag{2.2.23}
$$

第三节　液　相　吸　附

液相吸附应用广泛，在化学工业中和食品工业中主要用于油品、化妆品、药品和食品的脱色和精制；在电子工业等各种制造业中用于制备工业用水；在家庭和其他对水要求比较高的场合用于制备纯净水；在污水处理厂中用于工业废水或生活污水的精处理。

一、液相吸附作用

气相吸附中只有吸附剂和气体两种组分，比较容易处理。液相吸附除了吸附剂和溶质之外，还多了溶剂这种组分，因此其机理要比气相吸附复杂得多。在研究液相吸附时，除了考虑吸附剂和溶质之间的相互作用外，还必须考虑溶质-溶剂之间和吸附剂-溶剂之间的相互作用。在吸附剂和溶质之间存在的力有范德华力、静电力和氢键力，如果溶质是非极性分子时主要是范德华力。吸附剂和溶质之间的亲和力越大，吸附力就越强。而溶质和溶剂之间的亲和力与溶质在溶剂中的溶解性质有很大关系，溶质和溶剂之间的亲和力越大，溶质在溶液中越能够稳定存在，溶解度也越大。吸附剂对溶质的吸附作用类似于溶质从溶液中析出转移到吸附相的过程。若溶质在溶液中稳定存在，从溶液中析出就难，也就难吸附。因此，为了吸附溶质，溶质在溶剂中的溶解度(亲和力)越小越好。在吸附质发生吸附的同时，溶剂也可能被吸附，从而产生相互影响，吸附剂和溶剂之间的亲和力越大，溶剂在吸附剂上的吸附

就越强。通常由于溶剂分子比溶质分子多很多，吸附剂首先要吸附溶剂，从而影响吸附剂对溶质的吸附。

因此，为了使吸附剂吸附吸附质的过程顺利完成，溶质和吸附剂的亲和力要尽可能大，而溶质和溶剂、溶剂和吸附剂的亲和力要尽可能的小。活性炭可用于吸附水中的污染物质就是因为活性炭属于非极性吸附剂，其表面呈憎水性，与溶剂水分子的亲和力小；而硅胶和氧化铝都属于极性吸附剂，对于极性分子水来说其表面呈亲水性，对水的亲和力大，不适合用于水中污染物质的吸附。

虽然液相吸附中溶质、溶剂和吸附剂之间的相互作用很重要，但也必须考虑其他各种相互作用。①首先是在溶剂或溶质分子之间的相互凝聚现象。有些染料分子即使浓度很低也会发生聚集，聚集引起分子尺寸变大，从而影响吸附。表面活性剂在达到一定浓度时发生分子之间的聚集，生成胶束，这时还必须考虑胶束的吸附。溶剂分子之间也存在聚集现象，由于水分子之间的氢键作用，水分子互相连在一起，也会影响吸附作用。②其次还存在双层吸附现象，即在已吸附的溶质分子上再吸附其他的溶质分子，例如离子型表面活性剂在极性吸附剂上的吸附，第一层吸附为表面活性剂分子的亲水基吸附在吸附剂表面，憎水基朝着水相；第二层吸附为第一层吸附的表面活性剂的憎水基与另外的表面活性剂分子的憎水基结合，亲水基朝着水相，形成稳定结构。③溶质分子的溶剂化作用也会影响吸附，特别是离子吸附时，离子周围的水合水对吸附的影响很大。溶质分子在水溶液中发生水解时，吸附前后的溶液 pH 值往往会发生变化。④另外，吸附是界面现象，不是溶质分子从一个相转移到另一个相。即使被吸附，吸附质分子也会与溶剂接触，吸附质与溶剂之间还存在相互作用。

二、液相吸附的吸附等温线

吸附剂在液相中吸附量的测定方法为：在数个容器中装入不同质量的吸附剂，然后在每个容器中加入相同体积的溶液，其中溶质的浓度都相同。将容器密封后放入恒温槽中，搅拌，达到吸附平衡后，用离心或过滤的方法分离吸附剂，采用适当方法测量滤液中的溶质浓度，这个浓度即为吸附平衡浓度。可由下式计算单位质量吸附剂所具有的吸附平衡量：

$$q_e = \frac{V(\rho_0 - \rho_e)}{m_a} \qquad (2.3.1)$$

式中　q_e——单位质量吸附剂所具有的吸附平衡质量，mg(吸附质)/g(吸附剂)；

　　　V——溶液体积，L；

　　　ρ_0——吸附前溶液中溶质的浓度，mg/L；

　　　ρ_e——吸附平衡后溶液中溶质的浓度，mg/L；

　　　m_a——吸附剂的质量，g。

以一系列的平衡吸附量为纵坐标，以平衡浓度为横坐标作图，即可得到液相吸附的吸附等温线。

图 2.3.1 是几种液相吸附的吸附等温线。曲线 Ⅰ 说明吸附剂表面与吸附质之间存在促进吸附的引力作用，曲线通常朝上凸；直线 Ⅱ 说明吸附过程发生在极稀溶液中或吸附量小、吸附剂表面覆盖率低的情况；曲线 Ⅲ 发生在吸附剂和吸附质之间引力非常弱的情况，曲线向下凹。

三、液相吸附的吸附等温式

液相吸附的吸附等温线也可以用适当的函数近似的表示，根据这种函数关系能得到关于吸附机理的信息，还能由内推或外推法获得实验中没有测量的浓度和吸附量。这里主要讨论稀溶液中以及能够忽略溶剂吸附的典型吸附公式，这种情况下，吸附体系中只存在一种吸附质，即单组分吸附。

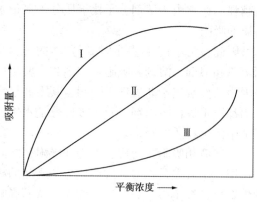

图 2.3.1　各种吸附等温线

（1）Henry 吸附等温式

含一个常数的吸附公式表示吸附量与浓度成正比，即呈线性关系，相当于图 2.3.1 中的直线 Ⅱ，是表示吸附特性的最简单的形式，其公式可用 Henry 吸附公式来表示：

$$q_e = K_p \rho_e \qquad (2.3.2)$$

式中　q_e——单位质量吸附剂所具有的吸附平衡质量，mg(吸附质)/g(吸附剂)；

　　　ρ_e——溶液中溶质的平衡浓度，mg/L；

　　　K_p——吸附常数。

极稀溶液中的吸附或者覆盖率低的吸附可用式(2.3.2)来表示。

（2）Freundlich 吸附等温式

在范围狭窄的稀薄液相中，可以应用 Freundlich 吸附等温式来描述液相吸附。设 q_e 为吸附量，ρ_e 为吸附质平衡浓度，则

$$q_e = k \rho_e^{1/n} \qquad (2.3.3)$$

式中　k, n——经验常数。

与气相吸附一样，对式(2.3.3)两边取对数即得直线方程：

$$\ln q_e = \ln k + 1/n \ln p_e \qquad (2.3.4)$$

从直线的斜率和截距计算可得 n 和 k。

如果溶质浓度变化范围很宽，从很低浓度变化到很高浓度，实验数据与 Freundlich 吸附等温式就有些偏离，但是在比较窄的浓度范围内，许多吸附体系都很符合 Freundlich 吸附等温式，在中等浓度范围内也都近似符合该方程。

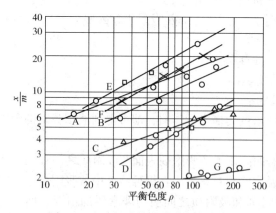

图 2.3.2　汽缸油的吸附脱色度曲线

（色度为 true color 度）

在某些情况下，如在进行蔗糖、植物油、矿物油等的脱色处理时，尽管不知道吸附质的成分和性质，通过测定脱色前后的色度可以发现，脱色度和脱色后的平衡色度之间的关系符合 Freundlich 方程式。图 2.3.2 所示为汽缸油的吸附脱色度，横坐标为平衡色度 ρ，纵坐标为 x/m，其中 x 为脱色度，m 为 100g 油加入的脱色剂量(g)，图中 A、B、C、D 为酸性白土，E、F 为活性炭，G 为硅胶。图中所有曲线均满足下列关系：

$$\frac{x}{m} = k \rho^{1/n} \qquad (2.3.5)$$

【例题 2.3.1】将真色度(true color)为 70 的汽缸油脱色处理至色度为 30，试求处理 1t 汽

缸油所需的酸性白土(组分 A)及活性炭(组分 E)的量。

解：已知起始色度＝70，平衡色度＝30，故脱色度为
$$x = 70-30 = 40, \rho = 30$$

由图 2.3.2 查得，酸性白土(A)与 $\rho = 30$ 的交点处的 $x/m = 8.5$，活性炭(E)与 $\rho = 30$ 的交点处的 $x/m = 10$。

对于酸性白土：$m = (40/8.5)\text{g}/(100\text{g} 汽缸油) = 4.7\text{g}/(100\text{g} 汽缸油)$

对于活性炭：$m = (40/10)\text{g}/(100\text{g} 汽缸油) = 4.0\text{g}/(100\text{g} 汽缸油)$

即每处理 1t 汽缸油需要酸性白土 47kg，活性炭 40kg。

【例题 2.3.2】用活性炭对含有有机色素的水进行脱色处理。对应水量投加 5% 的活性炭可以将水的色度降至原来的 25%，投加 10% 则色度可以降至原来的 3.5%。如果将色度降至原色度的 0.5%，需要投加多少活性炭？设该体系 Freundlich 方程成立。

解：由式(2.3.5)，单位质量活性炭吸附的色素量为 x，残余平衡色度为 c，则
$$\frac{100-25}{5} = k \times 0.25^{1/n}, \quad \frac{100-3.5}{10} = k \times 0.035^{1/n}$$

$$\frac{75 \times 10}{5 \times 96.5} = \left(\frac{0.25}{0.035}\right)^{1/n}$$

$$\frac{1}{n} = 0.227$$

设应投加活性炭 $y\%$，由
$$\frac{75y}{5 \times (100-0.5)} = \left(\frac{0.25}{0.005}\right)^{0.227}$$

得 $y = 16$，即需要投加 16% 的活性炭。

（3）Langmuir 吸附等温式

气相吸附的 Langmuir 吸附等温式对液相吸附也成立，当溶剂吸附可以忽略时，吸附质分子以单分子层吸附在吸附剂表面的吸附位时，用液相平衡浓度 ρ_e 代替气相平衡分压 p_e 即得到如下的液相吸附 Langmuir 等温式：

$$q_e = \frac{a\rho_e q_m}{1+\rho_e q_m} \qquad (2.3.6)$$

式中　q_e——单位质量吸附剂所具有的吸附平衡质量，mg(吸附质)/g(吸附剂)；

　　　q_m——单位质量吸附剂所具有的饱和吸附质量，mg(吸附质)/g(吸附剂)；

　　　ρ_e——溶液中溶质的平衡浓度，mg/L；

　　　a——液相吸附的 Langmuir 平衡常数。

为了计算吸附常数 a 和 q_m，式(2.3.3)可变为

$$\frac{\rho_e}{q_e} = \frac{\rho_e}{q_m} + \frac{1}{a\,q_m} \qquad (2.3.7)$$

实际上，对于液相吸附，严格服从 Langmuir 吸附理论的情况是很少的。对于活性炭在憎水性化合物的水溶液和硅胶在亲水性化合物的有机溶剂中的吸附，吸附剂表面的吸附位并不能按化学计量一比一与吸附质分子结合，或者说，并不是一个吸附位上只能吸附一个吸附质分子；而且因为几乎所有的吸附位的吸附能都不同，吸附剂表面是非均匀的，所以严格地说 Langmuir 模型并不适用。

第四节　吸附动力学

吸附平衡表达了吸附过程进行的极限，但要达到平衡往往两相经过长时间的接触才能建立。在实际吸附操作中，相际接触的时间一般是有限的。吸附量常决定于吸附速率。而吸附速率又依吸附剂及被吸附组分的性质不同而差异很大。一般地说，溶液的吸附要比气体的吸附慢得多。开始时过程进行得较快，随即变慢。吸附速率是一个综合的效果，它主要受速度最慢的步骤控制。

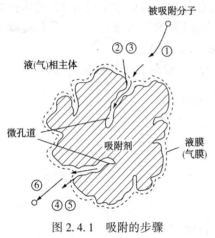

图 2.4.1　吸附的步骤

吸附的步骤如图 2.4.1 所示：

①外部扩散。吸附剂周围的流体相中组分 A 扩散穿过流体膜到达固体吸附剂表面。②内部扩散。组分 A 从固体表面进入其微孔道，在微孔道的吸附流体相中扩散到微孔表面。③吸附。扩散到微孔表面的组分 A 分子被固体所吸附，完成吸附。④脱附。已被吸附的组分 A 分子，部分脱附，离开微孔道表面。⑤内反扩散。脱附的组分 A 分子从孔道内吸附流体相扩散到吸附剂外表面。⑥外反扩散。组分 A 分子从外表面反扩散穿过流体膜，进入外界周围的流体中，从而完成脱附。

一般吸附的速率很快，其传质阻力可以忽略不计，传质速率主要取决于外扩散和内扩散，这两步的速率（或阻力）有时相差很大。如果两者比较，外扩散速率很慢，阻力很大，则过程的速率取决于外扩散，成为外扩散控制。反之，如果内扩散速率很慢，阻力很大，则过程的速率取决于内扩散，成为内扩散控制。通常内扩散控制的情况比较多见。

一、外扩散速率控制模型

外扩散是吸附质从流体主体对流扩散到吸附剂颗粒的外表面的过程，设颗粒的体积、表面积和密度分别为 $V_p(m^3)$、$A_p(m^2)$ 和 $\rho_p(kg/m^3)$，吸附质在吸附剂颗粒内的平均吸附量为 $\bar{q}[kg/kg(吸附剂)]$，流体相及颗粒表面流体的吸附质质量浓度为 $\rho(kg/m^3)$ 和 ρ_i，时间为 τ，则吸附质从流体主体到颗粒外表面的传质速率 $N_A(kg/s)$ 可以表示为

$$N_A = \rho_p V_p \frac{d\bar{q}}{d\tau} = kA_p(\rho - \rho_i) \qquad (2.4.1)$$

式中　k——界膜传质系数，m/s。

k 的值可以根据颗粒与流体间的相对雷诺数 Re 或施密特数 Sc 求得。流体相为气体时，可用吸附气体的分压 p_A 代替 ρ。因为吸附浓度低，可以认为下列关系式成立：

$$\rho = \frac{p_A M_A}{RT}$$

式中　M_A——吸附质的相对分子质量；

　　　R——摩尔气体常数，$R = 8.314 J/(mol \cdot K)$；

　　　T——热力学温度。

外表面界膜控制通常发生在液相吸附的情况，因为吸附质在吸附剂颗粒表面的流体界膜

中的扩散系数与气体吸附质相比小得多，约为 $10^{-5} \sim 10^{-7}\,\mathrm{cm/s}$，当吸附剂颗粒较小时，界膜内扩散为控制步骤。达到颗粒表面的吸附剂被迅速吸附，颗粒内的吸附质平均吸附量为 $\bar{q}$，其与液相中吸附质浓度的平衡关系为用 $\bar{q}=m\rho^*$ 表示的直线关系，则吸附速度可以表示为

$$\rho_{\mathrm{p}} V_{\mathrm{p}} \frac{\mathrm{d}\bar{q}}{\mathrm{d}\tau} = kA_{\mathrm{p}}(\rho-\rho^*) \tag{2.4.2}$$

$\tau=0$ 时，$\bar{q}=0$；$r=r_0$ 时，$\rho^*=\bar{q}/m$。

解式(2.4.2)可以求得半径为 r_0 的吸附剂颗粒的吸附量 $\bar{q}$ 与时间 τ 的关系式为

$$\frac{q_e-\bar{q}}{q_e} = \exp\left(-\frac{3k\tau}{r_0 m\rho_{\mathrm{p}}}\right) \tag{2.4.3}$$

二、内扩散速率控制模型

吸附质在微孔中的扩散有两种形式，沿孔截面的扩散和沿孔表面的扩散。前者根据孔径和吸附分子平均自由程之间大小的关系又分为分子扩散、纽特逊扩散和介于这两种情况之间的过渡区扩散。当微孔表面吸附有吸附质时，沿孔口向里的表面上存在着吸附质的浓度梯度，吸附质可以沿孔表面向内部扩散，称为表面扩散。

若考虑吸附剂内的微孔扩散，在半径为 $r_0(\mathrm{m})$ 的颗粒中以有效扩散系数 $D_{\mathrm{e}}(\mathrm{m^2/s})$ 扩散时，从颗粒中心到 r 距离的吸附量为 q，设该处流体中吸附质浓度为 ρ，则下列关系式成立

$$\rho_\rho \frac{\partial q}{\partial \tau} = D_{\mathrm{e}}\left(\frac{\partial^2\rho}{\partial r^2}+\frac{2\partial\rho}{r\partial r}\right) \tag{2.4.4}$$

这里可以认为 q 和 ρ 处于平衡关系，用直线方程近似，得

$$q = m\rho \tag{2.4.5}$$

式中 m——吸附平衡常数，$\mathrm{m^3(溶剂)/kg(吸附剂)}$。

将式(2.4.5)代入式(2.4.4)，并设定：$\tau=0$ 时，$q=0$；$r=0$ 时，$\partial\rho/\partial r=0$；$r=r_0$ 时，$D_{\mathrm{e}}\partial\rho/\partial r=k(\rho-\rho_1)$。求解 q，进一步求颗粒的积分平均吸附量 $\bar{q}$。设对应浓度 ρ 的平衡吸附量为 q_{e}，则可得

$$\frac{q_e-\bar{q}}{q_e} = \frac{6\sum\limits_{n=1}^{\infty} e^{-\beta_n\varphi/(m\rho_{\mathrm{p}})}}{\beta_n^2[(\beta_n/f)^2+(1-1/f)]} \tag{2.4.6}$$

式中 $f=\dfrac{\rho_{\mathrm{p}} kr_0 m}{D_{\mathrm{e}}}=\dfrac{\rho_{\mathrm{p}} mr_0/D_{\mathrm{e}}}{1/k}=$ 内表面阻力/外表面阻力

$$\varphi=\frac{D_{\mathrm{e}}\tau}{r_0^2}$$

β_n 是 $\beta_n\cot\beta_n=1-f$ 的第 n 个正根。

当 $f\gg1$ 时，式(2.4.6)可以整理为

$$\frac{q_e-\bar{q}}{q_e} = \frac{6}{\pi^2}\sum_{n=1}^{\infty}\frac{1}{n^2}\exp\left(-\frac{n^2\pi^2\varphi}{m\rho_{\mathrm{p}}}\right) \tag{2.4.7}$$

当 τ 较大时，式(2.4.7)可以迅速收敛，但该级数高次项的总和值很小，当吸附率大于70%时，取第一项已足够，相对误差小于2%，即

$$\frac{q_c-\bar{q}}{q_e} = \frac{6}{\pi^2}\exp\left(-\frac{\pi^2 D_{\mathrm{e}}\tau}{r_0^2 m\rho_{\mathrm{p}}}\right) \tag{2.4.8}$$

对上式微分，可以得到吸附剂颗粒的吸附速率方程为

$$\frac{d\bar{q}}{d\tau} \approx \frac{\pi^2 D_e}{\rho_p m r_0^2}(q_e - \bar{q}) \tag{2.4.9}$$

设与$\bar{q}$平衡的流体中的浓度为ρ^*，可以表示为

$$\frac{d\bar{q}}{d\tau} \approx \frac{\pi^2 D_e}{\rho_p r_0^2}(\rho - \rho^*) \tag{2.4.10}$$

考虑式(2.4.8)中所有项时，吸附速率方程为

$$\frac{d\bar{q}}{d\tau} \approx \frac{15 D_e}{\rho_p r_0^2}(\rho - \rho^*) \tag{2.4.11}$$

三、外扩散和内扩散阻力同时存在时的速率控制模型

外扩散和内扩散的速率(或阻力)有时相差不大，当外扩散的阻力和内扩散的阻力均不能忽略时，外扩散和内扩散都是吸附过程的控速步骤。此时可采用外扩散和内扩散速率控制模型。

以ρ_i的时间变化为边界条件，由式(2.4.4)可以求得吸附剂颗粒内部的传质速率，其表达式与(2.4.11)类似，可以表示为

$$\rho_p V_p \frac{d\bar{q}}{d\tau} \approx \frac{15 D_e}{r_0^2} V_p(\rho_i - \rho^*) \tag{2.4.12}$$

将式(2.4.12)与式(2.4.1)联立，设总传质系数为$K_F(m/s)$，得

$$\rho_p V_p \frac{d\bar{q}}{d\tau} \approx K_F A_p(\rho - \rho^*) \tag{2.4.13}$$

$$\frac{1}{K_F} = \frac{1}{k} + \frac{A_p r_0^2}{15 D_e V_p} \tag{2.4.14}$$

第五节　吸附操作与吸附穿透曲线

一、吸附设备

吸附分离过程中使用的设备即为吸附设备，有吸附塔和吸附器等。按照吸附操作方式可以分为间歇式吸附操作和连续式吸附操作。常见的间歇式吸附操作如接触过滤吸附，而连续式操作按照吸附剂在吸附器中的工作状态可分为固定床吸附、移动床吸附和流化床吸附。

1. 接触过滤吸附

接触过滤吸附是一种专门用于液体吸附的方法，即是将待处理的溶液与吸附剂混合并充分搅拌，在吸附作用达到平衡以后，用过滤或沉降，或者两者并用的方法除去吸附剂，这种操作就叫作接触过滤吸附。主要用于从稀薄溶液中回收溶质或从溶液中去除杂质等，其设备一般是带有搅拌的釜。接触时间大约为$10\sim60min$。

接触过滤式吸附器的一般使用条件是吸附剂对溶液中溶质的吸附能力强，吸附速度快，传质速率为液膜控制，在搅拌器的作用下吸附剂可以在短时间内迅速达到饱和。例如，用活

性白土加工油品脱色去除胶质、糖液和用活性炭脱色等。这种接触过滤式吸附器具有设备结构简单、操作容易的优点。按照原料、吸附剂性质的不同以及需要加工量的多少，其操作方式可分为单级吸附、多级吸附、逆流多级吸附等。在计算过程中，通常认为釜内的溶液经充分搅拌后，固、液两相已完全达到平衡，从而使计算方法大为简化。接触过滤吸附流程如图2.5.1所示。

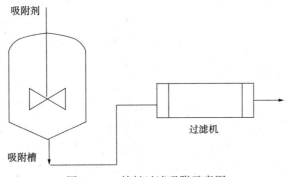

图 2.5.1　接触过滤吸附示意图

2. 固定床吸附

固定床吸附，顾名思义，即是吸附剂固定在吸附柱或吸附塔中，待处理液体或气体以一定的流速流经固定床，与固体吸附剂进行两相的接触与物质交换，以达到净化液体或气体的目的。在有害气体浓度较高时，为了适应工艺连续生产的需要，多采取双罐式，一罐吸附，另一罐脱附，交替切换使用。固定床吸附设备结构简单、造价低、吸附剂磨损少。但缺点也十分明显，连续操作时必然不断地周期性切换，为此要配置较多的进出口阀门，操作十分麻烦；需备用设备，即要有一部分吸附床进行再生，因而增加了总吸附剂用量；吸附剂层导热性差，吸附热不易导出，操作时易出现局部床层过热；再生时不易加热升温和冷却降温；热量利用率低，对于采用厚床层，压力损失也较大。

固定床吸附设备可分为垂直型、圆筒型、多层型和水平型等。垂直型固定床吸附设备构造简单，适用于高浓度、中小风量，从小型到大型处理风量一般为 600~42000m³/h。圆筒型固定床吸附设备的气体通过面积大，适用于低浓度、中小风量，处理风量一般为 600~42000m³/h。多层型固定床吸附设备构造稍复杂，适用于低浓度、大风量，处理风量一般为 3000~90000m³/h。水平型固定床吸附设备占地面积大，适用于中高浓度，大风量，处理风量一般为 16000~120000m³/h，水平型固定床吸附设备如图 2.5.2 所示。

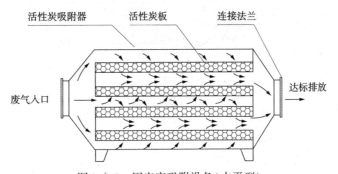

图 2.5.2　固定床吸附设备(水平型)

3. 流化床吸附

在流化床吸附器中，分置在筛孔板上的吸附剂颗粒，可在高速气流的作用下，强烈搅动，上下浮沉。吸附操作时料液从床底以较高的流速循环输入，使吸附粒子呈流化状态，同时，料液中溶质在固相上发生吸附过程。吸附剂内传质传热速率快，床层温度均匀，操作稳定。缺点是吸附剂磨损严重。另外，气流与床层颗粒返混，所有吸附剂颗粒都与出口气保持平衡，无"吸附波"存在，因此，所有吸附剂都保持在相对低的饱和度下，但出口气体中污染物浓度不易达到排放标准，因而较少用于废气净化。流化床吸附器如图2.5.3所示。

4. 移动床吸附

移动床吸附器中的流体和固体都是流动的，是以间歇或连续的方式均匀地在吸附器中移动，稳定的输入和输出。需要处理的气体或原水与吸附剂逆流接触，废气（废水）由塔顶流出，再生后的吸附剂由塔顶加入，饱和的吸附剂从塔底排出。固体吸附剂在吸附床中不断地移动，固体和

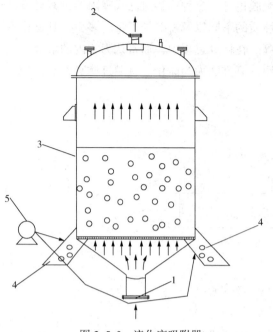

图2.5.3 流化床吸附器
1—污染气体入口；2—净化气体出口；
3—呈流化状态的吸附剂；4—补充新鲜吸附剂；
5—吸附剂再生设备

气体（液体）都以恒定的速度流过吸附器。这种方式可以连续进行，适用于较大规模的废气（废水）处理。其优点是吸附剂可循环使用，适用于稳定、连续、量大的气体（液体）净化；吸附和脱附连续完成；但动力和热量消耗较大，吸附剂磨损较为严重。移动床吸附如图2.5.4所示。

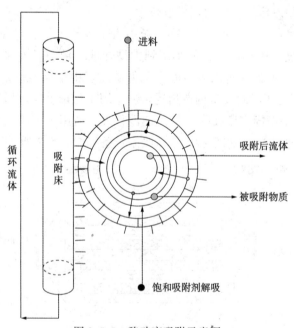

图2.5.4 移动床吸附示意图

二、接触过滤吸附计算

1. 单级吸附

以 L 和 S 分别表示溶液中溶剂的体积(m^3)和吸附剂的质量(kg),以 ρ 和 x 分别表示溶液中溶质的浓度(kg/m^3)和吸附剂中溶质的浓度(kg/kg),下标 0 和 1 分别表示接触前后的值。根据质量守恒定律,可得

$$L(\rho_0-\rho_1)=S(x_1-x_0) \tag{2.5.1}$$

则平衡吸附量

$$q_e=x_1-x_0=\frac{L}{S}(\rho_0-\rho_1) \tag{2.5.2}$$

操作流程如图 2.5.5、图 2.5.6 所示,从点 $A(x_0,\rho_0)$ 以 $(-S/L)$ 的斜率引出的直线与平衡曲线的交点 $B(x_1,\rho_1)$ 是釜内溶液与吸附经充分搅拌混合达到平衡后的状态点。

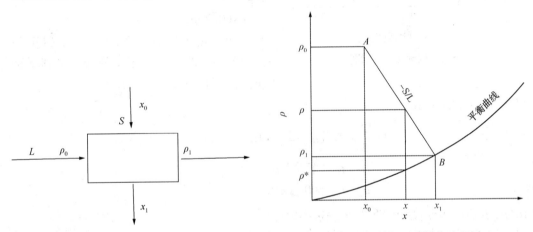

图 2.5.5　接触过滤吸附操作流程　　　　图 2.5.6　单级吸附操作流程图

若稀薄溶液的相平衡符合 Freundlich 方程,将式(2.5.1)代入式(2.3.3),得

$$\frac{S}{L}=\frac{\rho_0-\rho_1}{k\rho_1^{1/n}} \tag{2.5.3}$$

所需接触时间 τ 的计算,可以根据第四节所述,对应于某一时刻吸附剂颗粒的吸附量 x 的吸附推动力取该时刻溶液的浓度 ρ 与 $\bar{q}$ 的平衡浓度 ρ^* 的差。由式(2.5.1)和吸附速率方程可得

$$-Ld\rho=Sdx \tag{2.5.4}$$

$$\frac{d\bar{q}}{d\tau}=K_F\frac{A_p}{\rho_pV_p}(\rho-\rho^*)=K_Fa_S(\rho-\rho^*) \tag{2.5.5}$$

上两式中,$\bar{q}=x$;a_S 为单位质量的吸附剂所具有的传质面积,也是吸附剂的比表面积;K_F 为总括传质系数,吸附剂颗粒总量较少时,与液膜传质系数几乎相等。

由式(2.5.4)和(2.5.5)可得

$$-\frac{d\rho}{d\tau}=K_Fa_S\frac{S}{L}(\rho-\rho^*) \tag{2.5.6}$$

则

63

$$\tau = \frac{L}{K_F a_s S}\int_{\rho_0}^{\rho'_1}\left(-\frac{\mathrm{d}\rho}{\rho - \rho^*}\right) \tag{2.5.7}$$

ρ 的值按照 $(\rho_0 - \rho'_1)/(\rho_0 - \rho_1) = 0.95 \sim 0.98$ 的范围取值。

【例题 2.5.1】 向 $1m^3$ 的着色溶液中投入 $3kg$ 粒径 $d_p = 300\mu m$ 的活性炭进行吸附脱色。该体系的平衡关系如图 2.5.7 所示,溶液的初始浓度(色度)为 $0.2kg/m^3$。试求达到吸附平衡时溶液的浓度以及达到平衡脱色度 95% 所需的接触时间。吸附剂颗粒外部液膜的 Sh 数为 2,溶液中色素物质的扩散系数为 10^{-5} cm/s,活性炭颗粒密度为 $0.6g/cm^3$。

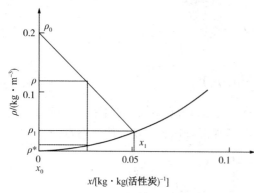

图 2.5.7 例题 2.5.1 附图

解:根据式(2.5.1) $L(\rho_0 - \rho_1) = S(x_1 - x_0)$

将 $L = 1m^3$,$S = 3kg$,$\rho_0 = 0.2$,$x_0 = 0$ 代入式(2.5.1),得

$1 \times (0.2 - \rho_1) = 3 \times (x_1 - 0)$

从点 $(x_0 = 0,\ \rho_0 = 0.2)$ 作一条斜率为 $-(S/L) = -3$ 的直线交于平衡线,得到平衡浓度 $\rho_1 = 0.038kg/m^3$。

已知 $Sh = k \times 0.03 \times 10^5 = 2$,则

$$k = \frac{2}{3} \times 10^{-3} \text{cm/s} = \frac{2}{3} \times 10^{-5} \times 3600 \text{m/h}$$

$$a_s = \frac{1}{\rho_p} \times \frac{6}{d_p} = \frac{1}{600} \times \frac{6}{3 \times 10^{-4}} = 33.33 \text{m}^2/\text{kg}$$

由 $(\rho_0 - \rho'_1)/(\rho_0 - \rho_1) = 0.95$ 得 $\rho'_1 = 0.0461kg/m^3$

由式(2.5.7),吸附接触时间 τ 可以表示为

$$\tau = \frac{L}{K_F a_s S}\int_{\rho_0}^{\rho'_1}\left(-\frac{\mathrm{d}\rho}{\rho - \rho^*}\right)$$

由图 2.5.7 可以求得

$$\int_{\rho_0}^{\rho'_1}\left(-\frac{\mathrm{d}\rho}{\rho - \rho^*}\right) = 2.1$$

代入上式,得

$$\tau = \frac{2.1L}{K_F a_s S}$$

对于溶液的接触过滤吸附,可以认为是液膜扩散控制 $K_F \approx k$,代入上式,得

$$\tau = \frac{1 \times 2.1}{\frac{2}{3} \times 10^{-5} \times 3600 \times \frac{1}{3} \times 10^2 \times 3} = 0.88\text{h}$$

2. 多级吸附

多级吸附的操作流程如图 2.5.8 所示,每一级的物料衡算可以用单级吸附同样的形式表示,重复与单级吸附相同的操作,即可求得多级吸附后溶液及吸附剂中的溶质浓度。当给定溶液中的溶质原料及要求浓度、溶液量时,确定级数后,为计算各级使用的吸附剂用量,只

能在图 2.5.8 的基础上采用试算法求得。当吸附过程的相平衡关系符合 Freundlich 方程,并且在 $x_0=0$ 的情况下,可以通过直接计算求得。

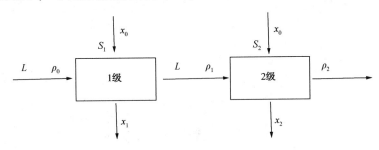

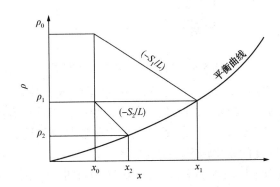

图 2.5.8　多级吸附操作流程图

以 2 级吸附为例,有

$$\frac{S_1}{L}=\frac{\rho_0-\rho_1}{k\rho_1^{1/n}},\quad \frac{S_2}{L}=\frac{\rho_1-\rho_2}{k\rho_2^{1/n}}$$

$$\frac{S_1+S_2}{L}=\frac{1}{k}\left(\frac{\rho_0-\rho_1}{\rho_1^{1/n}}+\frac{\rho_1-\rho_2}{\rho_2^{1/n}}\right) \tag{2.5.8}$$

为吸附剂用量之和最小,则式 (2.5.8) 对 ρ_1 的微分应等于零,即:

$$\frac{\mathrm{d}\left(\dfrac{S_1+S_2}{L}\right)}{\mathrm{d}\rho_1}=0$$

由上式得

$$\left(\frac{\rho_1}{\rho_2}\right)^{1/n}-\frac{\rho_0}{\rho_1^n}=1-\frac{1}{n} \tag{2.5.9}$$

ρ_1 为所求的第一级平衡浓度,由此可以计算出各级所需添加的吸附剂的量。

3. 逆流多级吸附

逆流多级吸附的操作流程如图 2.5.9 所示。对第 m 级作物料衡算,得

$$L(\rho_{m-1}-\rho_m)=S(x_m-x_{m+1}) \tag{2.5.10}$$

对整个系统做物料衡算,得

$$L(\rho_0-\rho_m)=S(x_1-x_{m+1}) \tag{2.5.11}$$

图 2.5.9 中, A、B 两点分别表示过程的起止点 (x_1,ρ_0),(x_{m+1},ρ_m),AB 是操作线,

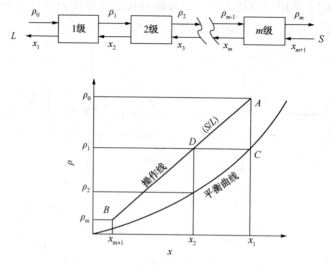

图2.5.9 逆流多级吸附操作流程图

斜率为(S/L)。当给出L，ρ_0，ρ_m，x_{m+1}时，只要确定了S或x_1中的一个，就可以求得另一个。利用操作线和平衡线，可以求出需要的级数。级数的作图计算方法如下：由点(x_1, ρ_0)向下作垂线与平衡曲线交于$C(x_1, \rho_1)$，由C点作水平线与操作线交于D点，得到(x_2, ρ_1)的值，即为第一级各自浓度的变化情况。重复作图，直至得到$\rho < \rho_m$的级数。当给定级数时，由于B点确定，过B点引不同斜率的操作线，用试算法求出(S/L)，从而确定S。

吸附剂用量的计算可以采用先计算最小吸附剂用量，然后根据实践经验取最小吸附剂用量的1.2~2.0倍。当减少吸附剂用量时，操作线逐渐向平衡线方向移动，当操作线与平衡线相交或相切时，(S/L)最小，即吸附剂用量最少，采用无限级数的吸附操作的情况下，当平衡曲线为凹或直线时，操作线与平衡曲线的关系如图2.5.10(a)所示；当平衡曲线为凸，且ρ_0足够大时，如图2.5.10(b)所示，操作线为平衡曲线的切线。

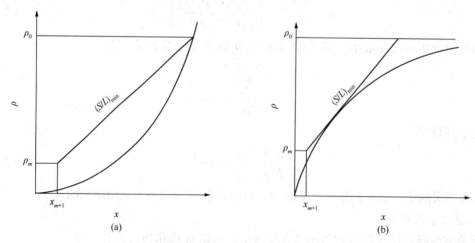

图2.5.10 逆流多级吸附操作线与平衡曲线的关系

给定级数时，S可以通过试算法求得，当平衡曲线符合Freundlich方程，并且$x_{m+1}=0$时，可以通过计算求得。

以2级吸附为例，如图2.5.11所示，

66

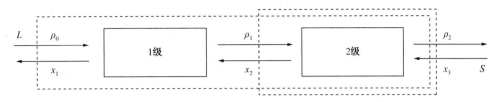

图 2.5.11　逆流 2 级吸附示意图

以整个体系为研究对象，若吸附剂为新鲜吸附剂，即 $x_3 = 0$，有

$$S(x_1 - x_3) = L(\rho_0 - \rho_2) , \quad \frac{S}{L} = \frac{\rho_0 - \rho_2}{k \rho_1^{1/n}}$$

以第 2 级为研究对象，有

$$S(x_2 - x_3) = L(\rho_1 - \rho_2) , \quad \frac{S}{L} = \frac{\rho_1 - \rho_2}{k \rho_2^{1/n}}$$

从以上两式中消去 (S/L)，得

$$\frac{\rho_0}{\rho_2} - 1 = \left(\frac{\rho_1}{\rho_2}\right)^{1/n} \left(\frac{\rho_1}{\rho_2} - 1\right) \tag{2.5.12}$$

由式(2.5.12)求得 ρ_1，即可计算出需要的吸附剂用量 S。

【例题 2.5.2】用活性炭吸附去除水中的色度，在 20℃下得到如下吸附实验数据。如果原水的色度为 20 色度单位/kg(原水)，要求吸附后色度为原来的 2.5%，试问下列操作中处理 1t 原水需要多少活性炭。

（1）单级操作；

（2）二级错流（最小活性炭量）；

（3）二级逆流。

活性炭/[kg·kg(原水)$^{-1}$]	0	0.005	0.01	0.015	0.02	0.03
平衡时色度/[色度单位·kg(原水)$^{-1}$]	20	10.6	6	3.4	2	1

解：首先建立吸附的等温线方程，将实验数据整理如下，用 Freundlich 吸附等线拟合。

平衡时色度 Y/[色度单位·kg(原水)$^{-1}$]	20	10.6	6	3.4	2	1
单位质量活性炭吸附色度 X/[色度单位·kg(C)$^{-1}$]	0	1880	1400	1107	900	633
$\ln Y$		2.36	1.79	1.22	0.69	0
$\ln X$		7.54	7.24	7.01	6.80	6.45

根据以上数据，作 $\ln X$-$\ln Y$ 直线，如图 2.5.12 所示。

由直线可知，用 Freundlich 吸附等温线可以很好地拟合。

直线的斜率 $1/n = 0.4508$，所以 $n = 2.22$；截距 $\ln k = 6.4617$，所以 $k = 640$，故吸附的等温线方程为 $X = 640Y^{1/2.22}$。

（1）单级操作：入口 $X_0 = 0$，$Y_0 = 20$，出口 $Y_1 = 20 \times 2.5\% = 0.5$。由等温线方程 $X = 640Y^{1/2.22}$，求得 $X_1 = 468$，由操作线方程 $L(Y_0 - Y_1) = S(X_1 - X_0)$，得

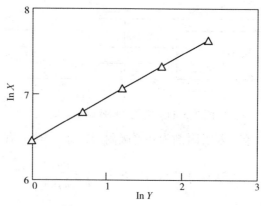

图 2.5.12　例题 2.5.2 附图

$$1000 \times (20 - 0.5) = S(468 - 0)$$

求得 $S = 41.7\text{kg}$，即单级操作所需活性炭的量为 41.7kg。

（2）二级错流：已知 $Y_2 = 0.5$，$Y_0 = 20$，$n = 2.22$，$k = 640$。由

$$\left(\frac{Y_1}{Y_2}\right)^{1/n} - \frac{Y_0}{nY_1} = 1 - \frac{1}{n}$$

得

$$\left(\frac{Y_1}{0.5}\right)^{1/2.22} - \frac{20}{2.22\,Y_1} = 1 - \frac{1}{2.22}$$

通过试差法，求得 $Y_1 = 4.3$，所以

第一级：$\dfrac{S_1}{L} = \dfrac{Y_0 - Y_1}{k\,Y_1^{1/n}} = \dfrac{20 - 4.3}{640 \times 4.3^{1/2.22}} = 0.0127$

$$S_1 = 0.0127 \times L = 0.0127 \times 1000 = 12.7\text{kg}$$

第二级：$\dfrac{S_2}{L} = \dfrac{Y_1 - Y_2}{k\,Y_2^{1/n}} = \dfrac{4.3 - 0.5}{640 \times 0.5^{1/2.22}} = 0.0081$

$$S_2 = 0.0081 \times L = 0.0081 \times 1000 = 8.1\text{kg}$$

所以，$S = S_1 + S_2 = 12.7 + 8.1 = 20.8\text{kg}$

即二级错流操作至少需要活性炭的量为 20.8kg。

（3）二级逆流：$Y_2 = 0.5$，$Y_0 = 20$，$n = 2.22$，$k = 640$。由

$$\frac{Y_0}{Y_2} - 1 = \left(\frac{Y_1}{Y_2}\right)^{1/n}\left(\frac{Y_1}{Y_2} - 1\right)$$

得 $\dfrac{20}{0.5} - 1 = \left(\dfrac{Y_1}{0.5}\right)^{1/2.22}\left(\dfrac{Y_1}{0.5} - 1\right)$ 通过试差法，求得 $Y_1 = 6.6$，所以

$$\frac{S}{L} = \frac{Y_0 - Y_2}{k\,Y^{1/n}} = \frac{20 - 0.5}{640 \times 6.6^{1/2.22}} = 0.013$$

$$S = 0.013 \times L = 0.013 \times 1000 = 13\text{kg}$$

即二级逆流操作所需的活性炭的量为 13kg。

由以上计算可知，要到达同样的处理效果，需要的吸附剂量为：二级逆流 < 二级错流 < 单级操作。

三、固定床吸附

在固定床吸附器的吸附操作中，一般是混合气体从床层的一端进入，净化了的气体从床层的另一端排出。当床层内流体的流动状态为理想的活塞流，溶质浓度低或不考虑各组分间的干扰，并忽略吸附质在两相间的传质阻力时，流出吸附塔组分的浓度应答曲线和该组分的输入浓度曲线理论上应该是一致的。但在实际的体系中，由于流体的流动状态不是理想的活塞流，床层内两相间存在传质阻力和轴向弥散，加上各组分吸附等温线的影响，使得浓度应答曲线和输入浓度曲线并不完全一致。

1. 固定床吸附过程中的几个基本概念

（1）穿透点

在这里，首先考虑一种初始浓度为 ρ_0 的流体从床层上方连续通过吸附塔的情况。最初的吸附发生在床层的最上层，吸附质被迅速有效的吸附，最上层的吸附剂很快趋于饱和。大部分吸附质的吸附发生在一个比较窄的区域内，即吸附区（adsorption zone），该区内的浓度急剧变化，残余的小部分吸附质向下层移动。当连续向床层通入流体时，吸附区逐渐下移，但其移动速度远小于流体的通过速度，当吸附区的下端达到床层底部时，出口流体的浓度急剧升高，这时对应的点称为穿透点（break point）。然后，出口流体的浓度不断增大，当吸附区的上端通过床层底部时，出口流体浓度等于初始浓度。此时，整个吸附塔都成为饱和区，失去了吸附能力，有待于解吸再生。

（2）穿透曲线

固定床吸附器中的吸附传质过程如图2.5.13所示。以流出流体量或流出时间为横坐标、出口流体浓度为纵坐标得到的浓度变化曲线称为穿透曲线（break tbrough curve），如图2.5.13所示。当吸附区为无限薄层时，穿透曲线为一条垂线，一般情况下为一条呈S形的曲线，不同情况下S形曲线的倾斜度各异。穿透点只有通过实验才能准确求得。图中取浓度急剧上升点为穿透点，穿透曲线的终点取接近初始浓度的S形曲线上端的拐点。

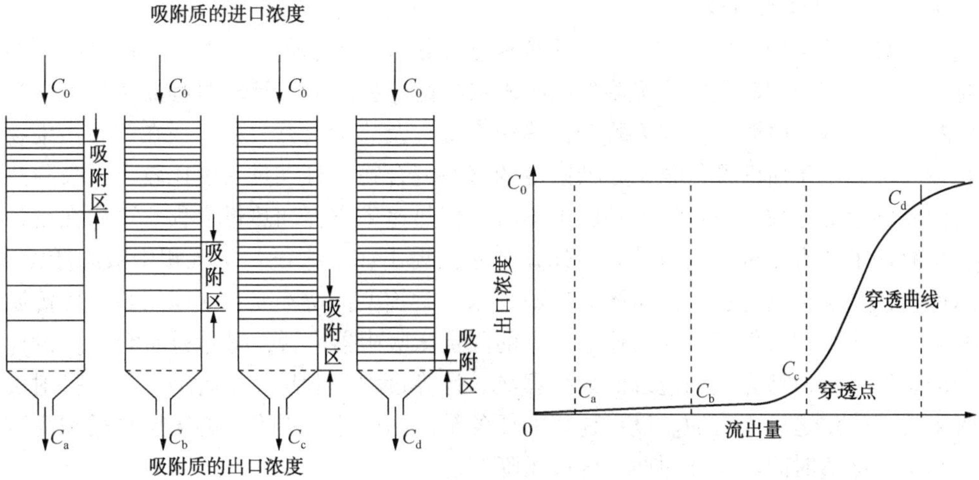

图 2.5.13　固定床吸附器吸附传质过程示意及吸附穿透曲线

（3）吸附负荷曲线

在实际操作中，对于一个固定床吸附器，气体以等速进入床层，气体中的吸附质就会被吸附剂所吸附，吸附一定时间后，吸附质在吸附剂上就会有一定的浓度，我们把这一定的浓度称为该时刻的吸附负荷。如果把这一瞬间床层内不同截面上的吸附负荷对床层的长度（或高度)作一条曲线,既得吸附负荷曲线。也就是说,吸附负荷曲线是吸附床层内吸附质浓度随床层长度变化的曲线。

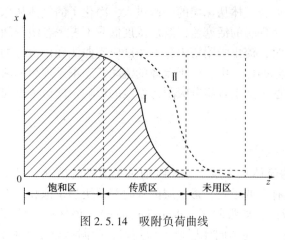

图 2.5.14　吸附负荷曲线

在理想状态下,若床层完全没有阻力,吸附会在瞬间达到平衡,即吸附速率无穷大,则在床层内所有断面上的吸附负荷均为一个相同的值,吸附负荷曲线将是一条直角形的折线。但在实际情况下这是不可能发生的,在实际操作中由于床层中存在着阻力,在某一瞬间床层内各个截面上的吸附负荷会有差异,这时所绘制的曲线将是图 2.5.14 所示的吸附负荷曲线。图中把曲线分成了三个区域,饱和区、传质区和未用区。吸附负荷曲线是随着吸附时间的增长而变化的,如果经过一段时间的吸附,绘制另一时刻的吸附负荷曲线时,会发现曲线前进到了Ⅱ线的位置,所以吸附负荷曲线又可以被称为吸附波或吸附前沿。当吸附波的下端到达床层末端时,说明已有吸附质逸出,这时床层被穿透。

(4)穿透时间

穿透时间是固定床吸附器的有效工作时间。它定义为从吸附操作开始到床层被穿透所经历的时间。到达穿透点时,床层内的吸附剂还没有完全饱和;当混合气体继续穿过床层时,出口流体浓度持续升高,当出口流体浓度与进口浓度相等时,达到穿透终点,如图 2.5.15 所示,此时床层内的吸附剂达到完全饱和,失去了吸附能力。在实际操作中,一旦达到了穿透点,就应该停止操作,切换到另一吸附床,穿透了的吸附床进入脱附再生阶段。

2. 固定床吸附过程的计算

固定床吸附器结构简单,但由于气体吸附过程是气-固传质,对任一时间或任一颗粒来说都是不稳定过程,因此固定床吸附器的吸附操作是非稳态的,计算过程非常复杂,一般要涉及物料衡算方程、吸附等温线方程和传热速率方程及热量衡算方程。而在气态污染物的吸附净化设计中,由于所涉及的物系是低浓度的气态混合物,且气量一般比较大,吸附热相对较小,因此可近似地按等温过程处理,可不考虑传热速率方程和热量方程。这样在设计过程中可采用简化了的方法进行近似计算,计算时往往提出如下假设:①气相中吸附质浓度低;②吸附操作在等温下进行;③传质区通过整个床层时长度保持不变;④床层长度比传质区长度大得多。这些简化条件对目前工业上应用的固定床吸附器来说,基本是符合的。设计中较常采用的希洛夫近似计算法和透过曲线计算法。计算过程一般是在吸附剂选择、吸附设备选择和吸附效率确定之后进行的。设计计算的任务是求出固定床吸附器的床层直径和高度,吸附剂的用量、穿透时间、循环周期、床层压降等。

(1)穿透曲线法

Michaels 提出了稀薄条件下,等温吸附曲线对于溶液浓度轴为凹形,床层填充高度相对于吸附区高度足够大的情况下,穿透时间的计算方法。

浓度为 ρ_0[kg(吸附质)/m^3]的溶液以 L[m^3/(s·m^2)]的速率流入填充高度为 z(m)的固定床吸附塔,任意时间不含溶剂的溶剂流量为 α(m^3/m^2),ρ_B 为穿透点浓度,ρ_E 为穿透曲线的终点浓度，α_B 为出口处溶质浓度达到 ρ_B 时的流量，α_a 为吸附区移动了吸附区高度 z_a 区间的流量。图 2.5.15 中 B、E 间吸附剂的剩余吸附量 $W(\text{kg/m}^2)$ 可以表示为

$$W = \int_{\alpha_B}^{\alpha_E} (\rho_0 - \rho)\,\mathrm{d}\alpha \qquad\qquad (2.5.13)$$

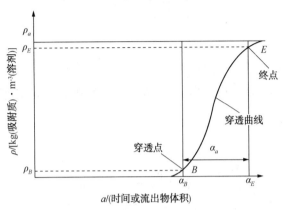

图 2.5.15　穿透曲线示意图

吸附区(传质区)中的吸附剂全部被饱和时的吸附量为 $\rho_0 \alpha_a$，吸附区的吸附剂剩余吸附剂量与饱和吸附量之比 f 可以表示为

$$f = \frac{W}{\rho_0 \alpha_a} = \frac{\int_{\alpha_B}^{\alpha_E}(\rho_0 - \rho)\,\mathrm{d}\alpha}{\rho_0 \alpha_a} \qquad\qquad (2.5.14)$$

设床层的填充密度为 $\rho_b(\text{kg/m}^3)$，与 ρ_0 平衡的吸附浓度为 $x_0[\text{kg(溶质)/kg(吸附剂)}]$，则单位面积吸附塔全部被饱和时的吸附量可以表示为 $z\rho_b x_0(\text{kg/m}^2)$，而单位面积传质区吸附剂全部被饱和时的吸附量也可表示为 $z_a\rho_b x_0(\text{kg/m}^2)$。则穿透点时吸附塔内吸附剂的吸附量 (kg/m^2) 为

$$(z-z_a)\rho_b x_0 + z_a\rho_b x_0(1-f) = (z-z_a)\rho_b x_0$$

穿透点吸附剂的饱和度为

$$饱和度 = \frac{(z-z_a)\rho_b x_0 + z_a\rho_b x_0(1-f)}{z\rho_b x_0} = \frac{z-fz_a}{z} \qquad\qquad (2.5.15)$$

(2) 韦伯(Weber)法

在实际吸附操作过程中，吸附区是沿吸附塔逐渐向下移动的。这里，假设吸附区停留在吸附塔高度方向的某一位置，而吸附塔以一定速度沿着与溶液流向相反的方向移动(图 2.5.16)。当吸附塔高度与吸附区高度相比足够大时，从塔顶部移出的吸附剂中的吸附质与溶液中的吸附质达到平衡，从塔底部流出的溶液中吸附质浓度为 0。

对吸附塔进行物料衡算，得

$$S(x_0 - 0) = L(\rho_0 - 0),\quad \frac{S}{L} = \frac{\rho_0}{x_0} \qquad\qquad (2.5.16)$$

式中　S——吸附剂的供给速率，$\text{kg(吸附剂)/(s·m}^2)$。

针对吸附区微小高度 $\mathrm{d}z$，溶液中溶质的浓度变化为

$$-L\mathrm{d}\rho = S\mathrm{d}x,\quad -L\mathrm{d}\rho = K_{\text{Fa}}(\rho - \rho^*)\mathrm{d}z \qquad\qquad (2.5.17)$$

式中　ρ^*——对应操作线的浓度 ρ 的平衡浓度，kg/m^3；

K_{Fa}——吸附过程中的总括传质容量系数，$m^3/(kg \cdot s)$。

注：总传质系数为$K_F(m/s)(p60)$，K_{Fa}是将总传质系数$K_F(m/s)$和比表面积$a_s(m^2/kg)$综合起来考虑的系数。

则吸附塔的填充高度

$$z = \frac{L}{S K_{Fa}} \int_{\rho_0}^{0} - \frac{d\rho}{\rho - \rho^*} \tag{2.5.18}$$

传质区的高度

$$z_a = \frac{L}{S K_{Fa}} \int_{\rho_E}^{\rho_B} - \frac{d\rho}{\rho - \rho^*} \tag{2.5.19}$$

假设传质区由若干个传质单元组成，各传质单元的传质单元高度为HTU_0，传质单元数为N_0，令

$$HTU_0 = \frac{L}{S K_{Fa}} \tag{2.5.20}$$

$$N_0 = \int_{\rho_E}^{\rho_B} - \frac{d\rho}{\rho - \rho^*} \tag{2.5.21}$$

则

$$z_a = HTU_0 \cdot N_0 \tag{2.5.22}$$

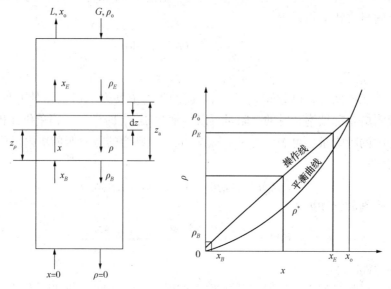

图 2.5.16　吸附区物料平衡示意图

当给定传质单元高度$[HTU]_0$时，即可以求出z_a的值。在z_a高度中浓度为ρ的层高用z_ρ表示，则

$$\frac{z_\rho}{z_a} = \frac{\alpha - \alpha_B}{\alpha_a} = \frac{\int_{\rho}^{\rho_B} - \frac{d\rho}{\rho - \rho^*}}{\int_{\rho_E}^{\rho_B} - \frac{d\rho}{\rho - \rho^*}} \tag{2.5.23}$$

用面积积分法求解式(2.5.23)，分别以ρ/ρ_0和$(\alpha-\alpha_B)/\alpha_a$为纵横坐标，可以作出穿透曲线。由穿透曲线和式(2.5.14)可以求出f的值，进而计算出穿透点吸附剂的饱和度。由于流入的溶剂量已知，可以计算达到该饱和度所需的穿透时间。

【例题 2.5.3】30℃、0.1MPa、湿度$H_0 = 0.003kg$(水蒸气)/kg(干空气)的空气通过硅胶

填充塔脱湿。填充层厚度为 0.7m，通入干空气的质量流速 450kg/（h·m²），硅胶填充密度为 600kg/m³。所用硅胶的平衡关系如下表所示。已知传质单元高度 $[HTU]_0 = 0.02$m。设该硅胶填充塔的穿透点 $H_B = 0.0001$kg（水蒸气）/（干空气），穿透曲线的终点 $H_E = 0.0025$kg（水蒸气）/kg（干空气），试计算穿透时间。

$H^*/[$kg（水蒸气）·（干空气）$^{-1}]$	$x/[$kg（水）·kg（无水硅胶）$^{-1}]$
0.0001	0.01
0.0002	0.02
0.0004	0.03
0.00065	0.04
0.0010	0.05
0.0014	0.06
0.00167	0.07
0.00213	0.08
0.0026	0.09
0.0030	0.096

对应塔顶 $H_0 = 0.030$ 的硅胶的平衡值，由平衡表查得 $x_0 = 0.096$，填充层及吸附区数据如图 2.5.17 所示，平衡曲线及操作线如图 2.5.18 所示。

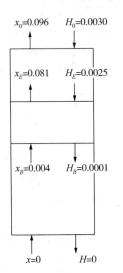

图 2.5.17　例题 2.5.3 附图 1

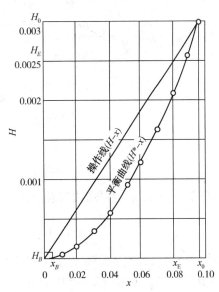

图 2.5.18　例题 2.5.3 附图 2

H	H^*	$1/(H-H^*)$	$\int_H^{H_B} \dfrac{\mathrm{d}H}{H-H^*}$	$(\alpha-\alpha_B)/\alpha_a$	H/H_0
0.0001	0.00003	14300	0	0	0.0333
0.0002	0.00005	6670	0.985	0.171	0.0667
0.0004	0.00014	3850	1.99	0.346	0.133
0.0006	0.00023	2700	2.60	0.452	0.200
0.0009	0.00037	1890	3.24	0.562	0.300
0.0012	0.00063	1755	3.75	0.650	0.400
0.0015	0.00088	1615	3.94	0.684	0.500
0.0018	0.00125	1820	4.39	0.761	0.600
0.0021	0.00160	2000	4.91	0.852	0.700
0.0023	0.00188	2380	5.30	0.920	0.767
0.0025	0.00213	2700	5.76	1.000	0.833

解：各种计算数据见上表。

表中第 1 列和第 2 列由图 2.5.18 求得，第 4 列由 H 对 $1/(H-H^*)$ 的面积积分求得。第 5 列由式 (2.5.23) 求得，例如：第 5 列第 2 行 $0.985/5.76 = 0.171$ 。

分别以第 5 列和第 6 列数据为横纵坐标作图，得到如图 2.5.19 所示的穿透曲线。

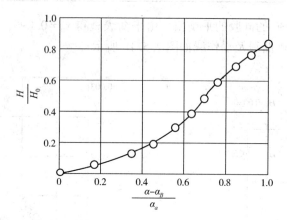

图 2.5.19　例题 2.5.3 附图 3

由式 (2.5.14)，f 为穿透曲线左上部分的面积积分，即

$$f = \int_0^{1.0} \left(1 - \frac{H}{H_0}\right) \mathrm{d}\left(\frac{\alpha - \alpha_B}{\alpha_a}\right) = 0.665$$

由式 (2.5.21)，$N_0 = 5.76$ 为第 4 列最下面一行的数据，则吸附区高度 z_a，由下式求得：

$z_a = HTU_0 \cdot N_0 = 0.02 \times 5.76 = 0.115\mathrm{m}$

由式 (2.5.15) 可得

$$\text{饱和度} = \frac{z - f z_a}{z} = \frac{0.7 - 0.665 \times 0.115}{0.7} = 0.891$$

填充的硅胶量为

$$600 \times 0.7 = 420\mathrm{kg/m^2}$$

吸附塔的饱和度为 89.1%，硅胶可能吸附流入空气的水分为

$$420×0.891×0.096=35.9kg(水)／m^2(床层断面)$$

空气带入的水蒸气量为

$$450×0.003kg/(h·m^2)=1.35kg/(h·m^2)$$

因此，穿透时间可以由下式求得

$$穿透时间=\frac{35.9}{1.35}h=26.6h$$

（3）Bohart-Adms 法

在一定的初始浓度、空床速度和达到一定的穿透浓度的条件下，固定床的床高和穿透时间呈直线关系，该关系式称为 Bohart-Adms 公式。利用该公式可以较方便地计算穿透时间。这种方法又称 BDST 法（bed depth service time）。

$$t_b=\frac{N_0z}{\rho_0v}-\frac{1}{\rho_0K}\ln\left(\frac{\rho_0}{\rho_B}-1\right) \qquad (2.5.24)$$

式中　t_b——穿透时间，h；

N_0——吸附剂的动态吸附量，kg/m^3；

z——床高，m；

ρ_0——入口料液中吸附质浓度，kg/m^3；

v——空床线速度，m/h；

K——比例系数，$m^3/(kg·h)$

ρ_B——穿透浓度，kg/m^3；

Bohart-Adams 公式可简写为

$$t_b=Bz-A \qquad (2.5.25)$$

其中：

$$B=\frac{N_0}{\rho_0v}, \quad A=\frac{1}{\rho_0K}\ln\left(\frac{\rho_0}{\rho_B}-1\right)$$

习　　题

1. 常压和 30℃ 下，用活性炭吸附回收某厂废气中的丙酮蒸气，废气中丙酮含量为 11.6%（体积分率），若其吸附等温线符合朗格缪尔方程（$q_m=0.80g$ 丙酮/g 活性炭，$b=0.25×10^{-3}Pa$）。试求：（1）若废气量为 $1000m^3/h$，要吸附其中丙酮的 99% 需要多少 kg 活性炭？（2）用饱和蒸气脱附，直至离开的气流中丙酮含量降至 0.16%（体积分率），丙酮的回收率是多少？

2. 用活性氧化铝作为吸附剂的固定床吸附器，床层直径为 1.1m，处理气量为 $0.245m^3/s$，吸附剂为柱形，直径 3mm，柱高 4.2m，填充空隙率为 0.55，气体吸附温度为 20℃，使计算气体通过吸附床压降为多少？

3. 有一处理油漆溶剂的活性炭吸附罐，装填厚度为 0.8m，活性炭对溶剂的净活性为 13%，填充密度为 $436kg/m^3$，吸附罐的死层为 0.16m，气体流速为 0.2m/s，气体含溶剂浓度为 $700mg/m^3$，试问该吸附器的保护作用时间为多长？

4. 常压和 25℃ 下某车间每小时排放 10^4m^3 的废气中含有 0.2632%（体积分率）的 H_2S，拟用分子筛脱除 99% 的 H_2S 分子，分子筛的堆积密度为 $730kg/m^3$，吸附塔操作周期为：吸

附 5h，脱附再生 2h，冷却 1h，试确定饱和吸附量为 30%（质量分率）时分子筛用量和吸附塔尺寸。

5. 25℃，101.3kPa 下，甲醛气体被活性炭吸附的平衡数据如下：

$q/[g(气体) \cdot g^{-1}(活性炭)]$	0	0.1	0.2	0.3	0.4
P/Pa	0	267	1600	5600	12266

试判断吸附类型，并求吸附常数。

6. 在 273.15K 时，用钨粉末吸附正丁烷分子的数据如下：

p/p_0	0.05	0.11	0.17	0.23	0.31	0.38
$V/dm^3 \cdot kg^{-1}$	0.86	1.12	1.31	1.46	1.66	1.88

已知正丁烷分子的截面积为 $47.8 \times 10^{-20} m^2$，试计算钨粉末的比表面积。

第三章　离子交换

通过固体离子交换剂中的离子与溶液中的离子进行等量的交换来去除溶液中某些离子的操作称为离子交换。在环境工程领域，离子交换主要用于水处理中的除盐软化及去除重金属离子等。

离子交换技术有相当长的历史，在现代制糖工业中起着很重要的作用。世界上许多糖厂制造精糖和高级食用糖浆，多数使用离子交换树脂将糖液脱色提纯。某些天然物质如泡沸石和用煤经过磺化制得的磺化煤都可用作离子交换剂。随着现代有机合成工业技术的迅速发展，研究出了许多种性能优良的离子交换树脂，并开发了多种新的应用方法。

第一节　离子交换剂和离子交换树脂

一般将具有离子交换功能的物质称为离子交换剂。离子交换剂种类很多，包括有机离子交换剂(天然的和合成的)和无机离子交换剂(如沸石等)。在水处理中常用的离子交换剂有人工合成的离子交换树脂和磺化煤，随着合成工业的发展，离子交换树脂的应用越来越广泛。在工业应用中，离子交换树脂的优点主要是处理能力大，脱色范围广，脱色容量高，能除去各种不同的离子，可以反复再生使用，工作寿命长，运行费用较低(虽然一次投入费用较大)。以离子交换树脂为基础的多种新技术，如色谱分离法、离子排斥法、电渗析法等，各具独特的功能，可进行各种特殊的工作。

一、离子交换树脂的种类

离子交换树脂的种类繁多，分类方法也有多种。按树脂的物理结构可分为凝胶型、大孔型和等孔型；按合成树脂所用的单体可分为苯乙烯系、酚醛系和丙烯酸系等；按其活性基团性质可分为强酸性、弱酸性、强碱性、弱碱性，前面两种带有酸性活性基团的称为阳离子交换树脂，后两种带有碱性基团的称为阴离子交换树脂。

1. 强酸型阳离子树脂

强酸型阳离子交换树脂由苯乙烯与二乙烯苯的共聚物经浓硫酸磺化等生产过程制成，根据可交换离子的种类，有 H 型和 Na 型两种。这类树脂含有大量的强酸性基团，如磺酸基—SO_3H，容易在溶液中离解出 H^+，故呈强酸性。树脂离解后，本体所含的负电基团，如 SO_3^-，能吸附结合溶液中的其他阳离子。这两个反应使树脂中的 H^+ 与溶液中的阳离子互相交换。强酸性树脂的离解能力很强，在酸性或碱性溶液中均能离解和产生离子交换作用。

2. 弱酸型阳离子树脂

弱酸型阳离子交换树脂的交换基团一般是弱酸，如羧基(—COOH)、磷酸基(—PO_3H_2)等，其中以含羧基的树脂用途最广，如丙烯酸或甲基丙烯酸和二乙烯苯的共聚物。这类树脂含弱酸性基团，能在水中离解出 H^+ 而呈酸性。树脂离解后余下的负电基团，如 R—COO^-(R 为碳氢基团)，能与溶液中的其他阳离子吸附结合，从而产生阳离子交换作用。这种树脂的酸性即离解性较弱，在低 pH 下难以离解和进行离子交换，只能在碱性、中性或微酸性溶液中（如 pH=5~14）起作用。这类树脂亦是用酸进行再生（比强酸型树脂较易再生）。

3. 强碱型阴离子树脂

强碱型阴离子交换树脂有两种类型：一是带有季胺基团的，如季胺碱基—$(CH_3)_3NOH$ 和季铵盐基—$(CH_3)_3NCl$；二是带有乙基氧官能团的，如—$(CH_3)_3N^+$—CH_2—CH_2—OH。这类树脂含有强碱性基团，能在水中离解出 OH^- 而呈强碱性。这种树脂的正电基团能与溶液中的阴离子吸附结合，从而产生阴离子交换作用。这种树脂的离解性很强，在不同 pH 下都能正常工作，可用强碱（如 NaOH）进行再生。

4. 弱碱型阴离子树脂

弱碱型阴离子交换树脂指含有伯胺—CH_2、仲胺—NHR 或叔胺—NR_2 的树脂。它们在水中能离解出 OH^- 而呈弱碱性。这种树脂的正电基团能与溶液中的阴离子吸附结合，从而产生阴离子交换作用。这种树脂在多数情况下是将溶液中的整个其他酸分子吸附。它只能在中性、酸性或弱碱性条件（如 pH=1~9）下工作，可用 Na_2CO_3、NH_4OH 进行再生。

5. 离子树脂的转型

以上树脂的 4 种基本类型，在实际使用中，常被转变为其他离子形式运行，以适应各种需要。例如常将强酸型阳离子树脂与 NaCl 作用，转变为钠型树脂再使用。工作时钠型树脂放出 Na^+ 与溶液中的 Ca^{2+}、Mg^{2+} 等阳离子交换吸附，除去这些离子。反应时没有放出 H^+，可避免溶液 pH 下降和由此产生的副作用（如原料转化和设备腐蚀等）。这种树脂以钠型运行使用后，可用盐水再生（不使用强酸）。又如阴离子树脂可转变为氯型再使用，工作时放出 Cl^- 而吸附交换其他阴离子，它的再生只需用食盐水溶液。氯型树脂也可转变为碳酸氢型（HCO_3^-）运行。强酸性树脂及强碱性树脂在转变为钠型和氯型后，就不再具有强酸性及强碱性，但它们仍然有这些树脂的其他典型性能，如离解性强和工作 pH 范围广等。

二、离子交换树脂的结构

离子交换树脂都是用有机合成方法制成。常用的原料为苯乙烯或丙烯酸（酯），通过聚合反应生成具有三维空间立体网络结构的骨架，再在骨架上导入不同类型的化学活性基团（通常为酸性或碱性基团）而制成。离子交换树脂不溶于水和一般溶剂，大多数制成颗粒状，也有一些制成纤维状或粉末。树脂颗粒的尺寸一般在 0.3~1.2mm 范围内，大部分在 0.4~0.6mm 之间。它们有较高的机械强度，化学性质也很稳定，在正常情况下有较长的使用寿命。附着在骨架上的活性基团遇水电离，分成两部分：①固定部分，仍与骨架牢固结合，不能自由移动；②活动部分，能在一定的空间内自由移动，并与周围溶液中的其他同性离子进行交换反应，称为可交换离子或反离子。

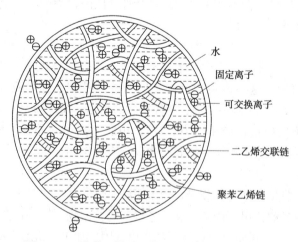

水
固定离子
可交换离子
二乙烯交联链
聚苯乙烯链

图 3.1.1　聚苯乙烯型阳离子交换树脂结构示意图

图 3.1.1 为一种强酸性阳离子交换树脂的化学结构示意图。高分子聚合链

为聚苯乙烯，以二乙烯苯为交联剂，固定基团为磺酸基，可交换离子为 Na^+。

三、离子交换树脂的物理化学性质

1. 外观与颗粒

离子交换树脂是一种透明或半透明的物质，有白、黄、黑及赤褐色等几种颜色。在制造时若交联剂多，原料杂质多，颜色就稍深，树脂吸附饱和后的颜色也会变深。如果树脂颜色偏浅，凭树脂颜色变化可明显地看出吸附情况和色带移动情况。树脂的形状制成球状为宜，因为球状可使液体阻力减小，流量均匀，压头损失小，其耐磨性能也较好，不易被液体磨损而破裂。树脂的颗粒大小，对树脂的交换能力、树脂层中溶液流动分布均匀程度、溶液通过树脂层的压力以及交换和反冲时树脂的流失等都有很大影响。颗粒过小，会使流体阻力增大，流速慢，反洗时困难大；颗粒过大，会使交换速度降低。因此颗粒大小一般为 20～60 目。

2. 交联度

离子交换树脂的基体，制造原料主要有苯乙烯和丙烯酸（酯）两大类，它们分别与交联剂二乙烯苯产生聚合反应，形成具有长分子主链及交联横链的网络骨架结构的聚合物。树脂的交联度，即树脂基体聚合时所用二乙烯苯的百分数，对树脂的性质有很大影响。通常，交联度高的树脂聚合得比较紧密，坚牢而耐用，密度较高，内部空隙较少，对离子的选择性较强；而交联度低的树脂孔隙较大，脱色能力较强，反应速度较快，但在工作时的膨胀性较大，机械强度较低，比较脆而易碎。工业应用的离子树脂的交联度一般不低于4%；用于脱色的树脂的交联度一般不高于8%；单纯用于吸附无机离子的树脂，其交联度可较高。

3. 密度

树脂的密度有干真密度、湿真密度和视密度。干真密度是干燥状态下树脂合成材料本身的密度，一般为 $1600kg/m^3$ 左右，但没有实用意义。湿真密度是树脂充分膨胀后树脂颗粒本身的密度，可用下式表示：

$$湿真密度 = \frac{树脂湿重}{树脂颗粒所占体积}(kg/m^3)$$

视密度指树脂充分膨胀后的堆积密度。视密度一般为 $600～850kg/m^3$，根据此值来估计树脂柱所受的压力，计算树脂柱需装树脂的质量。视密度可以用下式表示：

$$视密度 = \frac{树脂湿重}{树脂层的体积}(kg/m^3)$$

阳离子树脂的湿真密度一般为 $1300kg/m^3$ 左右，视密度为 $700～850kg/m^3$，阴离子树脂的湿真密度一般为 $1100kg/m^3$，视密度为 $600～750kg/m^3$。

4. 溶胀性

离子交换树脂浸泡于水中时，由于溶剂化作用会发生体积增大，这种现象称为溶胀。由于树脂有网状结构，水分容易浸入使树脂体积膨胀，树脂内部溶液是可以移动的，可与树脂颗粒外部的溶液自由交换。在确定树脂装量时应考虑树脂的溶胀性能。

将 10～15mL 风干树脂放入量筒中，加入实验用的溶剂（通常是水），不时摇动，24h 后，测定树脂体积，前后体积之比，称为膨胀系数，以 $K_{膨胀}$ 表示。树脂的溶胀程度与交联度、交联结构、交换量、基团与反离子的种类以及浓度等因素有关，交联度越大，膨胀系数越小；交换量越大，吸水性越强，膨胀系数也越大；溶液中的离子浓度越大，交换树脂内部与外围溶液之间的渗透压差别越小，膨胀系数也越小。强酸性阳离子交换树脂体积溶胀 4%～8%，弱酸性阳离子树脂溶胀约 100%；强碱性阴离子交换树脂溶胀 5%～10%，而弱碱性阴离子交换树脂溶胀 30%。

5. 交换容量

交换容量是表示一种离子交换剂中可交换离子量的多少，是离子交换剂的一个重要技术指标。交换容量有两种表示法：一种是重量表示法，即单位重量离子交换剂的吸附能力，通常用毫克当量/克（mg-N/g）表示，另一种是体积表示法，即单位体积离子交换剂的吸附能力，通常用克当量/立方米（g-N/m³）表示。

离子交换是遵循当量定律的，等当量的交换和再生，不同的离子交换剂交换能力不同。由于离子交换剂的形态不同，其体积和重量也不相同，在表示交换容量时，为了统一起见，一般阳离子交换剂以 H 型为准，阴离子交换树脂以 Cl 型为准。必要时，应标明所呈状态。

常见的交换容量有以下几种：

（1）全交换容量（E）。将交换剂中所有活性基团全部再生可交换的离子后，测定其全部交换下来的容量，称为全交换容量。此指标表示交换剂中所有活性基团的量。对于同一种离子交换剂，它是个常数。这种交换容量主要用于离子交换剂的研究方面。

（2）平衡交换容量（m）。将交换剂完全再生后，测量它和一定组成的水溶液作用到平衡状态时的交换容量。此指标表示在某种给定溶液中，离子交换剂的最大交换容量，故不是常数，而和与它平衡的溶液组成有关。平衡交换容量和全交换容量有关，后者是前者的最大极限。设一种 H 型离子交换剂和 Na 型离子交换剂溶液相作用，当达到平衡时，交换剂中含 Na^+ 的量为 m_{Na} 毫克当量/克，则平衡交换容量即为 m_{Na}，若此时交换剂中残留的 H 型为 m_H 毫克当量/克，则 m_{Na} 与 m_H 之和必等于此离子交换剂的全交换容量。即 $E = m_{Na} + m_H$，当溶液中 Na^+ 含量很多，而使平衡时交换剂残留的 H 型 $m_H \approx 0$ 时，即 $E = m_{Na}$。

（3）工作交换容量（EG）。工作交换容量是在实验室中，模拟水处理实际运行条件下测得的交换容量。就是把交换剂放在动态交换柱中，通过需要处理的水，直到滤出液中有要交换的离子漏出位置，此时交换剂所发挥的交换容量，称为工作交换容量，影响工作交换容量的因素很多，如进水中离子的浓度，交换终点的控制指标，树脂层的高度，水流的速度等，工作交换容量常用体积表示法，即克当量/立方米或毫克当量/升。离子交换剂的再生程度，对其交换容量有很大的影响，如经充分再生，则可得最大的交换容量。在实际运行中，要使交换剂充分再生，所需再生剂的量很多，是不经济的，因为再生越彻底、完全，再生剂的用量也必须大大增加。因此在实际运行中采用的再生剂量，要做到既能使交换剂得到较好的再生，而又不消耗较多的再生剂，即要选取最优化的再生剂量，此时的交换容量称为实用工作交换容量。此交换容量应根据设备情况，原水水质，出水水质要求等通过实验来确定。

6. 选择性

离子交换剂吸附各种离子的能力不一样，有些离子易被交换剂吸附，但吸附后要把它交换下来就较困难，而另一些离子很难被吸附，但被置换下来却比较容易，这种性能称为离子交换的选择性。这种选择性影响到离子交换剂的交换和再生（或称为还原）过程，故在实际应用中是一个重要问题。

离子交换剂的选择性主要决定于被吸附的离子结构。它有两个规律，一个是离子带的电荷越大，越易被交换剂吸附，例如二价离子比一价离子易吸附，另一个是对于带有相同电荷量的离子，则原子序数大(即原子量大)的元素，形成离子的水合半径小，较易被吸附。

对于阳离子交换剂来说，它对各种常见离子的选择性次序为

$$Fe^{3+}>Al^{3+}>Ca^{2+}>Mg^{2+}>K^+ \approx NH_4^+>Na^+>Li^+$$

这个次序只适合在含盐量不是很高的水溶液中，如在浓溶液中，离子间的干扰较大，且水合半径的大小顺序和上述的次序有些差别，此时各离子间选择性差别较小。

离子交换剂的选择性除了和吸附离子的本质有关外，有时还与离子交换剂的活性基团有关系。特别是 H 型阳离子交换剂和 OH 型阴离子交换剂，例如带磺酸根($—SO_3^-$)的强酸性离子交换剂，对 H^+ 的吸附能力并不很强，在选择性次序中 H^+ 居于 Li^+ 和 Na^+ 之间，即其选择性次序为

$$Fe^{3+}>Al^{3+}>Ca^{2+}>Mg^{2+}>K^+ \approx NH_4^+>Na^+>H^+>Li^+$$

所以在实际应用中，用酸再生弱酸性阳离子交换剂，要比再生强酸性阳离子交换树脂容易得多。

强碱性阴离子交换树脂选择性次序为

$$SO_4^{2-}>NO_3^->Cl^->OH^->F^->HCO_3^->HSiO_3^-$$

弱碱性阴离子交换树脂的选择性次序为

$$OH^->SO_4^{2-}>NO_3^->Cl^->F^->HCO_3^->HSiO_3^-$$

所以用碱再生弱碱性阴离子交换树脂要比再生强碱阴离子交换树脂容易。

7. 机械强度和化学稳定性

树脂使用和再生多次循环后，仍能保持完整形状和良好的性能，即树脂的耐磨性能，又称为机械强度。树脂必须具有一定的机械强度，以避免或减少在使用过程中的破损流失。商品树脂的机械强度一般要求在90%以上，可连续使用数年。机械强度与交联度、膨胀度有关，一般来说，交联度大，膨胀度小，机械强度就高；反之，交联度小，膨胀度大，机械强度就差。显然，机械强度的选定也应和树脂其他性能综合考虑。

树脂应有较好的化学稳定性，不含有低分子质量的杂质，不易被分解破坏。缩聚树脂的化学稳定性一般较差，在强碱性溶液中，缩聚阳离子树脂会破坏，共聚阳离子树脂对碱抵抗能力较强，但也不应该与浓度大于 2mol/L 的碱液长期接触。阴离子树脂对碱敏感，处理时，碱液浓度不宜超过 1mol/L。强碱树脂稳定性较差，常常可以嗅到分解的胺的气味。羟型阴离子树脂即使在水中也不稳定，因此常以氯型保存。

第二节　离子交换基本原理

一、离子交换反应

1. 可逆反应

离子交换反应是可逆的，当树脂浸在水溶液中时，活性离子因热运动，可在树脂周围的一定距离内运动。树脂内部有许多空隙，由于内部和外部溶液的浓度不相等(通常是内部浓度较高)，存在着渗透压，外部水分可渗入内部，这样就促使树脂体积膨胀，把树脂骨架看作是一个有弹力的物质，当树脂体积增大时，骨架的弹力也随着增大，当弹力大到和渗透压平衡时，树脂体积就不再增大。骨架上的活性离子在水溶液中发生解离，可在较大的范围内

自由移动，扩散到溶液中。同时，在溶液中的同类型离子，也能从溶液中扩散到骨架的网格或孔内。当这两种离子浓度差较大时，就产生一种交换的推动力，使它们之间产生交换作用，浓度差越大，交换速度越快。利用这种浓度差的推动力使树脂上的可交换离子发生可逆交换反应，溶液中的离子因此而被吸附在树脂上。

例如，含有 Ca^{2+} 的硬水通过 RNa 型离子交换树脂时，会发生下列交换反应

$$2RNa+Ca^{2+}\longrightarrow R_2Ca+2Na^+ \tag{3.2.1}$$

上述反应过程不断消耗 RNa 型树脂，并使其转化为 R_2Ca 型树脂。当树脂饱和后，为恢复树脂的交换能力，可用一定浓度的食盐水通过已失效的树脂层，使树脂由 R_2Ca 型树脂恢复为具有交换能力的 RNa 型树脂，此过程称为再生，其再生反应为

$$R_2Ca+2Na^+\longrightarrow 2RNa+Ca^{2+} \tag{3.2.2}$$

上述两个反应实质上是可逆的，故反应式可写为

$$2RNa+Ca^{2+}\underset{再生}{\overset{交换}{\rightleftharpoons}}R_2Ca+2Na^+ \tag{3.2.3}$$

离子交换反应的可逆性，是离子交换树脂可以反复使用的重要性质。

2. 中和与水解反应

H 型阳离子交换剂和 OH 型阴离子交换剂的性能与电解质的酸碱性相同，在水中有电离出 H^+ 和 OH^- 的能力，因此，根据此能力的大小可以有强弱之分。强酸性 H 型交换剂在水中电离出 H^+ 的能力较大，所以它是很容易和水中其他各种离子进行交换反应，而弱酸性 H 型交换剂在水中电离出 H^+ 的能力较小，故当水中有一定量的 H^+ 时，就显示不出来交换反应，强碱性和弱碱性阴离子交换剂的情况与此相似。离子交换树脂的中和与水解的性能和通常的电解质一样，H 离子交换树脂和碱液会进行中和反应，OH 型阴离子树脂和酸也会进行中和反应。如强酸性 H 离子树脂和强碱性 NaOH 相遇，或强碱性 OH 离子树脂和强酸性 HCl 相遇，则中和反应进行得更完全，如下式：

$$RSO_3H+NaOH\rightleftharpoons RSO_3Na+H_2O \tag{3.2.4}$$

$$R\equiv NOH+HCl\rightleftharpoons R\equiv NCl+H_2O \tag{3.2.5}$$

弱酸性阳离子交换树脂和弱碱性阴离子交换树脂分别在 pH>4 和 pH<7 时才能进行中和反应：

$$RCOOH+NaOH\rightleftharpoons RCOONa+H_2O \tag{3.2.6}$$

$$R\equiv NH_2OH+HCl\rightleftharpoons R\equiv NH_2Cl+H_2O \tag{3.2.7}$$

它们的水解反应也和通常电解质的水解反应一样，当水解产物有弱酸或弱碱时，水解能力较大，如下式表示：

$$RCOONa+H_2O\rightleftharpoons RCOOH+NaOH \tag{3.2.8}$$

$$R\equiv NH_2Cl+H_2O\rightleftharpoons R\equiv NH_2OH+HCl \tag{3.2.9}$$

所以，具有弱酸性或弱碱性基团的离子交换树脂的盐，易于水解。

二、离子交换平衡和选择性系数

1. 一价离子之间的交换

离子交换平衡是在一定温度下，经过一定时间，离子交换体系中固定的树脂相和溶液相之间的离子交换反应达到的平衡。

一价离子对一价离子的交换反应通式可以写为

$$R^-A^+ + B^+ \rightleftharpoons R^-B^+ + A^+ \tag{3.2.10}$$

当离子交换达到平衡时，平衡常数为

$$k_{A^+}^{B^+} = \frac{[R^-B^+][A^+]}{[R^-A^+][B^+]} = \frac{[R^-B^+]/[R^-A^+]}{[B^+]/[A^+]} \tag{3.2.11}$$

式中　$[R^-B^+]$, $[R^-A^+]$——树脂相中的离子浓度，$kmol/m^3$；

$\quad\quad\quad [B^+]$, $[A^+]$——溶液中的离子浓度，$kmol/m^3$。

平衡常数亦称为离子交换树脂的选择性系数，表示了离子交换树脂对溶液中 B^+ 的亲和程度和离子交换反应的进行方向。如果选择性系数大于 1，说明树脂对 B^+ 的亲和力大于对 A^+ 的亲和力，离子交换反应向右进行。

选择性系数亦可用离子摩尔分数来表示。若令

$$c_0 = [A^+] + [B^+]$$

$$c_B = [B^+]$$

$$q_0 = [R^-A^+] + [R^-B^+]$$

$$q_B = [R^-B^+]$$

式中　c_0——溶液中两种交换离子的总浓度，$kmol/m^3$；

$\quad\quad c_B$——溶液中 B^+ 离子的总浓度，$kmol/m^3$；

$\quad\quad q_0$——树脂全交换容量，$kmol/m^3$；

$\quad\quad q_B$——树脂中 B^+ 离子浓度，$kmol/m^3$。

若溶液中 B^+ 离子的摩尔分数 $x_B = c_B/c_0$，树脂中 B^+ 离子的摩尔分数 $y_B = q_B/q_0$，根据

$$\frac{[R^-B^+]}{[R^-A^+]} = \frac{q_B}{q_0 - q_B}, \quad \frac{[B^+]}{[A^+]} = \frac{c_B}{c_0 - c_B}$$

式(3.2.11)变为

$$k_{A^+}^{B^+} = \frac{y_B(1-x_B)}{x_B(1-y_B)} \tag{3.2.12}$$

一价离子之间交换的典型的选择性系数曲线如图 3.2.1。

如果 $K_{A^+}^{B^+} > 1$，则 B^+ 优先交换到树脂相，并且随 $K_{A^+}^{B^+}$ 的增加，y_B 增加显著。反之，如果 $K_{A^+}^{B^+} < 1$，则 A^+ 优先交换到树脂相。

2. 二价离子对一价离子的交换

二价离子对一价离子的交换反应的通式可以写为

$$2R^-A^+ + B^{2+} \rightleftharpoons R_2^-B^{2+} + 2A^+ \tag{3.2.13}$$

其离子交换的选择性系数为

$$K_{A^+}^{B^{2+}} = \frac{[R_2^-B^{2+}][A^+]^2}{[R^-A^+]^2[B^{2+}]} = \frac{y_B(1-x_B)^2 c_0}{x_0(1-y_B)^2 q_0}$$

$$K_{A^+}^{B^{2+}} \frac{q_0}{c_0} = \frac{y_B(1-x_B)^2}{x_B(1-y_B)^2} \tag{3.2.14}$$

式中　$K_{A^+}^{B^{2+}} \dfrac{q_0}{c_0}$——表观选择性系数，无量纲。

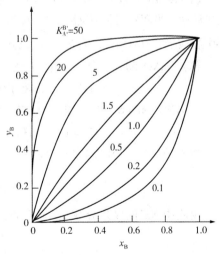

图 3.2.1　一价离子之间交换的平衡曲线

式(3.2.14)的选择性系数曲线见图3.2.2。可以看出，该系数随$K_{A^+}^{B^{2+}}$和q_0值的增大或c_0值的减小而增大，该系数大于1时，有利于B^+优先交换到树脂相；反之，则有利于再生反应。

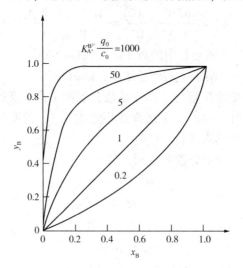

图3.2.2 二价离子与一价离子交换的平衡曲线

常见的离子交换树脂的选择性系数见表3.2.1。

表3.2.1 常见离子选择性系数

交换离子种类	$K_{H^+}^{Li^+}$	$K_{H^+}^{Na^+}$	$K_{H^+}^{NH_4^+}$	$K_{H^+}^{K^+}$	$K_{H^+}^{Mg^{2+}}$	$K_{H^+}^{Ca^{2+}}$
系数值	0.8	2.0	3.0	3.0	26	42
交换离子种类	$K_{Cl^-}^{NO_3^-}$	$K_{Cl^-}^{HSO_4^-}$	$K_{Cl^-}^{SO_4^{2-}}$	$K_{Cl^-}^{HCO_3^-}$	$K_{Cl^-}^{CO_3^{2-}}$	$K_{OH^-}^{Cl^-}$
系数值	3.5~4.5	2~3.5	0.11~0.13	0.3~0.8	0.01~0.04	10~20

【例题3.2.1】用含$NaNO_3$的HNO_3溶液再生H型强酸性阳离子交换树脂。当通入足够量的溶液之后达到平衡，树脂中反离子有5%为Na^+所交换，溶液中$NaNO_3$的浓度为2%（质量分数）。问再生后酸溶液HNO_3的浓度是多少？已知溶液的密度为$1030kg/m^3$，选择性系数$K_{H^+}^{Na^+}=1.5$。

解：$NaNO_3$的相对分子质量$M=85$，再生后溶液中Na^+的浓度为

$$[Na^+]=(20/85)/(1000/1030)\,mol/L=0.242\,mol/L$$

设$HNO_3(M=63)$质量浓度为$p\%$，则

$$[H^+]=(10p/63)/(1000/1030)\,mol/L=0.163p\,mol/L$$

溶液中反离子Na^+的摩尔分数为

$$x_{Na^+}=\frac{0.242}{0.242+0.163p}$$

树脂中Na^+的摩尔分数$y_{Na^+}=0.05$，故

$$K_{H^+}^{Na^+}=\frac{y_{Na^+}(1-x_{Na^+})}{x_{Na^+}(1-y_{Na^+})}=\frac{0.05\left(1-\dfrac{0.242}{0.242+0.163p}\right)}{\dfrac{0.242}{0.242+0.163p}(1-0.05)}=1.5$$

解上式得：$p=42.3$

第三节 离子交换速度

离子交换平衡是指某种具体条件下离子交换能达到的极限状态，通常需要很长的时间才能达到。在实际的离子交换水处理中，由于反应时间是有限的，不可能达到平衡状态。因此，研究离子交换速度及其影响因素具有重要的实用意义。

一、离子交换速度的控制步骤

离子交换过程是溶液中的离子与离子交换树脂中可交换基团之间进行的交换反应。一般认为，该过程涉及有关离子的扩散和交换，其动力学过程包括五个步骤。以下以 H 型强酸性阳离子交换树脂对水中 Na^+ 的交换为例进行说明(图 3.3.1)。

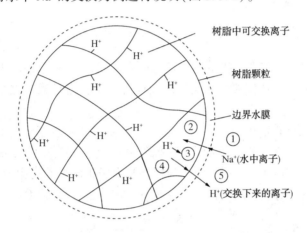

图 3.3.1 离子交换过程示意图

(1) 面迁移，边界水膜内的迁移：如图 3.3.1 中的①，溶液中的 Na^+ 向树脂颗粒表并扩散通过树脂表面的边界水膜层，到达树脂表面。

(2) 交联网孔内的扩散：Na^+ 进入树脂颗粒内部的交联网孔，并扩散到达交换点，如图 3.3.1 中的②。

(3) 离子交换：Na^+ 与树脂交换基团上可交换的 H^+ 进行交换反应，如图 3.1.4 中的③。

(4) 交联网内的扩散：被交换下来的 H^+ 在树脂内部交联网中向树脂表面扩散，如图 3.3.1 中的④。

(5) 边界水膜内的迁移：被交换下来的 H^+ 通过树脂表面的边界水膜层，扩散进入溶液中，如图 3.3.1 中的⑤。

其中①和⑤称为液膜扩散步骤，或称为外扩散；②和④称为树脂颗粒内扩散，或称为孔道扩散步骤；③称为交换反应步骤。与液膜扩散步骤和孔道扩散步骤的速度相比，交换反应步骤的速度通常很快，且可瞬间完成。因此，离子交换速度实际上是由液膜扩散步骤或者孔道扩散步骤控制。若前者大于后者，则为孔道扩散(颗粒内扩散)步骤控制离子交换速度。反之为液膜扩散(外扩散)控制离子交换速度。实验证明，一般稀溶液中交换速率受外扩散速率控制，浓溶液中交换为内扩散速率控制。

判断离子交换过程是由液膜扩散控制还是孔道扩散控制，也可采用 Helffrih 准数(He)或 Vermeulen 准数(Ve)进行确定。

1. Helfferich 准数（He）

根据液膜扩散控制与孔道扩散控制两种模型得到的半交换周期，即交换率达到一半时所需要的时间之比，得到

$$He = \frac{q_0 D_r \delta_{b1}}{c_0 r_0 D_1}(5 + 2\alpha_{A/B}) \tag{3.3.1}$$

式中 q_0——树脂全交换容量，$kmol/m^3$；

D_r——树脂颗粒内离子扩散系数，m^2/s；

D_1——液相离子扩散系数，m^2/s；

δ_{b1}——液膜厚度，m；

r_0——树脂颗粒半径，m；

c_0——溶液初始浓度，$kmol/m^3$；

$\alpha_{A/B}$——分离因子，$\alpha_{A/B} = \dfrac{y_A/x_A}{y_B/x_B}$，当为一价离子之间的交换时，$\alpha_{A/B}$ 等于选择性系数。

$He = 1$，表示液膜扩散与孔道扩散两种控制因素同时存在，且作用相等；

$He \gg 1$，表示液膜扩散所需要之半交换周期远远大于孔道扩散时之半交换周期，故为液膜扩散控制；

$He \ll 1$，表示为孔道扩散控制。

【例题 3.3.1】Na 型硫化苯乙烯阳离子树脂，粒度（直径）为 0.4mm，树脂交换容量为 2.8mol/m³，液相初始浓度 1mol/m³，液相与树脂相离子扩散系数之比 $D_1/D_r = 10$，液膜厚度 $\delta_{b1} = 10^{-5}m$，Na^+/H^+ 分离因子 $\alpha_{Na^+/H^+} = 1.8$，搅拌情况良好。判断属哪种扩散控制。

解：$He = \dfrac{q_0 D_r \delta_{b1}}{c_0 r_0 D_1}(5 + 2\alpha_{A/B}) = \dfrac{2.8 \times 10^{-5}}{1 \times 10 \times 0.2 \times 10^{-3}}(5 + 2 \times 1.8) = 0.12$

此情况属孔道扩散控制。

若水相浓度稀释至 0.1mol/m³，则 He 为 1.2，属液膜扩散控制。

2. Vermeulen 准数（Ve）

Vermeulen 提出以 Ve 数作为确定柱型床中离子交换过程控制机理的判据：

$$Ve = \frac{4.8}{D_1}\left(\frac{q_0 D_r}{c_0 \varepsilon_b} + \frac{D_1 \varepsilon_p}{2}\right)Pe^{-1/2} \tag{3.3.2}$$

式中 D_r，D_1——树脂相和液相的离子扩散系数，m^2/s；

ε_b，ε_p——树脂床层空隙率与树脂颗粒内部孔隙率；

Pe——彼克来准数，定义式为

$$Pe = \frac{u r_0}{3(1 - \varepsilon_b)D_1} \tag{3.3.3}$$

式中 u——液相流速，m/s。

以 Ve 准数作为判断依据，若 $Ve < 0.3$，则离子交换过程属于孔道扩散控制；

若 $Ve > 3.0$，则离子交换过程属于液膜扩散控制；

若 $0.3 < Ve < 3.0$，则离子交换过程属于两种因素皆起作用的中间状态。

了解离子交换过程的控制机理对于选择与确定适宜的工艺条件、强化操作和过程设计都具有重要意义。一般来说，当树脂相的交联度和粒径都较小，而溶液相的离子浓度、流速与扩散系数

都较低时，离子交换的速度往往表现为液膜扩散控制；否则，表现为孔道扩散控制。若属液膜扩散控制，则应考虑设备结构和操作条件，并改善流动状态，使液流分布均匀，提高液流流速，以便降低液膜阻力；若属孔道扩散控制，则应选择合适的树脂类型、粒度和交联度等。

二、离子交换速度的表达式

整个离子交换过程的速度可用下式表示：

$$\frac{dq}{dt} = \frac{D_0 \zeta (c_1 - c_r)(1 - \varepsilon_p)}{r_0 r} \qquad (3.3.4)$$

式中　dq/dt——单位时间单位体积树脂的离子交换量，$kmol/(m^3 \cdot s)$；

D_0——总的扩散系数，m^2/s；

ζ——与粒度均匀程度有关的系数；

c_1，c_r——同一种离子在溶液相和树脂相的浓度，$kmol/m^3$；

ε_p——树脂颗粒的孔隙率；

r_0——树脂颗粒的半径，m；

r——扩散距离，m。

三、离子交换速度的影响因素

离子交换速度主要受到树脂颗粒特性和外界运行条件的影响，外界运行条件又包括溶液浓度、溶液温度、流速等因素。这些都是影响离子交换速度的重要因素，如何有效正确的控制好其交换速度，就需要对以下 7 个影响因素做好把控。

1. 离子性质

离子的性质包括化合价和离子大小。离子的化合价主要影响孔道扩散。由于离子在树脂孔道内的扩散与离子和树脂骨架之间存在的库仑引力有关，因此离子的化合价越高，其孔道扩散速度越慢。离子的大小影响扩散速度，离子水合半径越大，内扩散速度越慢。根据试验结果，阳离子增加一个电荷，其内扩散速度减慢为原来的 1/10。

2. 树脂的交换基团

离子间的化学反应速度是很快的，因此，一般来说树脂交换基团的不同不会影响到交换速度。例如磺酸型阳离子交换树脂，不论其呈 H、Na 或其他形态，对各种阳离子的交换速度都很快，彼此间差别非常小。但对于羧酸型阳离子交换树脂，H 型和盐型的交换速度就会有很大区别。H 型羧酸型离子交换树脂反应速度特别慢，这是由于其颗粒内孔眼直径较小，离子在孔眼内进行内扩散速度很慢的缘故。

3. 树脂的交联度

如果树脂的交联度大，树脂难以膨胀，其树脂的网孔就小，离子在树脂网孔内的扩散就慢，即颗粒内扩散速度慢。当水中有粒径较大的离子存在时，对交换速度的影响就更为显著。因此，交联度大的树脂的交换速度通常受孔道扩散控制。

4. 树脂的粒径

树脂的粒径对液膜扩散和孔道扩散都有影响。树脂粒径越小，交换速度越快。这是由于树脂颗粒越小，离子在孔道扩散的距离越短，同时颗粒越小，液膜扩散的表面积越大，因此树脂整体的交换速度加快。对于液膜扩散，离子交换速度与树脂粒径成反比；而对于孔道扩散，离子交换速度与树脂粒径的二次方成反比。但树脂的颗粒也不宜太小，因为颗粒太小会增加水流通过树脂层的阻力，且在反洗中树脂容易流失。

5. 溶液中的离子浓度

由于扩散过程是依靠离子的浓度梯度而推动的，因此溶液中离子浓度的大小是影响扩散速度的重要因素。离子浓度越大，扩散速度越快。离子浓度对孔道扩散和液膜扩散有不同程度的影响。当水溶液中离子浓度较大时，液膜中的扩散速度较快，离子交换速度受孔道扩散控制，这相当于水处理中树脂再生时的情况。当水溶液中离子浓度较小时，液膜扩散的速度就变得非常慢，故离子交换速度为液膜扩散控制，这相当于阳离子交换树脂进行水软化时的情况。当然，溶液中离子浓度变化时，树脂因膨胀或收缩也会影响内扩散。

6. 溶液温度

溶液温度升高，离子和水分子的热运动加强，孔道扩散和液膜扩散速度同时加快。因此升高溶液温度，有利于提高离子交换速度。离子交换设备运行时，一般将温度保持在 20 ~ 40℃，但温度不能过高，因为水温过高会影响离子交换树脂的热稳定性，特别是强碱性阴离子交换树脂，不耐高温。

7. 流速或搅拌速度

树脂表面附近的水流紊动程度主要影响树脂表面边界水膜层的厚度，从而影响液膜扩散。增加树脂表面水流流速或增加搅拌速度，可以增加树脂表面附近的水流紊动程度，因此在一定程度上可提高液膜扩散速度。但水溶液的流速或搅拌速度增加到一定程度以后，其影响变小。

第四节　离子交换设备

一、离子交换设备的分类

离子交换设备根据操作方式可分为静态交换设备和动态交换设备两大类。静态设备为一带有搅拌器的反应罐，目前较少采用。动态交换设备按操作方式不同又分为间歇操作的固定床和连续操作的流动床两类。固定床有单床(单柱或单罐)操作，多床(多柱或多罐)串联操作，复床(阳柱、阴柱)操作以及混合床(阴阳树脂混合在一个柱中或罐中)操作；连续流动床是指溶液剂树脂以相反方向均连续不断流入和离开交换设备，一般也有单床、多床之分。部分离子交换设备形式如图 3.4.1 所示。

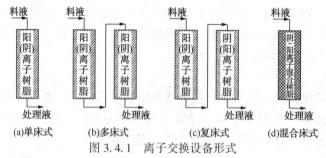

图 3.4.1　离子交换设备形式

1. 普通离子交换罐

常见的普通离子交换罐是具有椭圆形顶及底的圆筒形设备，圆筒体的高径比一般为 2~3，最大为 5；树脂层高度约占圆筒高度的 50%~70%。具有多孔支持板的离子交换罐如图 3.4.2 所示。

2. 反吸附离子交换罐

反吸附离子交换罐在进行离子交换操作时溶液从上部溶液进口 1 进入，由管道引入罐下部的分布器 5，并将溶液以一定流速自下向上导入罐内，使树脂在罐内呈沸腾状态，交换后的废液则从罐顶的出口溢出；再生时再生剂从进口 2 进入，由分布器 4 自上向下导入罐内，进行再生，再生剂流动方向与被交换溶液流动方向相反。其特点是反吸附可以省去菌丝过滤，且液固两相接触充分，操作时不产生短路，死角；另外该设备的生产周期短，解吸后得到的生物产品质量高。反吸附离子交换罐结构及操作示意如图 3.4.3 所示。

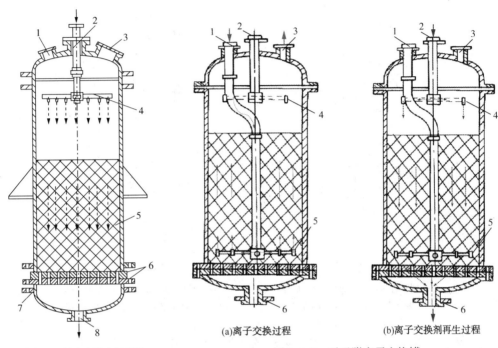

图 3.4.2 具有多孔支持板的
离子交换罐

1—视镜；2—进料口；3—手孔；
4—液体分布器；5—树脂层；
6—多孔板；7—尼龙布；8—出液口

(a)离子交换过程 (b)离子交换剂再生过程

图 3.4.3 反吸附离子交换罐

1—被交换溶液进口；2—淋洗水、解吸液和再生液进口；
3—废液出口；4、5—分布器；
6—淋洗水、解吸液和再生液出口，反洗水进口

3. 混合床交换罐

混合床内的树脂是由阴阳两种树脂混合而成，脱盐较完全。阴、阳离子交换树脂常以体积比 1:1 混合。制备无盐水时，可将水中的阳、阴离子去除去，而从树脂上交换出来的 H^+ 和 OH^- 结合成水，可避免溶液中 pH 的变化而破坏生物产品。如图 3.4.4 所示。

4. 连续式离子交换设备

连续式离子交换设备交换速度快，产品质量均匀，可连续化生产，便于自动控制，但这种操作过程中对树脂破坏大，设备及操作较复杂且不易控制，如图 3.4.5 所示。

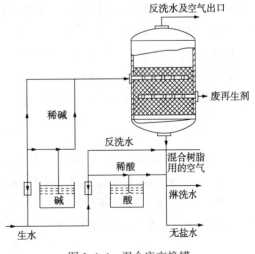

图 3.4.4 混合床交换罐

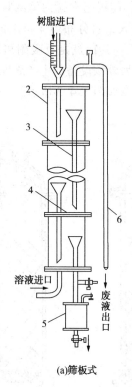
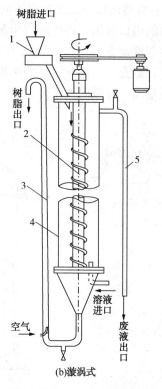

(a)筛板式　　　　　　　　　　(b)漩涡式

1—树脂计量管及加料口；2—塔身；　　　1—树脂加料器；2—具有螺旋带的转子；
3—漏斗形树脂下降管；4—筛板；　　　　3—树脂提升管；4—塔身；5—虹吸管
5—饱和树脂受器；6—虹吸管

图 3.4.5　连续离子交换设备

二、离子交换设备的直径和高度的计算

大型离子交换设备是通过实验设备的放大得到的。可以通过两种方式将离子交换设备放大：一是根据单位树脂床层体积中所通过的溶液的体积流量相同即交换设备负荷相同的原则来放大；二是根据单位树脂床层截面积上所通过的溶液的体积流量相同的原则即交换设备中溶液空塔流速相同的原则进行放大。

1. 根据交换设备负荷相同的原则放大

交换设备的负荷可以用 mL(溶液)/[mL(湿树脂)·min]或 m³(溶液)/[m³(湿树脂)·h]表示。则交换设备的负荷可表示为

$$a = \frac{F}{M} \tag{3.4.1}$$

式中　a——交换设备的负荷，mL(溶液)/[mL(湿树脂)·min]；

　　　F——溶液的体积流量，mL(溶液)/min；

　　　M——单位树脂床层体积，mL(湿树脂)。

若下标1代表小设备的操作条件，下标2代表大设备的操作条件，当 $a_1 = a_2$ 时，

$$\frac{F_1}{F_2} = \frac{M_1}{M_2}$$

则大设备中的树脂体积为

$$M_2 = M_1 \frac{F_2}{F_1} \qquad (3.4.2a)$$

上式中的 F_2/F_1 即为放大倍数 m，故上式也可写为

$$M_2 = mM_1 \qquad (3.4.2b)$$

若以 H 代表树脂床层高度，D 代表树脂床层直径，则

$$M_1 = \left(\frac{\pi}{4} D_1^2\right) H_1, \quad M_2 = \left(\frac{\pi}{4} D_2^2\right) H_2$$

由于离子交换设备都是按照一定比例放大的，因此有

$$H_1/H_2 = D_1/D_2$$

故

$$\frac{M_1}{\frac{\pi}{4} D_1^3} = \frac{M_2}{\frac{\pi}{4} D_2^3} \qquad (3.4.3a)$$

或

$$\left(\frac{D_2}{D_1}\right)^3 = \frac{M_2}{M_1} = \frac{F_2}{F_1} = m \qquad (3.4.3b)$$

因此，大型离子交换设备的直径及高度为

$$D_2 = m^{1/3} \cdot D_1 \qquad (3.4.4)$$

$$H_2 = \frac{D_2}{D_1} \cdot H_1 \qquad (3.4.5)$$

2. 根据空塔流速相同的原则放大

空塔流速可以用 mL(溶液)/(cm^2·min) 或 m^3(溶液)/(m^2·h) 来表示。此值即为溶液通过树脂床层的线速度。根据此法放大时，要维持大设备与小设备的树脂床层高度相同，仅直径加大，以保证两者线速度相同，实际上也是保证两者接触时间相同。

空塔流速或线速度可表示为：

$$W = \frac{F}{A} = \frac{FH}{AH} = \frac{FH}{M} = a \cdot H \qquad (3.4.6)$$

式中　W——空塔流速或线速度，mL(溶液)/(cm^2·min)；

　　　F——溶液的体积流量，mL(溶液)/min；

　　　H——床层高度，cm；

　　　A——床层横截面积，cm^2；

　　　M——单位树脂床层体积，mL(湿树脂)；

　　　a——交换设备的负荷，mL(溶液)/[mL(湿树脂)·min]。

若下标 1 代表小设备的操作条件，下标 2 代表大设备的操作条件，当 $W_1 = W_2$ 时，可得

$$D_2 = m^{1/2} \cdot D_1 \qquad (3.4.7)$$

习　题

1. 简述离子交换树脂的结构。

2. 影响离子交换树脂选择性的因素有哪些？

3. 影响离子交换树脂交换速度的因素有哪些？

4. 用 H 型强酸性阳离子交换树脂去除质量浓度为 5% 的 KCl 溶液，交换平衡时，从交换柱中换出来的 H 离子的摩尔分数为 0.2，试计算 K 离子的去除率。已知 $K_{H+}^{K+} = 2.5$，溶液密度为 $1025kg/m^3$。

5. 用 H 型强酸性阳离子树脂去除海水中的 Na^+ 和 K^+（假设海水中仅存在这两种阳离子），已知树脂中 H^+ 的浓度为 0.3mol/L，海水中 Na^+、K^+ 的浓度分别为 0.1mol/L 和 0.02mol/L，求交换平衡时溶液中的 Na^+ 和 K^+ 的浓度。已知 $K_{H+}^{K+} = 3.0$，$K_{H+}^{Na+} = 2.0$。

6. 某强碱性阴离子树脂床，床层空隙率为 0.45，树脂颗粒粒度为 0.25mm，孔隙率为 0.3，树脂交换容量为 $2.5mol/m^3$，水相原是浓度 $1.2mol/m^3$，液相与树脂相离子扩散系数分别为 $D_l = 3.4 \times 10^{-2} m^2/h$、$D_r = 2.1 \times 10^{-3} m^2/h$，溶液通过树脂床的流速为 4m/h。试判断属于哪种扩散控制。

第四章 萃 取

第一节 概 述

一、液液萃取与萃取流程

利用液体混合物中各组分在外加溶剂中溶解度的差异而分离该混合物的操作，称为液液萃取。外加溶剂称为萃取剂。液液萃取是分离液体混合物的一种重要单元操作。

在欲分离的原料混合液中加入一种与其不相溶或部分互溶的液体溶剂，形成两相体系，在充分混合的条件下，利用混合液中被分离组分在两相中分配差异的性质，使该组分从混合液转移到液体溶剂中，从而实现分离。由于被分离的组分从待处理的原料液中转移到溶剂相中需要经过液液两相界面的扩散，故液-液萃取过程也是物质由一相转到另一相的传质过程。

在萃取过程中所用的溶剂为萃取剂 S，混合液中被分离的组分为溶质 A，其中的溶剂称为稀释剂 B，对于水的混合液来说，稀释剂为水。萃取完成以后，由于萃取剂和稀释剂互不相溶或部分相溶，形成两相分离，以萃取剂为主的液相称为萃取相 E，以稀释剂为主的液相称为萃余相 R。如果分别将萃取相和萃余相中的萃取剂分离出去，即可得到大量溶质和少量溶剂的萃取液 E′，以及大量溶剂和少量溶质的萃余液 R′。萃取过程如图 4.1.1 所示。

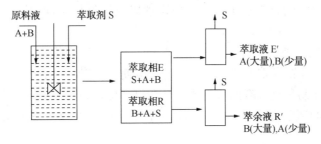

图 4.1.1 萃取过程示意图

二、萃取分离的特点及应用

萃取分离的特点是可在常温下操作且无相变，萃取剂选择适当可以获得较高分离效率，对于沸点非常相近的物质可以进行有效分离。利用萃取的方法分离混合液时，混合液中的溶质既可是挥发性物质，也可以是非挥发性物质，如无机盐类等。

萃取作为一种重要的分离操作单元，在化工领域有着广泛的应用。

（1）在石油化工领域，萃取常用于分离和提纯各种沸点比较相近的有机物质，如从裂解汽油的重整油中萃取芳烃等。

（2）在生物化工和精细化工领域，萃取常用于分离各种热敏性合成有机物，如青霉素生产中，用玉米发酵得到含青霉素的发酵液，再利用醋酸丁酯为溶剂，经过多次萃取可得到青霉素。

（3）在湿法冶金领域，萃取可替代传统的沉淀法用于铀、钍等重金属的提炼。

（4）在环境工程领域，萃取法主要用于水处理，通常用于萃取工业废水中有回收价值的溶解性物质，如从染料废水中提取有用染料、从洗毛废水中提取羊毛脂、从含酚废水中萃取回收酚等。

三、萃取剂的选择

在萃取操作过程中，选取萃取剂应考虑以下几方面的性能。

1. 萃取剂的选择性

萃取剂的选择性好坏，是指萃取剂 S 对被萃取组分 A 与对其他组分的溶解能力之间的差异。若选用选择性系数大的萃取剂，其用量可以减小，而所得的产品质量也较高。萃取剂 S 与稀释剂 B 的互溶度越小，越有利于萃取。

2. 萃取剂的物理性质

萃取剂的物理性质包括密度、表面张力、黏度等。

（1）密度：萃取剂和稀释剂之间应有一定的密度差，以利于两液相在充分接触以后能较快地分层，从而可以提高设备的处理能力。

（2）界面张力：萃取物系的界面张力较大时，细小的液滴比较容易聚结，有利于两相的分层，但界面张力过大，液体不易分散；界面张力太小，易产生乳化现象，使两相较难分离。因此，界面张力应适中，一般不宜选用界面张力过小或更大的萃取剂。

（3）黏度：溶剂的黏度低，有利于两相的混合与分层，也有利于流动与传质，因而黏度小对萃取有利。萃取剂的黏度较大时，有时需要加入其他溶质来调节黏度。

3. 萃取剂的化学性质

萃取剂应具有良好的化学稳定性、热稳定性以及抗氧化稳定性，对设备的腐蚀性也应较小。

4. 萃取剂回收的难易

萃取相和萃余相中的萃取剂通常需回收后重复使用，以减少溶剂的消耗量。回收费用取决于萃取剂回收的难易程度。有的溶剂虽然具有很多良好的性能，但往往由于回收困难而不被采用。一般常用的回收方法是蒸馏，如果不宜用蒸馏，可以考虑采用其他方法，如反萃取、结晶分离等。

5. 其他指标

萃取剂的价格、毒性以及是否易燃、易爆等，均是选择萃取剂时需要考虑的问题。

经常使用的萃取剂有：乙醚、石油醚、戊烷、己烷、四氯化碳、氯仿、二氯甲烷、甲苯、醋酸乙酯、醇等。一般而言，难溶于水的物质用石油醚等萃取；较易溶者用乙醚或甲苯萃取；易溶于水的物质用醋酸乙酯或其他类似溶剂来萃取。例如，用乙醚萃取水中的草酸效果差，若改用乙酸乙酯来萃取效果很好。

第二节　液液相平衡关系及三角形相图

组分在液液相之间的平衡关系是萃取过程的热力学基础，它决定萃取过程的方向、推动力和极限。

在萃取操作中至少涉及三个组分，即待分离混合液中的溶质 A、稀释剂 B 和加入的萃取剂 S。达到平衡时的两个相均为液相，即萃取相和萃余相。当萃取剂和稀释剂部分互溶时，萃取相和萃余相均含有三个组分，因此表示平衡关系时要用三角形相图。下面首先介绍三元物质的三角形相图。

一、三角形相图

在萃取操作中，三组分混合物的组成通常可以用等边三角形或直角三角形来表示，如图 4.2.1 所示。三角形的三个顶点 A、B、S 各代表一种纯组分，习惯上分别表示纯溶质、纯稀释剂相和纯溶剂相。

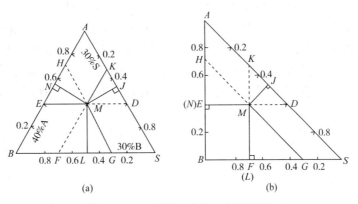

图 4.2.1　三元混合物的三角形相图

三角形的任意一条边上的任一点均代表一个二元混合物。例如，图中 AB 边上的点 E 代表 A、B 二元混合物，其中 A 组成为 40%，B 组成为 60%。三角形内的任一点代表一个三元混合物。以直角三角形相图为例，欲求图中点 M 所代表的三元混合物的质量分数，可过 M 点分别做 BS 边、AB 边和 AS 边的平行线，并分别与 AB 边、BS 边和 BS 边相交于 E、F、G 点。则混合物 M 中 A 所占的质量分数 x_{mA} 为线段 BE 占线段 AB 的比率，同理可得混合物 M 中 B 所占的质量分数 x_{mB} 为线段 SG 占线段 BS 的比率，混合物 M 中 S 所占的质量分数 x_{mS} 为线段 BF 占线段 BS 的比率，分别为：$x_{mA} = 0.4$；$x_{mB} = 0.3$；$x_{mS} = 0.3$。三个组分的质量分数之和为 1.0，即

$$x_{mA} + x_{mB} + x_{mS} = 0.4 + 0.3 + 0.3 = 1.0$$

直角三角形坐标可以直接进行图解计算，读取数据均比等边三角形方便，故目前多采用直角三角形坐标图，图 4.2.1(b) 为等腰直角三角形坐标图。有时也可以根据具体情况，将某一边刻度放大采用不等腰直角三角形。

三角形相图不仅可以用来查取浓度，还可以用来表示混合、分离等过程，以及进行定量计算。

二、溶解度曲线与连结线

在萃取操作中，根据组分间互溶度的不同，可分为两种情况：①溶质 A 可溶于稀释剂 B 和萃取剂 S 中，但稀释剂 B 和萃取剂 S 之间不互溶；②溶质 A 与稀释剂 B 互溶，B 和 S 之间也部分互溶。

B 与 S 部分互溶时，在含有溶质 A 和稀释剂 B 的原混合液中加入适量的萃取剂 S，经充分混合，达到平衡后，就会形成两个液层：萃取相 E 和萃余相 R。达到平衡时的这两个液层称为共轭液相。如果改变萃取剂的用量，将会建立新的平衡，得到新的共轭液相。在三角形坐标图上，在不同的萃取剂用量的情况下将代表各平衡液层的组成坐标点连接起来的曲线即为此体系在该温度下的溶解度曲线，如图 4.2.2 所示。溶解度曲线把三角形相图分为两个区，曲线以内为两相区，以外为均相区。图中点 R 及 E 表示两平衡液层萃余相及萃取相的组成，该两点的连线 RE 称为连结线。通常连结线都不互相平行，各条连结线的斜率随混合液的组成而异。图中点 P 称为临界混溶点，在该点处 R 和 E 两相组成完全相同，溶液变为均相。

在恒温条件下，通过实验测定体系的溶解度，所得到的结果总是有限的。为了得到其他组成的液-液平衡数据，可以通过绘制辅助曲线，应用内插法求得。

如图 4.2.3 所示，已知连结线 R_1E_1，R_2E_2，和 R_3E_3。从 E_1 点作 AB 轴的平行线，从 R_1 点作 BS 轴的平行线，交点为 F。同样，从 E_2，E_3 分别作 AB 轴的平行线，从 R_2，R_3 分别作 BS 轴的平行线，得交点 G 和 H。连接各交点，得曲线 FGH，即为溶解度曲线的辅助曲线。利用辅助曲线，可以求得任一平衡液相的共轭相，如求液相 R 的共扼相，自 R 点作 BS 轴的平行线，交辅助曲线于 J，过 J 点作 AB 轴的平行线，交溶解度曲线于 E，该点即为 R 的共轭相。

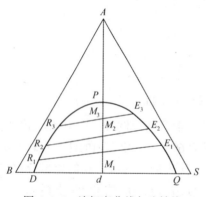

图 4.2.2　溶解度曲线与连结线

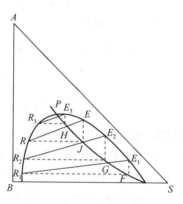

图 4.2.3　辅助曲线

三、杠杆规则

如图 4.2.4 所示，混合物 M 分成任意两个相 E 和 R，或由任意两个相 E 和 R 混合成一个相 M，则在三角形相图中表示其组成的点 M、E 和 R 必在一直线上，而且符合以下比例关系：

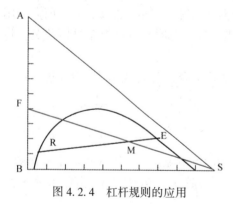

图 4.2.4　杠杆规则的应用

$$\frac{E}{R} = \frac{\overline{MR}}{\overline{ME}} \text{ 或 } \frac{E}{M} = \frac{\overline{MR}}{\overline{RE}} \quad (4.2.1)$$

式中　E，R，M——混合液 E、R 及 M 的质量，kg 或 kg/s，满足 $E+R=M$；

$\overline{MR}$，$\overline{ME}$，$\overline{RE}$——线段 $\overline{MR}$、$\overline{ME}$ 及 $\overline{RE}$ 的长度。

这一关系称为杠杆规则。点 M 称为点 E 和点 R 的"和点"；点 E（或 R）为点 M 与 R（或 E）的"差点"。根据杠杆规则，可以由其中的两点求得第三点。

如果在原料液 F 中加入纯溶剂 S，则表示混合

液 M 组成的点 M 位置随溶剂加入量的多少而沿 FS 线变化，点 M 的位置由杠杆规则确定：

$$\frac{\overline{MF}}{\overline{MS}} = \frac{S}{F} \qquad (4.2.2)$$

式中　S，F——纯溶剂 S 和原料液 F 的量，kg 或 kg/s；

　　$\overline{MF}$，$\overline{MS}$——线段 $\overline{MF}$ 和 $\overline{MS}$ 的长度。

四、分配曲线、分配系数与选择性系数

1. 分配曲线

将三角形相图上各组相对应的共轭平衡液层中溶质 A 的组成转移到 $x_m - y_m$ 直角坐标上，所得的曲线称为分配曲线，如图 4.2.5 所示。以萃余相 R 中溶质 A 的组成 x_m 为横坐标，萃取相 E 中溶质 A 的组成 y_m 为纵坐标，互成共轭平衡的 R 相和 E 相中组分 A 的组成在 $x_m - y_m$ 直角坐标上用点 N 表示。每一对共轭相可得一个点，连接这些点即可得图中所示的分配曲线 ONP，曲线上的点 P 表示临界混溶点。

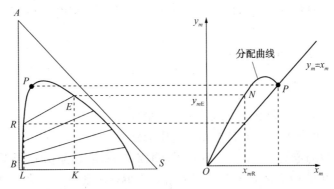

图 4.2.5　溶解度曲线与分配曲线的关系图

分配曲线表达了溶质 A 在相互平衡的 R 相与 E 相中的分配关系。若已知某液相组成，可用分配系数查出与此液相相平衡的另一液相组成。

若稀释剂 B 与溶剂 S 不互溶或互溶性很小时，可以认为萃取相中只有组分 A 与 S，萃余相中只有组分 A 与 B。萃取相中溶质 A 的含量可用 A 在萃取相中的质量分率 y_{mA} 表示，y_{mA} 的单位为 kg(A)/kg(E)，萃余相中溶质 A 的含量可用 A 在萃余相中的质量分率 x_{mA} 表示，x_{mA} 的单位为 kg(A)/kg(R)，在 $x_m - y_m$ 坐标图上描绘的分配曲线可用数学式表达为：

$$y_{mA} = f'(x_{mA})$$

有时也用质量比 Y_{mA}、X_{mA} 来表达溶解度曲线，此时 Y_{mA} 表示萃取相中 A 的质量与溶剂 S 的质量之比，单位为 kg(A)/kg(S)，X_{mA} 表示萃余相中 A 的质量与稀释剂 B 的质量之比，单位为 kg(A)/kg(B)。在 $X_m - Y_m$ 坐标图上描绘的分配曲线可用数学式表达为：

$$Y_{mA} = f(X_{mA})$$

2. 分配系数

溶质 A 在两相中的平衡关系可以用相平衡常数 k 来表示，即

$$k = \frac{y_{mA}}{x_{mA}} \qquad (4.2.3a)$$

或

$$y_{mA} = kx_{mA} \qquad (4.2.3b)$$

式中 y_{mA}——溶质 A 在萃取相中的质量分数，$kg(A)/kg(E)$；

x_{mA}——溶质 A 在萃余相中的质量分数，$kg(A)/kg(R)$。

k 通常称为分配系数。k 的值随温度与溶质的组成而异。当溶质浓度较低时，k 接近常数，相应的分配曲线接近直线。式(4.2.3b)也称为能斯特分配定律。

同理，在低浓度情况下，对于大多数物系，Y_{mA} 与 X_{mA} 也近似呈线性关系，即

$$Y_{mA} = mX_{mA} \qquad (4.2.4)$$

如果某物系服从能斯特分配定律，即服从式(4.2.3b)和式(4.2.4)的关系，则将使萃取过程的计算大为简化。

3. 选择性系数

被分离组分在萃取剂与原料液两相间的平衡关系是选择萃取剂首先考虑的问题。如前所述，溶质在萃取相与萃余相之间的平衡关系可以用分配系数 k 表示。分配系数的大小对萃取过程有重要影响，分配系数大，表示被萃取溶质在萃取相中的组成高，萃取剂需要量少，溶质容易被萃取。

萃取剂的选择性是指萃取剂对原料混合液中两个组分的溶解能力的大小，可以用选择性系数 α 来表示。

选择性系数 α 的定义如下：

$$\alpha = \frac{y_{mA}/x_{mA}}{y_{mB}/x_{mB}} = \frac{k_A}{k_B} \qquad (4.2.5)$$

式中 y_{mA}，y_{mB}——组分 A 和 B 在萃取相中的质量分数；

x_{mA}，x_{mB}——组分 A 和 B 在萃余相中的质量分数。

根据选择性系数的定义，α 的大小反映了萃取剂对溶质 A 的萃取容易程度。若 $\alpha>1$，表示溶质 A 在萃取相中的相对含量比 A 在萃余相中的相对含量高，萃取时组分 A 可以在萃取相中富集，α 越大，组分 A 与 B 的分离越容易。若 $\alpha=1$，则组分 A 与 B 在两相中的组成比例相同，不能用萃取的方法分离。

【例题 4.2.1】以三氯乙烷为溶剂，从丙酮-水溶液中萃取丙酮，其溶解度平衡数据如表 4.2.1 所示。试将其换算为质量比组成，标绘在直角坐标图上，并求出近似的分配系数 m 的值。

表 4.2.1　丙酮-水-三氯乙烷系统平衡数据(质量百分率)

萃余相(水相 X)			萃取相(三氯乙烷相 Y)		
三氯乙烷，S	水，B	丙酮，A	三氯乙烷，S	水，B	丙酮，A
0.52	93.52	5.96	90.93	0.32	8.75
0.60	89.40	10.00	84.40	0.60	15.00
0.68	85.35	13.97	78.32	0.90	20.78
0.97	80.16	19.05	71.01	1.33	27.66
1.04	71.33	27.63	58.21	2.40	39.39

解：以第一组数据计算为例：

$$X = \frac{5.96}{93.52} = 0.0637 , \quad Y = \frac{8.75}{90.93} = 0.0962$$

现将计算结果列在表 4.2.2 中，再将表 4.2.2 数据标绘在图 4.2.6 中，拟合得 $Y = 1.62X$，即 $m = 1.62$。

表 4.2.2 萃余相中 X 与萃取相中 Y 的计算结果

X	Y
0.0637	0.0962
0.1119	0.1777
0.1637	0.2653
0.2376	0.3895
0.3874	0.6767

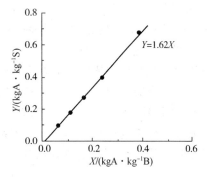

图 4.2.6 丙酮–水–三氯乙烷相平衡曲线

第三节 萃取过程的流程和计算

一、萃取分类及理论级假定

根据萃取的原理可以将萃取分为物理萃取和化学萃取两大类，物理萃取依靠的是溶质在互不相溶的不同溶剂间的溶解度有较大差异，而化学萃取依靠的是化学反应后生成的产物在互不相溶的不同溶剂间的溶解度有较大差异。根据原料液的组成，萃取可以分为二元萃取和多元萃取，二元萃取即原料液只有两种物质组成，溶质和稀释剂；多元萃取指原料液有多种物质组成，一种溶质和多种稀释剂或多种溶质和多种稀释剂。根据两相的接触方式可以将萃取分为微分接触式和分级接触式。在微分接触式设备中，两相逆流连续接触传质，两液相组成沿高度发生连续变化。

为了简化计算，本书中只讨论物理萃取、二元萃取及分级接触式萃取的计算过程，且假定离开每一个理论级的两相 R_i、E_i 呈相平衡关系。

二、单级萃取

单级萃取是液–液萃取中最简单、最基本的操作方式，其工艺流程如图 4.3.1 所示。首先介绍这种最简单的萃取操作，在此基础上理解其他复杂的萃取操作。

如图 4.3.1 所示，同时将一定量的原料液 F 和萃取剂 S 加入混合器内，通过搅拌使两相充分混合，原料液中的溶质 A 转移到萃取剂相中。经过一段时间的搅拌混合后，将混合液送入分层器中，在此萃取相和萃余相进行分离。萃取相和萃余相分别送到萃取相分离设备和萃余相分离设备，分离回收得到的萃取剂可以在萃取操作中再用。萃取相和萃余相脱除萃取剂后的两个液相分别称为萃取液和萃余液。

单级萃取可以间歇操作，也可以连续

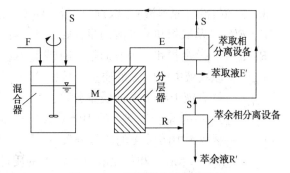

图 4.3.1 单级萃取流程示意图

操作。如果萃取相和萃余相之间达到平衡，则这个过程为一个理论级。但无论采用什么样的操作方式，由于两液相在混合器中的接触时间是有限的，萃取相和萃余相之间实际上不可能完全达到平衡，只能接近平衡。单级操作实际的级数和理论级的差距用级效率表示。萃取相与萃余相距离平衡状态越近，级效率越高。一般来说，在单级萃取计算中通常按一个理论级考虑。

单级萃取过程的计算通常是在待处理的原料液的量和组成、萃取剂的组成、体系的相平衡数据和萃余相的组成已知的条件下，求所需的萃取剂的量、萃取相和萃余相的量与萃取相的组成。以下分别对萃取剂与稀释剂完全不互溶的体系和部分互溶的体系进行计算。

1. 萃取剂和稀释剂完全不互溶的体系

对于萃取剂与稀释剂不互溶的体系，萃取相含全部萃取剂，萃余相含全部稀释剂。萃取前后的以溶质 A 为对象的物料衡算式如下（萃取剂为纯溶剂）：

$$BX_{mF} = SY_{mE} + BX_{mR}$$

或

$$Y_{mE} = -\frac{B}{S}(X_{mR} + X_{mF}) \qquad (4.3.1)$$

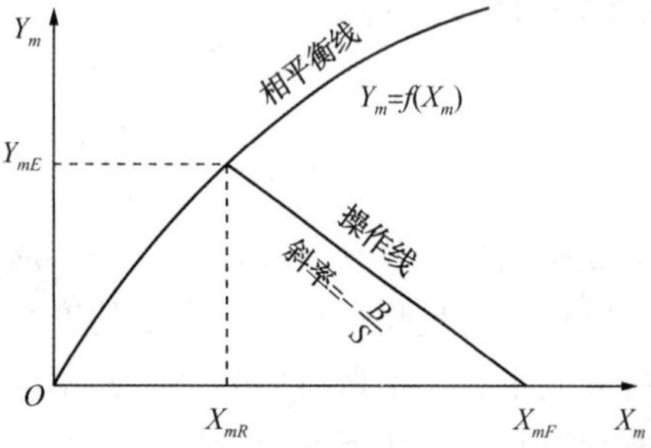

式中　S，B——萃取剂用量和原料液中稀释剂量，kg 或 kg/s；

X_{mF}——原料液中溶质 A 的质量比，kg(A)/kg(B)；

X_{mR}——萃余相中溶质 A 的质量比，kg(A)/kg(B)；

Y_{mE}——萃取相中溶质 A 的质量比，kg(A)/kg(B)。

根据相平衡关系，有

$$Y_m = mX_m \qquad (4.3.2)$$

图 4.3.2　不互溶体系的单级萃取

联立求解式(4.3.1)和式(4.3.2)，即可得到所需的萃取剂用量 S 和溶质 A 在萃取相中的组成 Y_{mE}。此解也可通过图解得到。如图 4.3.2 所示，式(4.3.2)为一直线，称为操作线。该操作线是过点$(X_{mF}, 0)$、斜率为$-B/S$的直线。操作线与分配曲线的交点即为(Y_{mR}, X_{mE})。

2. 萃取剂和稀释剂部分互溶的体系

对于萃取剂与稀释剂部分互溶的体系，通常根据三角相图用图解法进行计算，如图 4.3.3 所示。在计算过程中所用到的一些符号说明如下：

F——原料液的量，kg 或 kg/s；

S——萃取剂的量，kg 或 kg/s；

M——混合液（原料液+萃取剂）的量，kg 或 kg/s；

E，E'——萃取相和萃取液的量，kg 或 kg/s；

R，R'——萃余相和萃余液的量，kg 或 kg/s；

x_{mF}——原料液中溶质 A 的质量分数；

x_{mM}——混合液中溶质 A 的质量分数；

x_{mR}，$x_{mR'}$——萃余相和萃余液中溶质 A 的质量分数；

y_{m0}——萃取剂中溶质 A 的质量分数；

y_{mE}，$y_{mE'}$——萃取相和萃取液中溶质 A 的质量分数。

图解法的计算步骤如下：

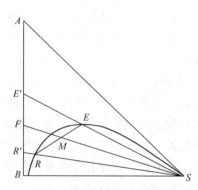

图 4.3.3　部分互溶体系的单级萃取

（1）根据已知平衡数据在三角相图中画出溶解度曲线及辅助曲线，如图4.3.3所示。

（2）在AB边上根据原料液的组成x_{mF}确定点F，根据所用萃取剂组成确定点S（假设为纯萃取剂），连接FS。

（3）由已知的萃余相中溶质A的质量分数x_{mR}定出点R（也可以用萃余液组成$x_{mR'}$定出点R'，连接SR'与溶解度曲线相交于点R），再利用辅助曲线求出点E。连接RE，与FS交点为M，该点即为混合液的组成点。根据杠杆法则，可求得所需萃取剂的量S为

$$\frac{S}{F} = \frac{\overline{MF}}{\overline{MS}}, \quad S = \frac{\overline{MF}}{\overline{MS}} \times F \tag{4.3.3}$$

上式中F已知，$\overline{MF}$和$\overline{MS}$线段的长度可以从图中量出，因此可求出S。

（4）根据杠杆法则，可求萃取相量E和萃余相量R，即

$$\frac{R}{E} = \frac{\overline{ME}}{\overline{MR}} \tag{4.3.4}$$

根据系统的总物料衡算，有

$$F + S = R + E = M \tag{4.3.5}$$

联立以上二式，即可求得R和E，并从图4.3.3中读出y_{mE}。

二、多级错流萃取的流程与计算

多级错流萃取的流程如图4.3.4所示。原料液从第1级加入，每一级均加入新鲜的萃取剂。在第1级中，原料液与萃取剂充分接触，两相达到平衡后分相。所得的萃余相作为第2级的原料液送到第2级中，与加入的新鲜萃取剂进行再次萃取，分相后，其萃余相送入第3级。如此萃余相被多次萃取，直到第n级，最终排出的萃余相量为R_n。各级得到的萃取相量分别为E_1，E_2，$\cdots$，E_n，排出后分离溶质，并回收萃取剂。

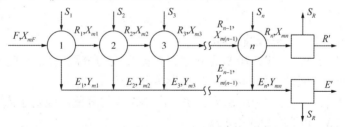

图4.3.4　多级错流萃取流程示意图

假设萃取剂和稀释剂之间不互溶，可以认为原料液中与从各级流出的萃余相中的稀释剂量B相等。同时，在各级萃取中，加入的萃取剂量与流出的萃取相中的纯萃取剂量相同。类似于单级萃取的计算方法，对多级萃取进行逐级计算。

对于第1级，对溶质A进行物料衡算：

$$BX_{mF} + S_1 Y_{m0} = BX_{m1} + S_1 Y_{m1} \tag{4.3.6}$$

由上式得

$$Y_{m1} - Y_{m0} = -\frac{B}{S_1}(X_{m1} - X_{mF}) \tag{4.3.7}$$

式中　B——原料液中稀释剂的量，kg 或 kg/s；

S_1——加入第1级的萃取剂中的纯萃取剂量，kg 或 kg/s；

Y_{m0}——也可表示为 Y_{mS}，萃取剂中溶质 A 的质量比，kg(A)/kg(S)；

X_{mF}——原料液中溶质 A 的质量比，kg(A)/kg(B)；

Y_{m1}——第 1 级流出的萃取相中溶质 A 的质量比，kg(A)/kg(S)；

X_{m1}——第 1 级流出的萃余相中溶质 A 的质量比，kg(A)/kg(B)。

式(4.3.7)为第 1 级萃取过程中萃取相与萃余相组成变化的操作线方程。

同理，对任意一个萃取级 n，根据溶质的物料衡算得

$$Y_{mn} - Y_{m0} = -\frac{B}{S_n}[X_{mn} - X_{m(n-1)}] \tag{4.3.8}$$

上式表示任一级萃取过程中萃取相组成 Y_{mn} 与萃余相组成 X_{mn} 之间的关系，为错流萃取每一级的操作线方程，在直角坐标图上是一直线。

与单级操作的图解法类似，在多级萃取中，如果已知原料液量和原料液组成 X_{mF} 以及每一级加入的萃取剂量和萃取剂组成 Y_{m0}，即可用图解法求出将萃余相中溶质 A 的组成降到 X_{mR} 所需的级数。图解法的具体步骤如图 4.3.5 所示。

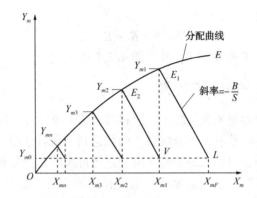

图 4.3.5　图解法求多级错流萃取所需的理论级数

步骤如下：

(1) 在直角坐标上画出分配曲线 OE。

(2) 过点 $L(X_{mF}, Y_{m0})$，以 $-B/S_1$ 为斜率，作操作线与分配曲线交于点 E_1。该点的横、纵坐标分别为离开第一级萃余相的组成 X_{m1} 和萃取相的组成 Y_{m1}。

(3) 过点 $V(X_{m1}, Y_{m0})$，以 $-B/S_2$ 为斜率，作操作线与分配曲线交于点 E_2。得到离开第二级萃余相的组成 X_{m2} 和萃取相的组成 Y_{m2}。

以此类推，直到萃余相的组成 X_{mn} 等于或小于所要求的 X_{mR} 为止。重复操作线的次数即为理论级数。

图中各操作线的斜率随各级萃取剂的用量而异，如果每级所用萃取剂量相等，则各操作线斜率相同，各线相互平行。等溶剂错流萃取时，有

$$S_1 = S_2 = \cdots = S_n = S$$

则式(4.3.8)可变为

$$Y_{mn} - Y_{m0} = -\frac{B}{S}[X_{mn} - X_{m(n-1)}] \tag{4.3.9}$$

若分配曲线为一直线，其方程为

$$Y_{mn} = mX_{mn} \tag{4.3.10}$$

联立式(4.3.9)和式(4.3.10)得

$$S(mX_{mn} - Y_{m0}) = B(X_{m(n-1)} - X_{mn})$$

$$\left(\frac{mS}{B} + 1\right)X_{mn} = X_{m(n-1)} + \frac{S}{B}Y_{m0}$$

$$X_{mn} = \frac{1}{1 + \frac{mS}{B}}X_{m(n-1)} + \frac{SY_{m0}}{B + Sm} \qquad (4.3.11)$$

令 $p = \dfrac{1}{1 + \dfrac{mS}{B}}$, $q = \dfrac{SY_{m0}}{B + Sm}$, 则上式变为

$$X_{mn} = pX_{m(n-1)} + q \qquad (4.3.12)$$

当 $n = 1$ 时, $X_{m1} = pX_{m0} + q$

当 $n = 2$ 时, $X_{m2} = pX_{m1} + q = p(pX_{m0} + q) + q = p^2 X_{m0} + (p+1)q$

当 $n = 3$ 时, $X_{m3} = pX_{m2} + q = p^3 X_{m0} + (p^2 + p + 1)q$

……

当 $n = N$ 时, $X_{mN} = pX_{mN} + q = p^N X_{m0} + (p^{N-1} + p^{N-2} + \cdots + p + 1)q$

$$= p^N X_{m0} + \frac{p^N - 1}{p - 1}q = p^N\left(X_{m0} + \frac{q}{p-1}\right) - \frac{q}{p-1}$$

$$p^N = \frac{X_{mN} + \dfrac{q}{p-1}}{X_{m0} + \dfrac{q}{p-1}} \Rightarrow N = \frac{1}{\ln p}\ln\left[\frac{X_{mN} + \dfrac{q}{p-1}}{X_{m0} + \dfrac{q}{p-1}}\right]$$

$$N = \frac{1}{\ln\dfrac{1}{p}}\ln\left[\frac{X_{m0} + \dfrac{q}{p-1}}{X_{mN} + \dfrac{q}{p-1}}\right] \qquad (4.3.13)$$

$$\frac{1}{p} = 1 + \frac{mS}{B} , \quad \frac{q}{p-1} = \frac{\dfrac{SY_{m0}}{B + Sm}}{\dfrac{1}{1 + \dfrac{mS}{B}} - 1} = -\frac{Y_{m0}}{m} , \quad X_{m0} = X_{mF}$$

代入式(4.3.13)得

$$N = \frac{1}{\ln\left(1 + \dfrac{mS}{B}\right)}\ln\left[\frac{X_{mF} - \dfrac{Y_{m0}}{m}}{X_{mN} - \dfrac{Y_{m0}}{m}}\right] \qquad (4.3.14)$$

式(4.3.14)为等溶剂且分配曲线为直线时的错流萃取理论级数的计算方式。

【例题 4.3.1】用错流萃取装置,以三氯甲烷(S)为溶剂,由丙酮(A)-水(B)溶液中萃取丙酮。原料液的质量流量为300kg/h,丙酮含量为0.333(质量分率,下同),萃取剂中的丙酮含量为0.0476。已知该错流萃取装置相当于4个理论级。欲使萃余相中丙酮的含量降至0.109,萃取剂总流量为多少?该物系的相平衡曲线为 $Y = 1.62X$。

解:

$$X_{mF} = \frac{x_{mF}}{1 - x_{mF}} = \frac{0.333}{1 - 0.333} = 0.50$$

$$X_{mN} = \frac{x_{mN}}{1 - x_{mN}} = \frac{0.109}{1 - 0.109} = 0.122$$

$$Y_{m0} = \frac{y_{m0}}{1 - y_{m0}} = \frac{0.0476}{1 - 0.0476} = 0.05$$

$$A + B = 300 \quad A/B = 0.5$$

解得 $B = 200 \text{kg/h}$

将 $B = 200 \text{kg/h}$，$N = 4$，$m = 1.62$ 代入式（4.3.14）中得

$$4 = \frac{1}{\ln\left(1 + \dfrac{1.62S}{200}\right)} \ln \left[\frac{0.5 - \dfrac{0.05}{1.62}}{0.122 - \dfrac{0.05}{1.62}} \right], \quad 解得 S = 62.6 \text{kg/h}$$

$$S_{总} = 4S = 250.4 \text{kg/h}$$

三、多级逆流萃取的流程与计算

多级逆流萃取的流程如图 4.3.6 所示。原料液从第 1 级进入，逐级流过系统，最终萃余相从第 n 级流出；而新鲜萃取剂从第 n 级进入，与原料液逆流接触。两液相在每一级充分接触，进行传质，最终的萃取相从第 1 级流出，萃余相从第 n 级流出。最终的萃取相与萃余相分别送入溶剂回收装置中回收萃取剂，并得到萃取液与萃余液。在多级逆流萃取流程中，由于在第 1 级，萃取相与溶质含量最高的原料液接触，因此最终得到的萃取相中溶质含量高，接近与原料液相平衡的程度。而在第 n 级，萃余相与新鲜萃取剂接触，使最终出来的萃余相中溶质含量低，接近与新鲜萃取剂相平衡的程度。由于上述特点，多级逆流萃取可以用较少的萃取剂量达到较高的萃取率，应用较为广泛。

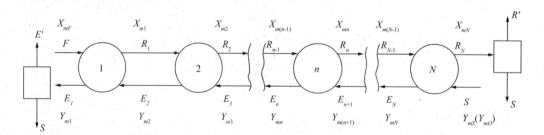

图 4.3.6　多级逆流萃取流程示意图

1. 逆流萃取公式推导

多级逆流萃取流程如图 4.3.6 所示。组成为 X_{mF} 的原料液与组成为 Y_{mS} 的萃取剂呈逆流接触萃取。在萃取剂与稀释剂不互溶的多级逆流萃取体系中，萃取相中的萃取剂的量和萃余相中稀释剂的量均保持不变，因此第 n 级至第 N 级的物料衡算方程为

$$BX_{m(n-1)} + SY_{mS} = BX_{mN} + SY_{mn} \tag{4.3.15}$$

$$Y_{mn} = \frac{B}{S}(X_{m(n-1)} - X_{mN}) + Y_{mS} \tag{4.3.16}$$

式中　B——原料液中稀释剂的流量，kg/s；

　　　S——原始萃取剂中纯萃取剂的流量，kg/s；

　　Y_{mn}——离开第 n 级的萃取相中溶质 A 的质量比，kg(A)/kg(S)；

$X_{m(n-1)}$——进入第 n 级的萃余相中溶质 A 的质量比，kg(A)/kg(B)；

　　Y_{mS}——进入第 N 级的萃取剂中溶质 A 的质量比，kg(A)/kg(S)；

　　X_{mN}——离开第 N 级的萃余相中溶质 A 的质量比，kg(A)/kg(B)。

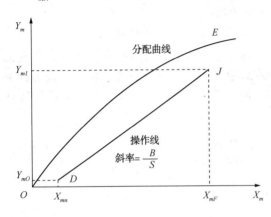

图 4.3.7　逆流萃取操作线

式(4.3.15)和式(4.3.16)均为逆流萃取的物料衡算方程，或称逆流萃取操作线。它们表达了 Y_{mn} 和 $X_{m(n-1)}$ 的关系，即离开任一级的萃取相组成与进入该级的萃余相组成的关系。在直角坐标图上，式(4.3.16)是一条直线，如图 4.3.7 所示。此直线通过点 $D(X_{mN}$，$Y_{mS})$ 和点 $J(X_{mF}$，$Y_{m1})$，斜率为 B/S。该线位于相平衡线的右下方，因为溶剂组成 Y_{mS} 必须小于与 X_{mN} 成平衡的 Y_{mN}，此时溶质才可能由萃余相传递到萃取相。

2. 最小萃取剂用量的计算

在萃取操作中，萃取剂用量的确定影响萃取效果和设备费用。一般来说，萃取剂用量小，所需理论级数多，设备费用高；反之，萃取剂用量大，所需的理论级数少，萃取设备费用低，但萃取剂回收设备大，相应的回收萃取剂的费用高。因此，需要根据萃取和萃取剂回收两部分的设备费和操作费进行综合核算，确定适宜的萃取剂用量。但在多级逆流操作中，对于一定的萃取过程，存在一个最小的萃取剂与稀释剂用量的比值 $(S/B)_{\min}$ 和最小萃取剂用量 $S_{\min}$。当萃取剂用量减小到 $S_{\min}$ 时，所需的理论级数为无穷大。如果所用的萃取剂量小于 $S_{\min}$，则无论用多少个理论级也达不到规定的萃取要求。因此，在确定萃取剂用量时，有必要首先计算最小萃取剂用量。

最小萃取剂用量的确定与确定吸收过程最小液气比类似。如图(4.3.8)所示，在进口原料组成固定，萃取剂中组分 A 含量以及萃取要求确定，当 S 变化时，操作线也随之变化。当 S 减小时，N 点不变，M 点沿着过 X_{mF} 的垂线向上移动，操作线的斜率 B/S 增大，当操作线与平衡线相交或相切的时候，即通过点 $(X_{mF}$，$Y_{mF}^*)$ 时，此时 S 的用量最小，称为最小萃取剂用量 $S_{\min}$。

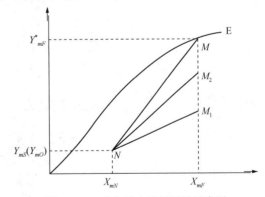

图 4.3.8　确定最小溶剂用量示意图

$$\left(\frac{S}{B}\right)_{\min} = \frac{X_{mF} - X_{mN}}{Y_{mF}^* - Y_{m0}} \tag{4.3.17}$$

$$S_{\min} = \frac{X_{mF} - X_{mN}}{Y_{mF}^* - Y_{m0}} \cdot B = \frac{X_{mF} - X_{mN}}{m X_{mF} - Y_{m0}} \cdot B \tag{4.3.18}$$

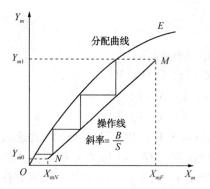

图 4.3.9　图解法求多级逆流萃取所需的理论级数

3. 图解法确定理论级数

若已知萃取物系的相平衡曲线和操作线，要确定达到指定分离要求的理论级数。由点 (X_{mF}, Y_{m1}) 开始，在相平衡曲线 OE 与操作线 NM 之间画直角梯级，直至 $X_{mi} \leqslant X_{mN}$ 为止。直角梯级的个数即为逆流萃取的理论级数。如图 4.3.9 所示。

4. 解析法确定理论级数

若相平衡线服从能斯特分配定律，则逆流萃取理论级数可用解析公式计算。假设为纯溶剂萃取，联立相平衡式（4.3.10）和操作线式（4.3.16），得

$$X_{mn} = \frac{B}{mS} X_{m(n-1)} - \frac{B}{mS} X_{mN} \qquad (4.3.19)$$

令 $p = \dfrac{B}{mS}$，$q = -\dfrac{B}{mS} X_{mN}$，则上式变为

$$X_{mn} = p X_{m(n-1)} + q$$

与推导错流萃取理论级数的方法一样，有

当 $n = 1$ 时，$X_{m1} = p X_{m0} + q$

当 $n = 2$ 时，$X_{m2} = p X_{m1} + q = p(p X_{m0} + q) + q = p^2 X_{m0} + (p+1) q$

当 $n = 3$ 时，$X_{m3} = p X_{m2} + q = p^3 X_{m0} + (p^2 + p + 1) q$

……

当 $n = N$ 时，$X_{mN} = p X_{m(N-1)} + q = p^N X_{m0} + (p^{N-1} + p^{N-2} + \cdots + p + 1) q$

$$= p^N X_{m0} + \frac{p^N - 1}{p - 1} q = p^N \left(X_{m0} + \frac{q}{p-1} \right) - \frac{q}{p-1}$$

$$p^N = \frac{X_{mN} + \dfrac{q}{p-1}}{X_{m0} + \dfrac{q}{p-1}}$$

将 $p = \dfrac{B}{mS}$，$q = -\dfrac{B}{mS} X_{mN}$，$X_{m0} = X_{mF}$ 代入得

$$\frac{X_{mF}}{X_{mN}} = \frac{p^{N+1} - 1}{p^N (p-1)} \qquad (4.3.20)$$

令 $e = 1/p = mS/B$

则上式变为

$$\frac{X_{mF}}{X_{mN}} = \frac{e^{N+1} - 1}{e - 1} \qquad (4.3.21)$$

式中 e 称为萃取因数。

【例题 4.3.2】采用多级错流萃取的方法，从流量为 1300kg/h 的 A、B 混合液中提取组分 A，所用的溶剂 S 与混合液中组分 B 完全不溶，其操作条件下的平衡关系为 $Y = 1.5X$。若每

级以 500kg/h 的流量加入纯萃取剂，使原料液中的 A 含量由 0.35 降至 0.075（质量分数），求所需的理论级数。如果改为逆流操作，总的萃取剂用量相同，其他操作条件不变，达到相同的分离效果需要的理论级数是多少？

解：（1）多级错流萃取

原料液中 A 的质量比为

$$X_{mF} = \frac{0.35}{1 - 0.35} = 0.538$$

达到分离要求的第 N 级萃余相中 A 的质量比为

$$X_{mN} = \frac{0.075}{1 - 0.075} = 0.081$$

$$B = 1300(1 - 0.35) = 845 \text{kg/h}$$

$S_1 = S_2 = S_n = 500 \text{kg/h}$，纯溶剂萃取，$Y_{mS} = 0$，将已知参数代入式（4.3.14）中得

$$N = \frac{1}{\ln\left(1 + \dfrac{mS}{B}\right)} \ln\left[\frac{X_{mF} - \dfrac{Y_{m0}}{m}}{X_{mN} - \dfrac{Y_{m0}}{m}}\right] = \frac{1}{\ln\left(1 + \dfrac{1.5 \times 500}{845}\right)} \ln\frac{0.538}{0.081} = 2.98 \approx 3$$

（2）多级逆流萃取

总溶剂用量为

$$S = 500 \times 4 \text{kg/h} = 2000 \text{kg/h}$$

$$e = mS/B = 1.5 \times 2000/845 = 3.55$$

代入式（4.3.21）得

$$\frac{0.538}{0.081} = \frac{3.55^{N+1} - 1}{3.55 - 1} \text{解得 } N = 1.28$$

第四节　常见萃取流程

一、常用的萃取设备

萃取设备分为萃取槽、萃取塔和萃取机。最早最简单的萃取设备为萃取槽，但由于液液传质具有以下几个特点：（1）液液两相密度差异小；（2）液体表面张力较大，液滴易于合并而难以破裂；靠自身的重力来分散液滴往往不够，还常需外界提供能量以分散液滴，如加搅拌、振动脉冲等；（3）易于产生返混现象，而使传质推动力下降，为了提高萃取效率，萃取塔和萃取机也逐渐发展起来。

1. 萃取槽

萃取槽又称混合澄清槽，是靠重力实现两相分离的一种逐级接触式萃取设备，就水相和有机相的流向而言，可分逆流式和并流式；就能量输入方式而言，可分为空气脉动搅拌、机械搅拌和超声波搅拌；就箱提结构而言，可分为简单箱式混合器、多隔室式混合器、组合式混合器等多种其他混合器。萃取槽使用时简单灵活、放大可靠、适应性强，广泛应用于湿法冶金、石化、化肥、核工业等。

2. 复合高效萃取槽

复合高效萃取槽是由普通混合澄清槽演变而来的，这种萃取槽不设混合室，两相的

混合靠专用的混合设备实现高效的混合，从而达到传质的目的。其澄清部分和普通的混合澄清槽的澄清室一样，内设轻相堰、重相堰，实现两相的澄清分离。由于这种萃取槽省去了搅拌混合设备，所以可以大幅度降低萃取槽的功耗，特别对于处理量大的场合，其节能优势会更加突出。另外，这种形式的萃取槽和反萃取槽可以叠加放置，这样就可以节约占地面积。

3. 萃取塔

萃取塔可分为有机械搅拌和无机械搅拌的萃取塔，有机械搅拌的萃取塔又可分为脉冲筛板塔、转盘塔、震动筛板塔。这里主要介绍转盘塔。转盘萃取塔属于机械搅拌萃取塔，它由带水平静环挡板的垂直的圆筒构成。静环挡板为开孔的平板，静环挡板将圆筒分成一系列萃取室，萃取室中心有转盘，一系列转盘平行地安装在转轴上，转盘和静环的上部和下部分别是两个澄清室。和其他萃取塔一样，工作时轻相和重相分别由塔底和塔顶进入转盘，在萃取塔内两相逆流接触，在转盘的作用下，分散相形成小液滴，增加两相间的传质面积。完成萃取过程的轻相和重相再分别由塔顶和塔底流出。塔式萃取设备具有占地面积小、处理能力大、密闭性能好等特点，根据分离要求，处理能力和体系特性的不同可设计成不同的结构。萃取塔可以用于所有的液-液萃取工艺，特别是两相必须逆流或并流的工艺过程。体系中可以含少量固体悬浮物。

4. 萃取机

萃取机也称为离心萃取机。离心萃取机是一种新型快速高效的液-液萃取设备。它与传统的萃取设备如混合澄清槽、萃取塔等在工作原理上有本质的区别。离心萃取机是利用转鼓高速旋转产生的强大离心力，使密度不同又互不混溶的两种液体迅速混合、迅速分离。离心萃取机具有占地面积小、级效率高、萃取剂用量少、密封性好、自动化程度高的特点，便于实现清洁生产。离心萃取机广泛用于湿法冶金、废水处理、生物、制药、石化、精细化工、核能工业等领域。尤其适用于密度相近、在重力场下难以分离的产品。

二、连续逆流萃取的计算

连续逆流萃取过程如图 4.4.1 所示。通常重液（原料液）从塔顶进入塔中，从上向下流动，轻液（萃取剂）自下向上流动，两相逆流连续接触，进行传质。溶质从原料液进入萃取剂，最终萃余相从塔底流出，萃取相从塔顶流出。

连续逆流萃取的计算主要是要确定塔径和塔高，与吸收塔的计算类似。塔径取决于两液相的流量与塔中两相适宜的流速。塔高的计算通常有两种方法：

1. 理论级当量高度法

理论级当量高度是指相当于一个理论级萃取效果的塔段高度，用 H_e 表示。它与两液相的物性、设备的结构形式和两相流速等操作条件有关，是反映萃取塔传质特性的参数。塔高等于 H_e 与理论级数的乘积。

2. 传质单元法

如图 4.4.2 所示，将萃取塔分隔成无数个微元段，对微元段中溶质从料液到萃取相的传质过程进行分析。

$$d(Ey_m) = K_y(y_m^* - y_m)a_b\Omega dh$$

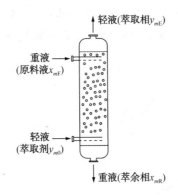

图 4.4.1 连续逆流萃取

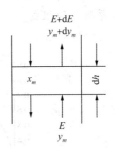

图 4.4.2 微元段中的传质

$$dh = \frac{d(Ey_m)}{\Omega K_y a_b (y_m^* - y_m)} \tag{4.4.1}$$

式中　E——萃取相流量，kg/s；

　　　a_b——单位塔体积中两相界面积，m^2/m^3；

　　　Ω——塔截面面积，m^2；

　　　K_y——以萃取相质量分数差为推动力的总传质系数，$kg/(m^2 \cdot s)$；

　　　y_m^*——与组成为 x_m 的萃余相呈平衡的萃取相组成，质量分数。

理论上，对(4.4.1)积分即可得塔高。但通常 E 和 K_y 是变量，积分有困难。

当萃取相中溶质浓度较低，且萃取相和稀释剂不互溶时，E 可认为不变，K_y 也可以取平均值作为常数。此时，对式(4.4.1)积分得

$$h = \frac{E}{K_y a_b \Omega} \int_{y_{m0}}^{y_{mE}} \frac{dy_m}{y_m^* - y_m} = H_{OE} N_{OE} \tag{4.4.2}$$

式中　H_{OE}——稀溶液时萃取相总传质单元高度，m；

　　　N_{OE}——稀溶液时萃取相总传质单元数；

　　　y_{m0}——原始萃取剂中溶质组成的质量分数；

　　　y_{mE}——最终萃取剂中溶质组成的质量分数。

习　题

1. 某混合液含溶质 A 20%，稀释剂 B 80%，拟用纯溶剂 S 单级萃取，要求萃余液中 A 的含量为 10%，溶解度曲线如习题 1 图所示。在操作范围内溶质 A 的分配系数 $k_A = 1$。试求：(1)每处理 100kg 原料液时，需溶剂用量多少？(2)所得萃取液中 A 的浓度 y_{A0} 为多少？(3)过程的选择性系数 β 为多少？(4)若不改变萃取液中 A 的含量，何种操作方法可减少萃余液 A 的含量。

2. 用单级接触萃取以 S 为溶剂，由 A、B 溶液中萃取 A 物质。原料液质量为 120kg，其中 A

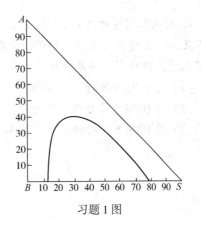

习题 1 图

的质量分率为45%，萃取后所得萃余相中 A 的含量为10%(质量分率)。溶解度曲线和辅助曲线如习题2图所示。求：(1)所需萃取剂用量，要求将解题过程需要的线和符号在图上画出来。(2)所得萃取相的组成。

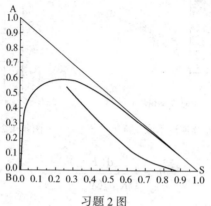

习题2图

3.25℃下用水作为萃取剂从醋酸(A)—氯仿(B)混合液中单级萃取醋酸。操作条件下，组分 B、S 可视作完全不互溶，且以质量比表示相组成的分配系数 $K=3.4$，原料液中醋酸的质量分数为0.35，要求原料液中醋酸85%进入萃取相。试求操作溶剂比 S/B 和萃取相与萃余相的量之比 E/R。

4. 在多级错流接触萃取装置中，以水作萃取剂从含乙醛6%(质量分数，下同)的乙醛–甲苯混合液中提取乙醛。原料液的流量为120kg/h，要求最终萃余相中乙醛含量不大于0.5%。每级中水的用量均为25kg/h。操作条件下，水和甲苯可视作完全不互溶，以乙醛质量比组成表示的平衡关系为：$Y=2.2X$。试求所需的理论级数。

5. 在多级逆流萃取设备中，将 A、B 混合物进行分离，纯溶剂 S 的用量为40kg/h。B 与 S 完全不互溶，稀释剂 B 为60kg/h，分配系数 $K=Y_A/X_A=1.5$，进料组成 $X_F=0.425$kgA/kgB，要求最终组成 $X_n=0.075$kgA/kgB，试求所需的理论级数 n。

6. 采用多级逆流萃取塔，以水为萃取剂，萃取甲苯溶液中的乙醛。原料液流量为1000kg/h，含有乙醛0.15(质量分数，下同)，甲苯0.85。如果认为甲苯和水完全不互溶，乙醛在两相中的分配曲线可以表示为 $Y=2.0X$。如果要求萃余相中乙醛的含量降至0.01，试求：(1)最小萃取剂用量；(2)如果实际使用的萃取剂为最小萃取剂用量的1.5倍，求理论级数。

7. 用纯溶剂 S 对 A、B 两组分混合液进行萃取分离。在操作条件下组分 B、S 可视作完全不互溶，且质量比表示相组成的分配系数 $K=4$。混合液由100g B 及15g A 组成。试比较如下三种操作所得最终萃余相的组成。

(1) 用100g S 进行单级萃取；

(2) 将100g S 等分两份进行两级错流萃取；

(3) 用100g S 进行两级逆流萃取。

第五章　膜分离

第一节　膜分离概述

一、膜分离过程的分类

膜分离是以具有选择透过功能的薄膜为分离介质，通过在膜两侧施加一种或多种推动力（压力差、电场力等），由于溶液中各组分透过膜的迁移速率不同，原料中的某组分选择性地优先透过膜，从而达到混合物分离并实现产物的提取、浓缩、纯化等目的。

膜分离过程有多种，不同的分离过程所采取的膜及施加的推动力不同。表 5.1.1 列出了几种工业应用膜过程的基本特征及适用范围。

表 5.1.1　几种工业化膜过程的基本特征

过程	推动力	传递机理	透过物	截留物
微滤 （对称微孔膜， $0.05 \sim 10\mu m$）	压力差 $0.015 \sim 0.2MPa$	筛分	水、溶剂、溶解物	悬浮物微粒、细菌
超滤 （不对称微孔膜， $0.001 \sim 0.05\mu m$）	压力差 $0.1 \sim 1MPa$	微孔筛分	溶剂、离子及 小分子	生物大分子
纳滤 （复合膜，$0.5 \sim 50nm$）	压力差 $0.35 \sim 1.6MPa$	微孔筛分	水，一价离子	有机物，多价离子
反渗透 （致密膜、复合膜， $0.0001 \sim 0.001\mu m$）	压力差 $2 \sim 10MPa$	优先吸附、 毛细孔流动	水	溶剂、溶质大分子、离子
渗析 （对称膜或不对称膜）	浓度差	扩散	低相对分子 质量溶质、离子	溶质相对分子质量>1000
电渗析 （离子交换膜）	电位差	反离子迁移	离子	同名离子、水分子
气体分离（致密膜）	压力差 $1.0 \sim 10MPa$	筛分、溶解-扩散	气体	难渗气体
渗透气化（致密膜）	压力差	溶解-扩散	蒸气	难渗液体

微滤（microfiltration）、超滤（ultrafiltration）、纳滤（nanofiltration）与反渗透（reverse osmosis）都是以压力差为推动力的膜分离过程。当在膜两侧施加一定的压差时，可使混合液中的一部分溶剂及小于膜孔径的组分透过膜，而微粒、大分子、盐等被截留下来，从而达到分离的目的。这四种膜分离过程的主要区别在于被分离物质的大小和所采用膜的结构和性能不同。微滤的孔径范围为 $0.05 \sim 10\mu m$，压力差为 $0.15 \sim 0.2MPa$，可用于截留细菌，悬浮物

等；超滤的孔径范围为 $0.001 \sim 0.05\mu m$，压力差为 $0.1 \sim 1MPa$，可用于过滤乳化油、颜料、胶体等；反渗透的孔径范围为 $0.1 \sim 1nm$，常用于截留溶液中的盐、金属离子、矿物质等小分子物质，压力差与溶液中的溶质浓度有关，一般为 $2 \sim 10MPa$；纳滤的孔径范围为 $0.5 \sim 50nm$，介于反渗透和超滤之间，脱盐率及操作压力通常比反渗透低，一般用于分离溶液中相对分子质量为几百至几千的物质，如糖、染料、表面活性剂、矿物质等。

电渗析是在电场力作用下，溶液中的反离子发生定向迁移并通过膜，以达到去除溶液中离子的一种膜分离过程。所采用的膜为荷电的离子交换膜。目前电渗析已大规模用于苦咸水脱盐、纯净水制备等，也可以用于有机酸的分离与纯化。膜电解与电渗析在传递机理上相同，但存在电极反应，主要用于食盐电解生产氢氧化钠及氯气等。

气体分离是根据混合气体中各组分在压力差推动下透过膜的渗透速率不同，实现混合气体分离的一种膜分离过程。可用于空气中氧、氮的分离，合成氨厂的氮、氧分离，以及天然气中二氧化碳、甲烷的分离。

渗透气化与蒸气渗透的基本原理是利用被分离混合物中某组分有优先选择透过膜的特点，使进料侧的优先组分透过膜，并在膜下游侧气化去除。渗透气化和蒸气渗透过程的差别仅在于进料的相态不同，前者为液态进料，后者为气相进料。这两种膜分离技术还处在开发之中。

二、膜分离特点

与传统膜分离技术相比，膜分离技术具有以下特点：

（1）膜分离过程不发生相变，与其他方法相比能耗较低，能量的转化效率高；

（2）膜分离过程可在常温下进行，特别适合对热敏感物质的分离；

（3）膜分离多为物理过程，通常不需要投加其他物质，可节省化学药剂，并有利于不改变分离物质原有的属性；

（4）膜分离的选择性较高，在膜分离过程中，分离和浓缩同时进行，有利于回收有价值的物质；

（5）膜分离装置简单，易于放大，可实现连续分离，适应性强，操作容易且易于实现自动控制。

因此，膜分离技术在化学工业、食品工业、医药工业、生物工程、石油、环境领域等得到广泛应用，而且随着膜技术的发展，其应用领域还在不断扩大。

三、膜种类

膜是膜分离过程的核心。根据膜的性质、来源、相态、材料、用途、形状、分离机理、结构、制备方法等的不同，膜有不同的分类方法。

（1）按分离机理来分，主要有反应膜、离子交换膜、渗透膜等。

离子交换膜主要用于荷电物质(通常指电解质)的分离。基本原理是利用阴、阳离子交换膜的选择透过性来分离或浓缩溶液中的电解质。按离子选择性又可分为阳离子交换膜和阴离子交换膜。

扩散性膜也称为"渗透膜"，是一种具有微细多孔结构的金属膜片。微孔可限制普通气流，而允许扩散流通过，因此可以利用质量差异来进行同位素分离。它的研制是气体扩散的主要技术关键。

（2）按膜的性质来分，主要有天然膜(生物膜)和合成膜(有机膜和无机膜)。

天然高分子膜包括醋酸纤维、硝酸纤维和再生纤维素等。

合成有机膜是有高分子材料做成的，如芳香族聚酰胺、聚醚砜、含氟聚合物等。通过膜对油滴及悬浮粒子的有效截留，而达到油水分离的目的。

无机膜是固态膜的一种，它是由无机材料，如金属、金属氧化物、陶瓷、沸石、无机高分子材料等制成的半透膜。无机膜可分为致密膜和多孔膜两种。

（3）按膜的形状来分，有平板膜、管式膜、螺旋卷式膜和中空纤维膜。

平板式膜组件的结构与常用的板框压滤机类似，由膜、支承板、隔板交替重叠组成。滤膜复合在刚性多孔支承板上，料液从膜面流过时，透过液从支承板的下部孔道中汇集排出。为减小浓差极化，滤板的表面为凸凹形，以形成湍动，浓缩液从另一孔道流出收集。平板膜的表面积大，料液流通截面较大，不易堵塞；组装方便，同一设备可视生产需要组装不同数量的膜；易于更换膜，清洗容易；但其需密封的边界线长，适于微滤、超滤。平板式膜组件的结构如图 5.1.1 所示。

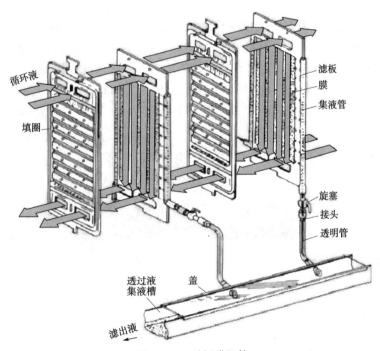

图 5.1.1　平板膜组件

管式膜组件由管式膜制成，管内与管外分别走料液与透过液，管式膜的排列形式有列管、排管或盘管等。管式膜结构简单，适应性强，压力损失小，透过量大，清洗安装方便，可耐高压，适宜处理高黏度及稠厚液体，但其单位体积膜组件的膜表面积小，一般比表面积仅为 $33 \sim 300 m^2/m^3$，保留体积大，压力降大，除特殊场合外，一般不被使用。管式膜组件如图 5.1.2 所示。

螺旋卷式膜组件是将膜、支撑材料、膜间隔材料依次叠好，围绕一中心管卷紧即成一个膜组。料液在膜表面通过间隔材料沿轴向流动，透过液沿螺旋形流向中心管。目

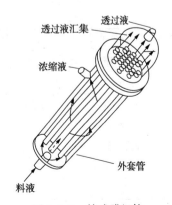

图 5.1.2　管式膜组件

前螺旋卷式膜组件应用比较广泛，与平板式相比，螺旋卷式膜的设备比较紧凑，单位体积内的膜面积大，湍流情况好，但制造装配要求高，清洗检修不方便，不能处理悬浮液浓度较高的料液，可用于反渗透。螺旋卷式膜组件如图 5.1.3 所示。

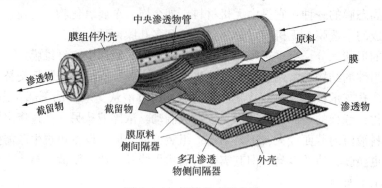

图 5.1.3　螺旋卷式膜组件

中空纤维膜组件由数千上万根中空纤维膜固定在圆形容器内构成，内径为 $40 \sim 80 \mu m$。中空纤维膜的外形像纤维状，具有自主支撑作用的膜。它是非对称膜的一种，其致密层可位于纤维的外表面，如反渗透膜，也可位于纤维的内表面，如微滤和超滤膜。中空纤维膜组件的设备紧凑，单位设备体积内的膜面积大，高达 $16000 \sim 30000 m^2/m^3$，但由于其内径小，阻力大，易堵塞，膜污染难除去，因此对料液处理要求高。中空纤维膜组件如图 5.1.4 所示。

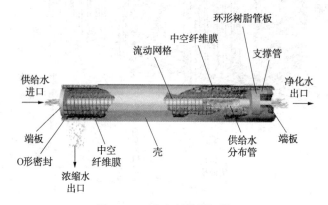

图 5.1.4　中空纤维膜组件

各种膜组件的综合性能比较见表 5.1.2。

表 5.1.2　各种膜组件的综合性能比较

组件形式	管式	板框式	螺旋卷式	中空纤维式
组件结构	简单	较复杂	复杂	简单
装填密度/($m^2 \cdot m^{-3}$)	33~300	30~500	200~800	500~30000
相对成本	高	高	低	低
水流紊动性	好	中	差	差
膜清洗难易	易	易	难	难
对预处理要求	低	较低	较高	较高
能耗	高	中	低	高

114

（4）按膜的结构来分，有对称膜、不对称膜和复合膜。

对称膜的结构及形态相同，孔径与孔径分布也基本一致。如图 5.1.5 所示，对称膜也可以是疏松的多孔膜和致密的无孔膜，膜厚度大致为 $10\sim200\mu m$，其传质阻力由膜的总厚度决定，降低膜的厚度有利于提高渗透速率。

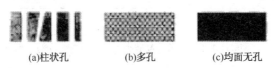

(a)柱状孔　　　(b)多孔　　　(c)均面无孔

图 5.1.5　对称膜横断面面示意图

非对称膜由厚度为 $0.1\sim0.5\mu m$ 的致密表皮层及厚度为 $50\sim150\mu m$ 的疏松多孔支撑层组成，它结合了致密膜的高选择性和疏松层的高渗透性的优点。图 5.1.6 给出了不对称聚砜超滤膜横断面，可见膜上下两侧截面的结构与形态是不同的。非对称膜支撑层结构具有一定的强度，在较高的压力下也不会引起很大的形变。非对称膜的传质阻力主要由致密表皮层决定。由于非对称膜的表皮层比均质膜的厚度薄得多，故其渗透速率比对称膜大得多。

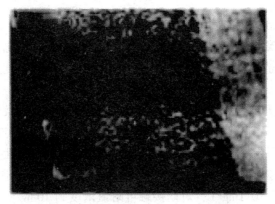

图 5.1.6　不对称聚砜超滤膜横断面

复合膜也是一种具有表皮层的非对称膜。通常，表皮层材料与支撑层材料不同，超薄的致密皮层可以通过物理或化学等方法在支撑层上直接复合或多层叠合制得。由于可以分别选用不同的材料制作超薄皮层和多孔支撑层，易于使复合膜的分离性能最优化。目前用于反渗透、渗透气化、气体分离等过程的膜大多为复合膜。

四、膜材料

各种膜过程常用的膜材料如表 5.1.3 所示，可分为天然高分子、有机合成高分子和无机材料三大类。

表 5.1.3　各种膜过程常用的膜材料

膜过程	膜材料
微滤	聚四氟乙烯、聚偏氟乙烯、聚丙烯、聚乙烯 聚碳酸酯、聚(醚)砜、聚(醚)酰亚胺、聚脂肪酰胺、聚醚醚酮等 氧化铝、氧化锆、氧化钛、碳化硅

膜过程	膜材料
超滤	聚(醚)砜、磺化聚砜、聚偏二氟乙烯、聚丙烯腈、聚(醚)酰亚胺、聚脂肪酰胺、聚醚醚酮、纤维素等氧化铝、氧化锆
纳滤	聚酰(亚)胺
反渗透	二醋酸纤维素、三醋酸纤维素、聚芳香酰胺类、聚苯并米唑(酮)、聚酰(亚)胺、聚酰胺酰肼、聚醚脲等
电渗析	含有离子基团的聚电解质：磺酸型、季胺型等
膜电解	四氟乙烯和含磺酸或羧酸的全氟单体共聚物
渗透气化	弹性态或玻璃态聚合物：聚丙烯腈、聚乙烯醇、聚丙烯酰胺
气体分离	弹性态聚合物：聚二甲基硅氧烷、聚甲基戊烯 玻璃态聚合物：聚酰亚胺、聚砜

1. 天然高分子材料

常用的天然高分子膜材料有：纤维素衍生物，如醋酸纤维、硝酸纤维和再生纤维。醋酸纤维素是将纤维素的葡萄糖分子中的羟基进行乙酰化而制得，乙酰化程度越高就越稳定，因而常以三醋酸纤维素制造膜。醋酸纤维素有一定的亲水性，透过速度大，制成的膜截留盐能力强。

醋酸纤维的阻盐能力最强，常用于反渗透膜，也可作超滤膜和微滤膜；再生纤维素可用于制造透析膜和微滤膜。但醋酸纤维膜的最高使用温度和 pH 范围有限，最高使用温度为 30℃，最适操作 pH 范围为 4~6，不能超过 3~8 的范围，因为在酸性条件下会使分子中糖苷键水解，而在碱性下，会脱去乙酰基。醋酸纤维素膜易与氯作用，造成膜的使用寿命降低，使用时游离氯含量应小于 0.1mg/L，短期接触可耐氯浓度为 10mg/L。由于纤维素骨架易受细菌侵袭，因而难以贮存。

2. 合成高分子材料

常用的合成高分子膜材料有：聚砜、聚酰胺、聚酰亚胺、聚丙烯腈、聚烯类和含氟聚合物，其中，聚砜由于稳定性好最为常用，用于制造超滤膜。

聚砜膜材料耐高温，一般 70~80℃，最高可达 125℃；pH 值范围广，1~13 均可使用；耐氯能力强，一般在短期清洗时，对氯的耐受量可高达 200mg/L，长期贮存时，耐受量达 50mg/L；可调节的孔径宽(1~20nm)，截留分子量从 1000 至 500000 的范围，符合于超滤膜的要求；但聚砜的耐压差，压力极限在 0.5~1.0MPa。聚酰胺膜的耐压较高，对温度和 pH 稳定性高，寿命长，常用于反渗透。

3. 无机材料

常用的无机膜材料有：陶瓷、微孔玻璃、不锈钢和碳素等。目前实用化的有孔径大于 0.1μm 的微滤膜和截留大于 10000Dalton(Dalton 道尔顿，它被定义为碳 12 原子质量的 1/12，1Dal = $1.66053886×10^{-27}$ kg)的超滤膜，其中以陶瓷材料的微滤膜最常用。多孔陶瓷主要利用氧化铝、硅胶、氧化锆和钛等陶瓷微粒烧结而成，膜厚方向上不对称。无机膜材料机械强度高，耐高温，耐化学试剂和有机溶剂。但不易加工，造价高。

无机陶瓷膜(复合膜)，即是在膜过滤层表面，通过溶胶-凝胶法制备 TiO_2 溶胶，采用浸渍提拉法在陶瓷膜上涂敷纳米 TiO_2 光催化材料，使陶瓷膜表面具有"自洁"功能，减缓有机物在膜表面的累积和堵塞，一方面降低膜污染，另一方面提高陶瓷膜强度和膜过滤通量，提高膜通量的稳定性，使膜机械性能更加优良。

由于材料本身的性能缺陷或制备过程中存在的一些实际问题，单一无机膜材料一般不能满足实际需要，因此无机复合分离膜的研制得到迅速发展，无机陶瓷膜采用整体复合技术，通过溶胶凝胶法，制备 Al_2O_3-ZrO_2 复合膜，因为含 ZrO_2 材料与 Al_2O_3、SiO_2 和 TiO_2 等材料相比具有更好的机械强度，化学耐久性和抗碱侵蚀等特性。

第二节 膜分离过程中的传递过程

一、膜分离的表征参数

表征膜性能的参数有截断分子量、水通量、孔道特征、pH 适用范围、抗压能力以及对热和溶剂的稳定性等。膜分离的特征或效率通常用两个参数来表征：渗透性和选择性。渗透性也称为通量或渗透速率，表示单位时间通过单位面积膜的渗透物的量，可以是体积通量，也可以是质量通量或物质的量通量，渗透性反映了膜的效率。膜分离的选择性是指在混合物的分离过程中膜将各组分分离开来的能力，对于不同的膜分离过程和分离对象，其选择性可用不同的方法表示。

1. 截留率和截断分子量

（1）截留率

膜对溶质的截留能力以截留率 R(Rejection)来表示，其定义式为

$$R = 1 - c_p/c_b \qquad (5.2.1)$$

式中 c_p 和 c_b 分别表示在某一瞬间透过液（Permeation）和截留液的浓度。如 $R=1$，则 $c_p = 0$，表示溶质全部被截留；如 $R=0$，则 $c_p = c_b$，表示溶质能自由透过膜。

以分子量对截留率作图，得到的截留率与分子量之间的关系称为截断曲线。质量好的膜应有陡直的截断曲线，可使不同分子量的溶质分离完全，反之，斜坦的截断曲线会导致分离不完全。

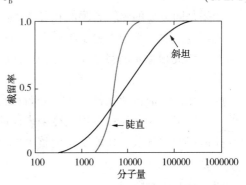

图 5.2.1 截断曲线

影响截留率的因素主要有：①分子形状：线形分子的截留率低于球形分子，线形分子更容易透过膜；②吸附作用：膜的吸附作用影响很大，溶质吸附于膜孔壁上，降低膜孔的有效直径。③其他高分子溶质的影响：如料液同时存在两种高分子溶质，其截留率不同于两种高分子溶质单独存在时的截留率；④温度、pH 值对截留率都会有影响。

（2）截断分子量(molecular weight cut-off，MWCO)

截断分子量定义为相当于一定截留率(90%或95%)的分子量，用以估计孔径的大小。见表 5.2.1。

表 5.2.1　截断分子量与孔径的关系

MWCO(球形蛋白质)	近似孔径/nm
1000	2
10000	5
100000	12
1000000	29

2. 水通量

水通量是指纯水在一定压力、温度(0.35MPa，25℃)下实验，透过膜的纯水的速度，即单位时间单位面积通过的水的体积，单位为 $L/(m^2 \cdot h)$。可用公式表示为

$$J_W = W/At \tag{5.2.2}$$

式中　W——透水量，L；

　　　A——膜的有效面积，m^2；

　　　t——分离时间，h。

压力推动型的几种膜过程的水通量和压力范围见表5.2.2。水通量与过滤压力的大小有关，可在一定的压力下通过清水过滤实验测得。

表 5.2.2　压力推动型膜过程的通量及压力范围

膜过程	压力范围/10^5Pa	通量范围/(L·m^{-2}·h^{-1})
微滤	0.1~2.0	>50
超滤	1.0~10.0	10~50
纳滤	10~20	1.4~12
反渗透	20~100	0.05~1.4

如果是同类型的膜，若膜的孔径增大，则水通量也增大。水通量不能代表处理的分子料液时的透过速度，因为大分子溶质会沉积在膜表面，使滤速下降，此时的滤速约为纯水通量的10%。因此根据水通量 J_W 的数值就可以了解膜是否被污染或者清洗是否彻底。

3. 孔道特征

膜的孔道特征包括孔径、孔径分布和孔隙度。孔径即孔道直径，由于膜的孔径并不是均一的，一般用最大孔径和平均孔径来表征此参数。孔径分布是指膜中一定大小的孔的体积占整个孔体积的百分数。孔隙度是指整个膜中的孔所占的体积百分数。

4. 膜的使用寿命

(1)膜的压密作用

在压力作用下，膜的水通量随运行时间延长而逐渐降低。膜的外观厚度减少1/2~1/3，膜由半透明变为透明，表面膜的内部结构发生了变化，与高分子材料的可塑性有关。引起压密作用的主要原因是操作压力和温度。因此要控制压密现象，就要控制操作压力和温度，而且支撑层要选用耐压耐高温的材料。

(2)膜的水解作用

醋酸纤维素是有机酯类化合物，乙酰基以酯的形式结合在纤维素分子中比较容易水解，特别是在酸碱较强的溶液中，水解速度较快。水解结果是醋酸纤维素膜的乙酸基脱掉，致使膜对盐的截留率降低。可以通过控制进料、pH 和温度来降低膜的水解作用。

（3）膜的浓差极化

在膜分离过程中不可避免的会产生浓差极化现象，这使得膜的渗透压增加，水通量降低，且降低了膜的截留率，还会产生结垢现象，造成物理堵塞，使膜失去透水能力。

二、膜传递过程的推动力及一般表述

1. 推动力

在膜分离过程中，膜是过滤原料和渗透物两相之间的一个具有选择性的屏障。过滤混合物中的渗透组分在某种或某几种推动力的作用下，从高位相向低位相传递，如图 5.2.2 所示。传递过程推动力的大小与两相之间的位差（即位梯度）有关。作用在膜两侧的平均推动力＝位差（ΔG）/膜厚（δ）。

位差主要有压力差（Δp）、浓度差（Δc）、温度差（ΔT）、电位差（ΔE）等。各膜分离过程中存在的位差（推动力）见表 5.1.1。

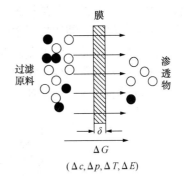

图 5.2.2　膜分离过程与推动力

大多数膜的传递过程都是由化学位差 $\Delta \mu$（压力、浓度、温度）引起的。电渗析及有关的膜分离过程存在电位差，这些过程的性质不同于以化学位差为推动力的过程，因为只有带电的分子或离子才会受到电场的影响。化学位差与电位差之和为电化学位差。

等温条件下（T 为常数），某一组分 i 的化学位与压力和浓度的关系可表示为

$$\mu_i = \mu_i^0 + RT\ln b_i + V_{mi}p \tag{5.2.3}$$

式中　　μ_i——混合物中组分 i 的化学位；

μ_i^0——纯组分的化学位，常数；

b_i——组分 i 的活度（$b_i = \gamma_i x_i$，γ_i 为活度系数，理想溶液为 1；x_i 为组分 i 的摩尔分数）；

V_{mi}——组分 i 的摩尔体积，m^3/mol；

p——压力，Pa。

化学位差可以进一步表示为

$$\Delta \mu_i = RT\Delta\ln b_i + V_{mi}\Delta p \tag{5.2.4}$$

2. 膜传递过程的一般表述

根据前面有关膜传递过程的推动力的介绍，在许多情况下混合物中某一组分通过膜的传递或渗透速率可以表示为正比于推动力，即通量 N 与推动力之间的关系可以表示为

$$N = -K\frac{\mathrm{d}G}{\mathrm{d}z} \tag{5.2.5}$$

式中　　K——传递系数；

$\dfrac{\mathrm{d}G}{\mathrm{d}z}$——推动力，即位梯度，以电化学位 G 沿垂直于膜的坐标 z 方向的梯度表示。

通量 N 既可以表示成渗透物的体积通量 $N_V[m^3/(m^2 \cdot s)]$，也可以表示成质量通量 $N_m[kg/(m^2 \cdot s)]$ 或物质的量通量 $N_n[mol/(m^2 \cdot s)]$。

上述关系式是从宏观角度看待膜的传递过程，膜被看成一个黑箱，将"膜结构"视为界面，渗透分子或粒子在经过此界面进行传递时受到摩擦力或阻力。但它不反映膜的化学和物

质性质或传递过程与膜结构之间的具体关系。

三、膜两侧溶液传递理论

1. 浓差极化

在分离过程中，当含有不同大小分子的混合料液流动通过膜面时，在压力差的作用下，混合液中小于膜孔的组分透过膜，而大于膜孔的组分被截留。这些被截留的组分在紧邻膜表面形成浓度边界层，使边界层中的溶质浓度大大高于主体溶液中的浓度，形成由膜表面到主体溶液之间的浓度差。浓度差的存在导致紧靠膜面的溶质反向扩散到主体溶液中，这就是超滤过程中的浓差极化现象。在超滤过程中，一旦膜分离投入运行，浓差极化现象是不可避免的，但是可逆的。浓差极化现象及传递模型如图 5.2.3 所示。

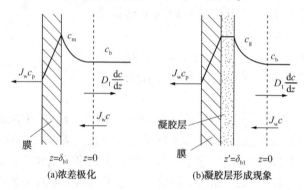

图 5.2.3　浓差极化和凝胶层形成现象

如图 5.2.3(a)所示，达到稳态时物料平衡式为

$$J_W c_p = J_W c - D_1 \frac{dc}{dz} \tag{5.2.6}$$

式中　$J_W c_p$——从边界层透过膜的溶质通量，$mol/(cm^2 \cdot s)$；

　　　$J_W c$——对流传质进入边界层的溶质通量，$mol/(cm^2 \cdot s)$；

　　　D_1——溶质在溶液中的扩散系数，m^2/s。

根据边界条件 $z = 0$，$c = c_b$；$z = \delta_{b1}$，$c = c_m$，对上式积分，可得

$$J_W = \frac{D_1}{\delta_{b1}} \ln \frac{c_m - c_p}{c_b - c_p} \tag{5.2.7}$$

式中　c_b——主体溶液中的溶质浓度，$kmol/m^3$；

　　　c_m——膜表面的溶质浓度，$kmol/m^3$；

　　　c_p——膜透过液中的溶质浓度，$kmol/m^3$；

　　　δ_{b1}——膜的边界层厚度，m。

当以摩尔分数表示时，浓差极化模型方程变为

$$\ln \frac{x_m - x_p}{x_b - x_p} = \frac{J_W \delta_{b1}}{D_1} \tag{5.2.8}$$

当 $x_p \ll x_m$ 时，上式可简化为

$$\frac{x_m}{x_b} = \exp\left(\frac{J_W \delta_{b1}}{D_1}\right) \tag{5.2.9}$$

式中 $\dfrac{x_m}{x_b}$ ——浓差极化比,其值越大,浓差极化现象越严重。

在反渗透中,膜面上溶质浓度大,渗透压高,致使有效压力差降低,而使通量减小。在超滤和微滤中,处理的是高分子或胶体溶液,浓度高时会在膜面上形成凝胶层,增大了阻力而使通量降低。

克服浓差极化的方法主要有三种:降低操作压力,降低膜表面的浓度和降低溶质在料液中的浓度。其中降低膜表面的浓度可采用垂直于膜的混合方法(使用桨式混合器或静态混合器)、提高膜面粒子反向传递(可通过增加流速、增加扩散、采用细的通道和短的液流周期实现)、排除膜表面的浓集物(可通过减薄边界层和机械清洗实现)。

2. 管状收缩效应

人们发现,在胶体溶液的超滤或微滤中,实际通量要比用浓差极化-凝胶层模型估算的要大。原因就是管状收缩效应。胶体溶液在管中流动时,颗粒有离开管壁向中心运动的趋向,称为管状收缩效应。由于这个现象的存在,使膜面上沉积的颗粒具有向中心横向移动的速度,使膜面污染程度减轻,通量增大。根据研究,在膜分离过程中,溶液的横向移动速度 v_L 与轴向速度 u 的平方成正比,而与管径的立方成反比。因此处理浑浊液体时,窄通道超滤器是有吸引力的。

第三节　微滤和超滤

一、微滤和超滤概述

在微滤和超滤过程中采用的膜一般为多孔膜。微滤的主要分离对象是颗粒物,而超滤的主要分离对象是胶体和大分子物质。

1. 微滤

微滤是以多孔薄膜为过滤介质,压力差为推动力,利用筛分原理使不溶性粒子得以分离的操作,操作压力为 0.015~0.2MPa。也就是说,微滤是一种从悬浮液中分离固形成分的方法,是根据料液中的固形成分与溶液溶质在尺寸上的差异进行分离的方法。

微滤通常采用孔径为 0.02~10μm 的微孔膜进行,可截留直径为 0.05~10μm 的固体粒子或分子量大于 1000000 的高分子物质。料液在压差作用下流经微滤膜,料液中的溶剂和溶质分子透过微孔形成透过液;而尺寸大于膜孔的固形成分则被截留,从而实现料液中固形成分与溶液的分离。因此,微滤膜对微粒的截留是基于筛分作用,其膜的分离效果是由膜的物理结构,孔的形状和大小所决定的。

微滤的应用主要有:(1)除去水或溶液中的细菌和其他微粒;(2)除去组织液、抗菌素、血清、血浆蛋白质等多种溶液中的菌体;(3)除去饮料、酒类、酱油、醋等食品中的悬浊物、微生物和异味杂质。

2. 超滤

超滤是以压力为推动力,利用超滤膜不同孔径对液体中溶质进行分离的物理筛分过程,其截断分子量一般为 6000~500000,孔径为几十纳米,操作压力为 0.1~1MPa。

超滤膜一般为非对称膜,具有较小的孔径(约为 1~20nm),能够截留分子量为 5000 以上的溶质分子或生物大分子。料液在压力差作用下，其中的溶剂透过膜上的微孔形成透过液，而大分子溶质则被截留，从而实现料液中大分子溶质和溶剂间的分离。

超滤膜对溶质的截留机理也主要是筛分作用，超滤膜的膜孔大小和形状决定超滤膜的截留效果。除此之外，溶质大分子在膜表面和孔道内的吸附和滞留也具有截留溶质大分子的作用。

超滤从 20 世纪 70 年代起步，90 年代获得广泛应用，已成为应用领域最广的技术。主要应用于蛋白质、酶、DNA 的浓缩，脱盐及纯化，梯度分离，清洗细胞和纯化病毒，以及除病毒和热源等。超滤操作简便，成本低廉，不加任何化学试剂，条件温和，与蒸发、冷冻干燥相比没有相的变化，不引起温度、pH 的变化，因而可以防止生物大分子的变性、失活和自溶。但其也有一定的局限性，超滤过程不能直接得到干粉制剂，对蛋白质溶液分离一般只能得到 10%～50%的浓度。

二、微滤和超滤分离机理和分离过程的基本传递理论

1. 分离机理

大分子物质或颗粒物被微滤或超滤所分离的主要机理有：①在膜表面及微孔内被吸附（一次吸附）；②溶质在膜孔中停留而被去除（阻塞）；③在膜面被机械截留（筛分）。一般认为物理筛分起主导作用。

筛分作用将混合液中大于膜孔的大分子溶质或颗粒物截留，从而使这些物质与溶剂及小分子组分分离。因此，膜孔的大小和形状对分离过程起主要作用，而一般认为膜的物化性质对分离性能影响不大。

2. 基本传递理论

通过微滤或超滤膜的水通量可由 Darcy 定律描述，即膜通量 J_w 正比于所施加的压力，即

$$J_w = K_w \Delta p \tag{5.3.1}$$

其中渗透系数 K_w 受孔隙率、孔径（孔径分布）等结构因素及渗透液黏度的影响。

对于在多孔体系中的渗流的描述，可采用多孔模型，多孔模型是借助于众所周知的出自过滤理论的 Kozeny-Carman 方程来描述流体透过膜的过程。该模型可用于描述多孔膜中的传递过程。

在该模型中，将多孔膜简化成一个由一系列平行的毛细管体系组成的膜结构（如图 5.3.1 所示），其结构参数有孔隙率 ε 和比表面积 $a(\text{m}^2/\text{m}^3)$。

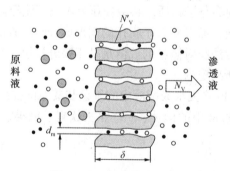

图 5.3.1　多孔膜的模型

假定流体在毛细管中的流动可以用 Hagen-Poiseuille 定律来描述：

$$N'_V = \frac{d_m^2 \Delta p}{32\mu\tau\delta} \qquad (5.3.2)$$

式中　N'_V——毛细管中渗透液的体积通量，$m^3/(m^2 \cdot s)$；

　　　d_m——毛细管径，m；

　　　τ——弯曲因子(对于圆柱垂直孔，等于1)；

　　　Δp——跨膜过滤压差，Pa；

　　　δ——膜厚，m；

　　　μ——液体黏度，$Pa \cdot s$。

该式表明，通过毛细管的渗透液体积通量正比于推动力，即膜厚 δ 上的压差 Δp，反比于黏度。该方程很好地描述了通过由平行孔组成的膜的传递过程，然而实际上很少有膜具有这样的结构。

根据 Kozeny-Carman 模型，假设膜孔是由紧密堆积球所构成的体系，则

$$d_m = \frac{4\varepsilon}{(1-\varepsilon)a} \qquad (5.3.3)$$

式中　ε——膜表面孔隙率，即孔面积分数，等于孔面积与膜面积 A 之比再乘以孔数 n_m，

$$\varepsilon = \frac{n_m \pi d_m^2}{4A}。$$

膜单位面积渗透液的体积通量为：$N_V = \varepsilon N'_V$

则
$$N_V = \frac{\varepsilon^3}{K_1\mu a^2 (1-\varepsilon)^2} \frac{\Delta p}{\delta} \qquad (5.3.4)$$

式中　K_1——Kozeny-Carman 常数，$K_1 = 2\tau$，其值取决于孔的形状和弯曲因子。

式(5.3.4)即为 Kozeny-Carman 关系式。

Kozeny-Carman 多孔模型可用于描述液体的渗透过程，也可以用于描述气体的渗透过程。

3. 超滤过程中的凝胶层模型

在超滤过程中，由于被截留的溶质大多为胶体和大分子物质，这些物质在溶液中的扩散系数很小，溶质向主体溶液中的反向扩散通量远比渗透速率低。因此，在超滤过程中，浓差极化比通常会很高。当胶体或大分子溶质在膜表面上的浓度超过其在溶液中的溶解度时，便会在膜表面形成凝胶层，如图 5.3.2(b)所示，此时的浓度称为凝胶浓度 c_g。

膜面上凝胶层一旦形成，膜表面上的凝胶层溶质浓度和主体溶液溶质浓度梯度即达到最大值。若再增加超滤压差，则凝胶层厚度增加而使凝胶层阻力增加，所增加的压力为增厚的凝胶层阻力所抵消，致使实际渗透速率没有明显增加。因此，一旦凝胶层形成，渗透速率就与超滤压差无关。

对于有凝胶层存在的超滤过程，常用阻力模型表示。若忽略溶液的渗透压，膜材料阻力为 R_m，浓差极化层阻力为 R_p，凝胶层阻力为 R_g 则有

$$J_W = \frac{\Delta p}{\mu(R_m + R_p + R_g)} \qquad (5.3.5)$$

由于 $R_g \gg R_p$，有

$$J_W = \frac{\Delta p}{\mu(R_m + R_g)} \qquad (5.3.6)$$

对于微滤过程，可将沉积在膜表面上的颗粒层视为滤饼层，因此只要将滤饼层的阻力 R_c 取代式(5.3.5)中的凝胶层阻力 R_g，即可计算微滤过程中的水通量。

滤饼层的阻力 R_c 等于滤饼层比阻 r_c 与滤饼厚度 L_c 的乘积。当滤饼为不可压缩时，滤饼比阻可用 Kozeny–Carman 方程计算：

$$r_c = 180 \frac{(1 - \varepsilon)^2}{d_p^2 \varepsilon^3} \tag{5.3.7}$$

式中　d_p——溶质颗粒的直径，m；

　　　ε——滤饼层的空隙率。

滤饼的厚度 L_c 可用下式计算：

$$L_c = \frac{m_s}{\rho_s (1 - \varepsilon) A} \tag{5.3.8}$$

式中　m_s——滤饼质量，kg；

　　　ρ_s——溶质密度，kg/m^3；

　　　A——膜面积，m^2。

【例题 5.3.1】已知某微滤膜在 0.1MPa 下纯水通量为 $100L/(m^2 \cdot h)$。0.15MPa 下，用该微滤膜过滤某悬浊液，由于悬浊液在膜面上形成滤饼层，水通量降至 $50L/(m^2 \cdot h)$。已知滤饼的比阻为 $1.5 \times 10^{18} m^{-2}$，计算滤饼层的厚度(假定悬浮液的黏度与水相同，取 $\mu = 1.0 \times 10^{-3} Pa \cdot s$)。

解：已知微滤膜的纯水通量 $J_W = 100L/(m^2 \cdot h)$，过滤压差 $\Delta p = 0.1MPa$，水的黏度 $\mu = 1.0 \times 10^{-3} Pa \cdot s$，则由阻力模型求出膜的阻力为

$$R_m = \frac{\Delta p}{J_W \mu} = \frac{1 \times 10^5}{\dfrac{0.1}{3600} \times 10^{-3}} m^{-1} = 3.6 \times 10^{12} m^{-1}$$

已知微滤膜用于悬浊液过滤时的水通量 $J_W = 50 L/(m^2 \cdot h)$，过滤压差 $\Delta p = 0.15MPa$，则滤饼层的阻力可用下式求得：

$$R_c + R_m = \frac{\Delta p}{J_W \mu} = \frac{1.5 \times 10^5}{\dfrac{0.05}{3600} \times 10^{-3}} m^{-1} = 1.08 \times 10^{13} m^{-1}$$

故 $R_c = (10.8 \times 10^{12} - 3.6 \times 10^{12}) m^{-1} = 7.2 \times 10^{12} m^{-1}$

已知滤饼层的比阻为 $1.5 \times 10^{18} m^{-2}$，可求得滤饼层的厚度为

$$L_c = \frac{R_c}{r_c} = \frac{7.2 \times 10^{12}}{1.5 \times 10^{18}} m = 4.8 \times 10^{-6} m = 4.8 \mu m$$

第四节　反渗透和纳滤

反渗透和纳滤是借助于半透膜对溶液中相对分子质量较低的溶质的截留作用，以高于溶液渗透压的压差为推动力，使溶剂渗透透过半透膜。反渗透和纳滤在本质上非常相似，分离所依据的原理也基本相同。两者的差别仅在于所分离的溶质的大小和所用压差的高低。事实上，反渗透和纳滤膜分离过程可视为介于多孔膜(微滤、超滤)与致密膜(渗透气化、气体分离)之间的过程。

一、反渗透

反渗透又称逆渗透，一种以压力差为推动力，从溶液中分离出溶剂的膜分离操作。利用反渗透膜的选择性只能通过溶剂（通常是水）而截留离子物质的性质，对膜一侧的料液施加压力，当压力超过它的渗透压时，溶剂会逆着自然渗透的方向做反向渗透。从而在膜的低压侧得到透过的溶剂，即渗透液；高压侧得到浓缩的溶液，即浓缩液，从而实现液体混合物的分离。反渗透的操作压差一般为 $2\sim10$ MPa，截留组分为小分子物质。

1. 溶液渗透压

渗透和反渗透现象如图 5.4.1 所示，图中（a）为平衡状态，当膜两侧的静压差等于渗透压差时，膜两侧的化学位相等，则系统处于平衡状态。当半透膜两侧溶液的溶质浓度不同，即溶剂化学位不等时，稀溶液一侧的化学位高，此时膜两侧的静压差小于渗透压差，则溶剂将从稀溶液侧透过膜进入浓溶液侧，即发生渗透。图 5.4.1（b）表示了渗透过程。假定膜左侧为溶剂，右侧为溶液，由于溶液中溶质浓度有 $c_1 > c_2 = 0$，则溶液侧的溶剂化学位 $\mu_1 < \mu_2$，则溶剂分子自纯溶剂的一方透过膜进入溶液的一方。渗透过程持续进行，直到两侧溶液的静压差等于两侧溶液之间的渗透压差，$\Delta p = \Delta \pi$，此时膜两侧溶剂的化学位相等，$\mu_1 = \mu_2$，系统处于动态渗透平衡，如图 5.4.1（c）所示。如果要阻止溶剂从纯溶剂侧向溶液侧渗透，就需要在溶液侧施加额外的压力。当膜两侧的静压差大于两侧溶液的渗透压差，即 $\Delta p > \Delta \pi$ 时，膜两侧溶剂的化学位 $\mu_1 > \mu_2$，此时溶剂从溶质浓度高的溶液侧透过膜流入溶质浓度低的一侧，如图 5.4.1（d）所示，这种依靠外界压力使溶剂从高浓度侧向低浓度侧渗透的过程称为反渗透。

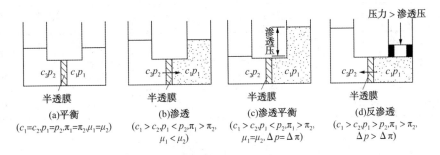

图 5.4.1　渗透与反渗透过程

溶液中溶剂的化学位可以用理想溶液的化学位公式表示：

$$\mu_w = \mu_w^0 + RT\ln x + V_w p \tag{5.4.1}$$

式中　μ_w——指定温度、压力下溶液中溶剂的化学位；

μ_w^0——指定温度、压力下纯溶剂的化学位；

x——溶液中溶剂的摩尔分数；

V_w——溶剂的摩尔体积，m^3/mol；

p——压力，Pa。

在反渗透过程中，溶液的渗透压是非常重要的数据。对于多组分体系的稀溶液，可用扩展的范特霍夫渗透压公式计算溶液的渗透压，即

$$\pi = RT\sum_{i=1}^{n} c_i \tag{5.4.2}$$

式中　c_i——溶质物质的量浓度，$kmol/m^3$；

　　　n——溶质的组分数。

当溶液浓度增大时，溶液偏离理想程度加大，所以上式是不严格的。

对于电解质水溶液，常引入渗透压系数 ϕ_i 来校正这种偏离程度，对水溶液中溶质 i 组分，其渗透压可用下式计算：

$$\pi = \phi_i c_i RT \tag{5.4.3}$$

有 140 余种电解质水溶液在 25℃ 时的渗透压系数可供使用。当溶液浓度较低时，绝大部分电解质溶液的渗透压系数接近 1。根据电解质类型的不同，ϕ_i 随溶液浓度的增大会出现增大、不变和减少三种可能。对 NH_4Cl、$NaCl$、KI 等一类溶液，其系数基本上不随浓度而变；$MgCl_2$、$MgBr_2$、CaI_2 等电解质随溶液浓度的增加而 ϕ_i 增大；而对 NH_4NO_3、KNO_3、$NaSO_4$、$AgNO_3$ 等一类溶液，ϕ_i 则随溶液浓度的上升而降低。

在实际应用中，常用以下简化方程计算：

$$\pi = w\, x_i \tag{5.4.4}$$

式中　x_i——溶质的摩尔分数；

　　　w——常数。

表 5.4.1 中列出了某些代表性溶质-水体系的 w 值。

表 5.4.1　一些溶质-水体系的 w 的值（25℃）

溶质	$w/10^3\,MPa$	溶质	$w/10^3\,MPa$	溶质	$w/10^3\,MPa$
尿素	0.135	$LiNO_3$	0.258	$Ca(NO_3)_2$	0.340
甘糖	0.141	KNO_3	0.237	$CaCl_2$	0.368
砂糖	0.142	KCl	0.251	$BaCl_2$	0.353
$CuSO_4$	0.141	K_2SO_4	0.306	$Mg(NO_3)_2$	0.365
$MgSO_4$	0.156	$NaNO_3$	0.247	$MgCl_2$	0.370
NH_4Cl	0.248	$NaCl$	0.255		
$LiCl$	0.258	Na_2SO_4	0.307		

反渗透法对分子量大于 300 的电解质、非电解质都可以有效的除去，其中分子量在 100~300 之间的去除率为 90% 以上。反渗透的工业应用很广泛，如海水和苦咸水脱盐制饮用水；制备医药、化学工业中所需的超纯水；用于处理重金属废水；用于浓缩过程，包括食品工业中果汁、糖、咖啡的浓缩，电镀和印染工业中废水的浓缩，奶制品工业中牛奶的浓缩。

2. 反渗透过程机理

反渗透中的溶剂和溶质是如何透过膜的，在膜中的迁移方式又是如何？自 20 世纪 50 年代以来，许多学者先后提出了各种透过机理和模型，目前流行的几种机理主要包括溶解-扩散模型（无孔学说），氢键理论、筛分效应和优先吸附-毛细孔流模型（有孔学说），以及孔隙开闭学说。溶解-扩散模型适用于均匀的膜，能适合无机盐的反渗透过程，对有机物而言，优先吸附-毛细孔流模型比较优越。

（1）溶解-扩散模型

溶解-扩散模型理论首先是由 Lonsdale、Meaten 和 Riley 提出的，是目前被普遍接受的理论。该理论认为膜是一种完全致密的界面，没有孔隙，溶剂和溶质都能溶于非多孔膜表面层内，各自在浓度或压力造成的化学势推动下扩散通过膜。溶解度的差异及溶质和溶剂在膜相中扩散的差异影响着他们通过膜的量的大小。其过程分为三步，第一步是溶剂和溶质在膜的料液侧表面吸附和溶解；第二步，溶质和溶剂之间没有相互作用，他们在各自化学位差的推动下以分子扩散方式通过反渗透膜的活性层；第三步，溶质和溶剂在膜的透过液侧表面解吸。

在溶解-扩散过程中，一般第一步和第三步进行的很快，即吸附和解吸过程很快，而第二步扩散是控制步骤，此时透过速率取决于溶质和溶剂在膜中的扩散。由于膜的选择性，使气体混合物或液体混合物得以分离。而物质的渗透能力，不仅取决于扩散系数，并且决定于其在膜中的溶解度。假设该过程服从 Fick 定律，则可推导出溶剂水的透过速率即水通量 J_W 为

$$J_\mathrm{W} = \frac{D_\mathrm{W} C_\mathrm{W} V_\mathrm{W} (\Delta p - \Delta \pi)}{RT\delta} = K_\mathrm{W} (\Delta p - \Delta \pi) \qquad (5.4.5)$$

$$K_\mathrm{W} = \frac{D_\mathrm{W} C_\mathrm{W} V_\mathrm{W}}{RT\delta} \qquad (5.4.6)$$

式中　J_W——水的体积通量，$\mathrm{m}^3/(\mathrm{m}^2 \cdot \mathrm{s})$；

　　　Δp——膜两侧压力差，Pa；

　　　$\Delta \pi$——溶液渗透压差，Pa；

　　　D_W——溶剂在膜中的扩散系数，m^2/s；

　　　C_W——溶剂在膜中的溶解度，$\mathrm{m}^3/\mathrm{m}^3$；

　　　V_W——溶剂的摩尔体积，$\mathrm{m}^3/\mathrm{mol}$；

　　　δ——膜厚，m；

　　　K_W——水的渗透系数，是溶解度和扩散系数的函数，对反渗透过程，其值大约为 $6 \times 10^{-4} \sim 3 \times 10^{-2} \ \mathrm{m}^3/(\mathrm{m}^2 \cdot \mathrm{h} \cdot \mathrm{MPa})$，对纳滤而言，其值为 $0.03 \sim 0.2 \mathrm{m}^3/(\mathrm{m}^2 \cdot \mathrm{h} \cdot \mathrm{MPa})$。

同理可以推导出溶质透过速率或称透盐率 N_s 为

$$N_\mathrm{s} = \frac{D_\mathrm{s} k_\mathrm{s} (c_\mathrm{F} - c_\mathrm{p})}{\delta} = K_\mathrm{s} (c_\mathrm{F} - c_\mathrm{p}) \qquad (5.4.7)$$

$$K_\mathrm{s} = \frac{D_\mathrm{s} k_\mathrm{s}}{\delta} \qquad (5.4.8)$$

式中　N_s——溶质 A 的质量通量，$\mathrm{kg}/(\mathrm{m}^2 \cdot \mathrm{s})$；

　　　D_s——溶质 A 在膜中的扩散系数，m^2/s；

　　　k_s——溶质 A 在膜和液相主体之间的分配系数；

　　　c_F，c_p——膜上游溶液中和透过液中溶质的浓度，kg/m^3；

　　　K_s——溶质 A 的渗透系数，m/s。

从式(5.4.5)可以看出，水通量随着压力升高呈线性增加，而从式(5.4.7)可见，溶质通量几乎不受压差的影响，只取决于膜两侧的浓度差。溶解-扩散理论阐明了溶剂透过的推动力是压力差，溶质透过的推动力是浓度差，这已被许多实验数据所证实。但该理论同样有局限性，比如由式(5.4.5)和式(5.4.7)可知溶剂和溶质通过膜的过程是独立的，互不相干，这在一些情况下是不符合实际的。

通常情况下，只有当膜内浓度与膜厚度呈线性关系时，式(5.4.7)才成立。经验表明，溶解-扩散模型适用于溶质浓度低于15%的膜的传递过程。在许多场合下膜内浓度场是非线性的，特别是在溶液浓度较高且对膜具有较高溶胀度的情况下，模型的误差较大。

（2）氢键理论

氢键理论亦称孔穴式与有序式扩散，是由 Reid 等提出的，该理论主要用于描述醋酸纤维素膜的反渗透过程。这种理论是基于水分子能够通过与膜的氢键的结合而发生联系并进行传递的。醋酸纤维素是一种具有高度有序矩阵结构的聚合物，它具有与水或醇等溶剂形成氢键的能力。图5.4.2是氢键理论扩散模型示意图。如图所示，在压力作用下，溶液中的水分子和醋酸纤维素的活化点——羰基上的氧原子形成氢键，而原来水分子形成的氢键被断开，水分子解离出来并随之转移到下一个活化点，并形成新的氢键。水分子通过这一连串的氢键的形成与断开而不断位移，使水分子通过膜表面的致密活性层进入膜的多孔层，然后畅通地流出膜外。

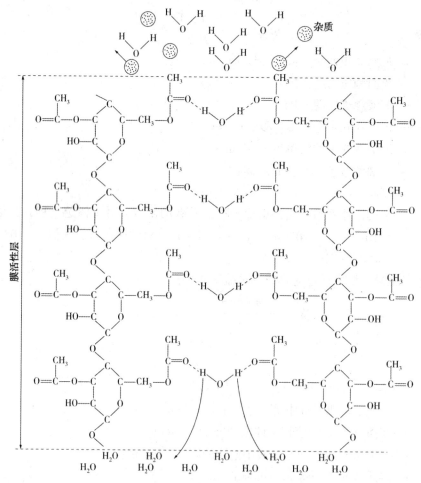

图 5.4.2　氢键理论扩散模型示意图

（3）优先吸附-毛细孔流机理

1960 年，Sourirajan 在 Gibbs 吸附方程基础上，提出了解释反渗透现象的优先吸附-毛细孔流机理，该理论模型如图 5.4.3 所示。

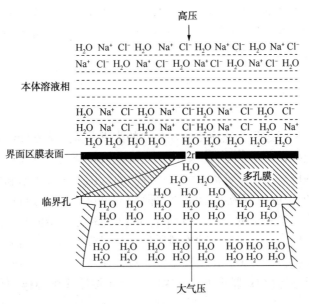

图 5.4.3 优选吸附-毛细孔模型

如图 5.4.3 所示,以氯化钠水溶液为例,溶质是氯化钠,溶剂是水。当水溶液与膜表面接触时,如果膜的物化性质使膜对水具有选择性吸水斥盐的作用,则在膜与溶液界面附近的溶质浓度就会急剧下降,而在膜界面上形成一层吸附的纯水层。在压力的作用下,优先吸附的水就会渗透通过膜表面的毛细孔,从而从水溶液中获得纯水。

纯水层的厚度与溶质和膜表面的化学性质有关。当膜表皮层的毛细孔孔径接近或等于纯水层厚度 t 的两倍时,该膜的分离效果最佳,能获得最高的渗透通量;当膜孔径大于 $2t$ 时,溶质就会从膜孔的中心泄漏出去,反之,如果孔径小于 $2t$,虽然选择性好,但膜的渗透性能下降。因此,$2t$ 称为膜的"临界孔径"。

(4) 孔隙开闭学说

该学说认为,膜内没有固定的连续孔道,而是由于高聚物链的热振动形成通道,使渗透物质得以透过。如图 5.4.4 所示,若分子(离子) a 在链的一个振动周期内若能前进 Δy_s 以上,就可以前进,若不能超过 Δy_s 就退回原处。

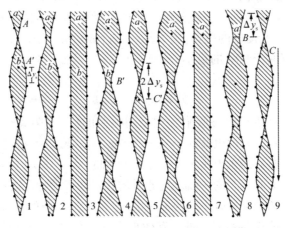

图 5.4.4 孔隙开闭模型(1~9 为一个周期)

在未受压时，高聚物的链是无秩序的布朗运动，当受压时，物质通过膜而要损失一部分机械能，将被聚合物吸收，形成图 5.4.4 中那样的有序振动，随着压力的增高，吸收的能量变大，聚合物链的振动次数将增加。

二、纳滤

1. 纳滤概述

纳滤技术是反渗透膜过程为适应工业软化水的需求及降低成本的经济性不断发展的新膜品种，以适应在较低操作压力下运行，进而实现降低成本演变发展而来的。纳滤是一种介于反渗透和超滤之间的压力驱动膜分离过程。纳滤分离范围介于反渗透和超滤之间，截断分子量范围约为 300~1000，能截留透过超滤膜的那部分有机小分子，透过无机盐和水。

纳滤膜的截留率大于 95% 的最小分子约为 1nm，故称之为纳滤膜。从结构上看纳滤膜大多是复合膜，即膜的表面分离层和它的支撑层的化学组成不同。其表面分离层由聚电解质构成。能透过一价无机盐，渗透压远比反渗透低，故操作压力很低。达到同样的渗透通量所必须施加的压差比用反渗透(RO)膜低 0.5~3MPa，因此纳滤又被称作"低压反渗透"或"疏松反渗透"(Loose RO)。

刚开始时有人曾想将纳米过滤(NF)归于超滤(UF)或反渗透(RO)范畴，但不够确切，直至近十年来，纳米过滤才渐渐从超滤与反渗透中独立出来，成为一种相对独立的单元操作过程。纳米过滤膜的截断分子量一般小于 1000，大于 300，近年来也有报道大于 200 或 100 的，这与制膜的水平有关。纳米过滤膜的截断分子量范围比反渗透膜大而比超滤膜小，因此可以截留能通过超滤膜的溶质而让不能通过反渗透膜的溶质通过，根据这一原理，可用纳米过滤来填补由超滤和反渗透所留下的空白。

纳米过滤的关键同样是膜材料及其制作，鲜为人知的是，一些犹太科学家早在 20 世纪 70 年代就研究制造了一系列化学性能超乎寻常的稳定的纳米膜。只是这一系列膜问世于纳滤这一词形成之前，因此这些犹太科学家当时称其为选择性反渗透膜(selective reverse osmosis membrane，SelRO)。尽管如此由于技术垄断及保密等其他方面的原因，SelRO 系列纳米膜的性质、特点以及它们在大规模工业化生产中的应用实践直到最近才公之于世。

与此同时，20 世纪 80 年代初期，美国 Film Tec 的科学家研究了一种薄层复合膜，它能使 90% 的 NaCl 透析，而 99% 的蔗糖被截留。显然这种膜即不能称之为反渗透膜(因为不能截留无机盐)，也不属于超滤膜的范畴(因为不能透析低相对分子质量的有机物)。由于这种膜在渗透过程中截留率大于 95% 的最小分子约为 1nm，因而它被命名为"纳米过滤"。这才是纳滤一词的由来。

2. 纳滤的机理

纳滤膜是荷电膜，能进行电性吸附，对相同电荷的分子(阳离子)具有较高的截留率，可分离分子量相差不大但带相反电荷的小分子，如短肽、氨基酸、抗生素等。在相同的水质及环境下操作，纳滤膜所需的压力小于反渗透膜所需的压力。所以从分离原理上讲，纳滤和反渗透有相似的一面，又有不同的一面。纳滤膜的孔径和表面特征决定了其独特的性能，对不同电荷和不同价数的离子又具有不同的 Donann 电位；纳滤膜的分离机理为筛分和溶解扩散并存，同时又具有电荷排斥效应，可以有效地去除二价和多价离子如 Ca^{2+}、Mg^{2+}、SO_4^{2-}等，去除分子量大于 200 的各类物质如色素、染料、抗生素、多肽和氨基酸等，可部分去除单价离子和分子量低于 200 的物质；实现高相对分子量和低相对分子量有机物的分离，纳滤膜的分离性能明显优于超滤和微滤，而与反渗透膜相比具有部分去除单价离子、过程渗透压低、操作压力低、省能等优点。

3. 纳滤的应用

纳滤膜由于截留分子量介于超滤与反渗透之间，同时还存在 Donnan 效应，广泛应用于制药、食品等行业中。同时水在纳滤膜中的渗透速率远大于反渗透膜，所以当需要对低浓度的二价离子和分子量在 500 到数千的溶质进行截留时，选择纳滤比使用反渗透经济。纳滤的主要应用领域包括：（1）小分子量的有机物质的分离；（2）有机物与小分子无机物的分离；（3）溶液中一价盐类与二价或多价盐类的分离；（4）盐与其对应酸的分离。具体应用可见表 5.4.2。

表 5.4.2　纳滤的应用范围

应用行业	处理对象
制药	母液中有效成分的回收；抗菌素的分离纯化；维生素的分离纯化；氨基酸的脱盐与纯化
食品	脱盐与浓缩；苛性碱回收
染料	活性染料的脱盐与回收
化工	酸碱纯化、回收；电镀液中铜的回收
纯水制备	水的脱盐；高纯水、地下水的净化
废水处理	印染厂废水脱色；造纸厂废水净化

三、反渗透和纳滤膜过程计算

1. 膜通量

根据上面介绍的溶解–扩散机理模型，溶剂通量和溶质通量可由式(5.4.5)和式(5.4.7)计算。

溶剂通量：
$$J_w = \frac{D_w\, C_w\, V_w (\Delta p - \Delta \pi)}{RT\delta} = K_w (\Delta p - \Delta \pi)$$

溶质通量：
$$N_s = \frac{D_s\, k_s (c_F - c_p)}{\delta} = K_s (c_F - c_p)$$

2. 截留率

反渗透或纳滤过程对溶质的截留率可由式(5.4.9)计算，即

$$\beta = \frac{c_F - c_p}{c_F} \tag{5.4.9}$$

截留率也称为脱盐率。

根据式 5.4.5，如果压力增加，水通量增加，将导致渗透物中的溶质浓度下降，即使膜对溶质的截留率提高。当 $\Delta p \to \infty$ 时，截留率 β 达最大值。

又因为 $c_p = N_S / J_w$，根据式(5.4.5)和式(5.4.7)，则截留率 β 可表示为

$$\beta = \frac{K_w (\Delta p - \Delta \pi)}{K_w (\Delta p - \Delta \pi) + K_s} \tag{5.4.10}$$

由该式可知，膜材料的选择性渗透系数 K_w 和 K_S 直接影响分离效率。要实现高效分离，系数 K_w 应尽可能地大，而 K_S 尽可能地小。即膜材料必须对溶剂的亲和力强，而对溶质的亲和力弱。因此，在反渗透和纳滤过程中，膜材料的选择十分重要，这与微滤和超滤有明显区别。对于微滤和超滤，膜孔尺寸决定分离性能，而膜材料的选择主要考虑其化学稳定性。

对于大多数反渗透膜，其对氯化钠的截留率大于 98%，某些甚至高达 99.5%。

3. 过程回收率

在反渗透和纳滤过程中，由于受溶液渗透压、黏度等的影响，原料液不可能全部成为透过液，因此透过液的体积总是小于原料液体积。通常把透过液与原料液体积之比称为回收率，可由下式计算得到：

$$\eta = \frac{V_p}{V_F} \tag{5.4.11}$$

式中 V_p，V_F——透过液和原料液的体积，m^3。

一般情况下，海水淡化的回收率为 30%～45%，纯水制备的回收率为 70%～80%。

【例题 5.4.1】利用反渗透膜脱盐，操作温度为 25℃，进料侧的水中 NaCl 质量分数为 1.8%，压力为 6.896MPa，渗透侧的水中 NaCl 质量分数为 0.05%，压力为 0.345MPa。所采用的特定膜对水和盐的渗透系数分别为 $1.086×10^{-7}L/(cm^2 \cdot s \cdot MPa)$ 和 $16×10^{-6}cm/s$。假设膜两侧的传质阻力可忽略，水的渗透压可用 $\pi = RT \sum c_i$ 计算，c_i 为水中溶解离子或非离子物质的物质的量浓度。试分别计算出水和盐的通量。

解：进料盐浓度为

$$\frac{1.8×1000}{58.5×98.2} mol/L = 0.313mol/L$$

透过侧盐浓度为

$$\frac{0.05×1000}{58.5×99.95} mol/L = 0.00855mol/L$$

$$\Delta p = (6.896 - 0.345) MPa = 6.551MPa$$

若不考虑过程的浓度极化，则

$$\pi_{进料侧} = \frac{8.314×298×2×0.313}{1000} MPa = 1.55MPa$$

$$\pi_{出料侧} = \frac{8.314×298×2×0.00855}{1000} MPa = 0.042MPa$$

$$\Delta p - \Delta \pi = [6.551 - (1.55 - 0.042)] MPa = 5.043MPa$$

已知 $K_w = 1.086×10^{-7}L/(cm^2 \cdot s \cdot MPa)$，则水通量为

$$J_W = K_w(\Delta p - \Delta \pi) = 1.086×10^{-7}×5.043L/(cm^2 \cdot s)$$

$$= 5.48×10^{-7}L/(cm^2 \cdot s)$$

又 $\Delta c = (0.313 - 0.00855) mol/L = 0.304mol/L$

则盐的通量为

$$N_{NaCl} = 16×10^{-6}×\frac{0.000304mol}{cm^2 \cdot s}$$

$$= 4.86×10^{-9}mol/(cm^2 \cdot s)$$

第五节　电渗析

一、电渗析过程的基本原理

电渗析就是利用待分离分子的荷电性质和分子大小的差别，以外电场电位差为推动力，利用离子交换膜的选择透过性，从溶液中脱除或富集电解质的膜分离操作。

电渗析中使用的是离子交换膜。如图 5.5.1 所示，在阴极和阳极之间交替地平行放置阳离子交换膜(简称阳膜，以符号 CM 表示)和阴离子交换膜(简称阴膜，以符号 AM 表示)。阴、阳离子交换膜具有带电的活性基团，能选择性地分别使阴离子或阳离子透过。

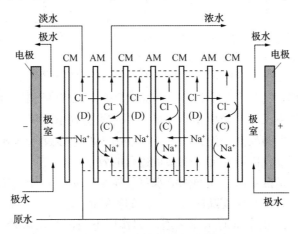

图 5.5.1　电渗析过程示意图

CM—阳离子交换膜；AM—阴离子交换膜

当向电渗析器的各室引入含 NaCl 等电解质的盐水并通入直流电时，带正电的钠离子会向阴极迁移，带负电的氯离子会向阳极迁移。但钠离子不能通过带负电的阴膜，氯离子不能通过带正电的阳膜。这即会使电渗析器中相邻两个室的一个室盐浓度增加，而另一个室盐浓度降低。盐浓度增高的室称为浓水室(C)，盐浓度降低的室称为淡水室(D)。相应地，得到淡水和浓水。

同时，在阳极和阴极还会产生下列电极反应：

阳极：

$$2\,Cl^- \longrightarrow Cl_2 + 2\,e^- \tag{5.5.1}$$

$$H_2O \longrightarrow \frac{1}{2}O_2 + 2\,H^+ + 2\,e^- \tag{5.5.2}$$

阳极室的水呈酸性。

阴极：

$$2\,H_2O + 2\,e^- \longrightarrow H_2 + 2\,OH^- \tag{5.5.3}$$

阴极室的水呈碱性。

二、电渗析中的传递过程

如前所述，在电渗析过程中，反离子的迁移是主要的传递过程。在直流电场作用下，溶液中的反离子定向迁移透过膜，以达到溶液脱盐或浓缩的目的。但在电渗析的传递过程中，除反离子迁移外，还存在其他复杂的传递现象，如图5.5.2所示。

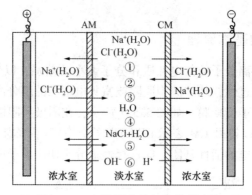

图 5.5.2 电渗析中的各种传递过程

①—反离子迁移；②—同性离子迁移；③—电解质的浓差扩散；④—水的(电)渗析；
⑤—压差渗透；⑥—水的电解；AM—阴膜；CM—阳膜

（1）同性离子迁移：指与离子交换膜上固定离子的电荷符号相同的离子通过膜的传递。发生这种离子的迁移是由子离子交换膜的选择性不可能达到100%，以及膜外溶液中同性离子浓度过高而引起的。但与反离子迁移相比，同性离子的迁移数一般很小。同性离子的迁移方向与浓度梯度方向相反，因而降低了电渗析过程的效率。

（2）电解质的浓差扩散：由于膜两侧浓水室与淡水室存在很大的浓度差，使得电解质由浓水室向淡水室扩散，其扩散速度随两室浓度差的提高而增大。

（3）水的(电)渗析：淡水室的水在渗透压的作用下向浓水室渗透；在反离子迁移和同性离子迁移的同时都会携带一定数量的水分子一起迁移。

（4）压差渗漏：当膜两侧存在压力差时，较高压力侧的溶液会向较低压力侧渗漏。

（5）水的电解：当发生浓差极化时，水电离产生的 H^+ 和 OH^- 也可通过膜。

三、离子交换膜

1. 离子交换膜的种类

离子交换膜是电渗析的心脏，电渗析对离子的选择透过性主要取决于离子交换膜的性能。离子交换膜的种类很多，可按活性基团、结构和材料加以分类。

（1）按活性基团分类：离子交换膜与离子交换树脂具有相同的化学结构，可分为基膜和活性基团两大部分。基膜即具有立体网状结构的高分子化合物；活性基团是由具有交换作用的阳(或阴)离子和与基膜相连的固定阴(或阳)离子所组成。

（2）按活性基团的带电情况，可分为阳离子交换膜(简称阳膜)、阴离子交换膜(简称阴膜)和特种膜。

阳膜中含有带负电的酸性活性基团，它能选择性透过阳离子，而不让阴离子透过。这些活性基团主要有磺酸基($—SO_3H$)、磷酸基($—PO_3H_2$)、膦酸基($—OPO_3H$)、羧酸基($—COOH$)等。

磺酸型阳膜的示意为

$$R — SO_3H \xrightarrow{\text{解离}} R — SO_3^- + H^+$$

基膜　活性基团　　　基膜　固定离子　可交换离子

134

阴膜中含有带正电的碱性活性基团，它能选择性透过阴离子而不让阳离子透过。这些活性基团主要有季胺基$[—N(CH_3)_3OH]$、伯胺基$(—NH_2)$、仲胺基$(—NHR)$、叔胺基$(—NR_2)$等。

季胺型阴膜的示意为

$$R —N(CH_3)_3OH \xrightarrow{\text{解离}} R —N^+(CH_3)_3 + OH^-$$

基膜　　　活性基团　　　　基膜　　固定离子　可交换离子

特种膜是阳、阴离子活性基团在一张膜内均匀分布的两性离子交换膜，包括以下几种方式：带正电荷的膜与带负电荷的膜两张贴在一起的复合离子交换膜(亦称双极性膜)；部分正电荷与部分负电荷并列存在于膜的厚度方向的镶嵌离子交换膜；在阳膜或阴膜表面上涂一层阴或阳离子交换树脂的表面涂层膜等。这类膜目前大都处于研究开发阶段。

(3) 按膜的结构分类：按膜体结构(或制造工艺)可分为异相膜、均相膜和半均相膜。

异相膜是由离子交换剂的细粉末和黏合剂混合、经加工制成的薄膜，其中含有离子交换活性基团部分和成膜状结构的黏合剂部分。由这种方式形成的膜化学结构是不连续的，故称异相膜或非均相膜。这类膜制造容易，价格便宜，但一般选择性较差，膜电阻也大。

均相膜是由具有离子交换基团的高分子材料直接制成的膜，或者是在高分子膜基上直接接上活性基团而制成的膜。这类膜中离子交换活性基团与成膜高分子材料发生化学结合，其组成均匀，故称为均相膜。这类膜具有优良的电化学性能和物理性能，是近年来离子交换膜的主要发展方向。

半均相膜，这种膜的成膜高分子材料与离子交换活性基团组合得十分均匀，但它们之间并没有形成化学结合。例如，将离子交换树脂和成膜的高分子黏合剂溶于同一溶剂中，然后用流延法制成的膜，就是半均相膜。

(4) 按材料性质分类：可分为有机离子交换膜和无机离子交换膜。

有机离子交换膜是由各种高分子材料合成的离子交换膜。目前使用最多的有磺酸型阳离子交换膜和季胺型阴离子交换膜。

无机离子交换膜是用无机材料制成的，具有热稳定、抗氧化、耐辐照等特点，如磷酸锆和矾酸铝等，是一类新型膜，在特殊场合使用。

2. 离子交换膜和离子交换树脂的区别

从作用机理上来说离子交换树脂是与溶液进行离子间的交换，是一种选择互换作用。而离子交换膜是一种选择透过作用，膜上的反离子是什么无关紧要，主要是骨架的电荷作用。从使用方法来说，离子交换树脂交换后需要再生，恢复成原来的离子形式才能继续使用，而离子交换膜可连续使用，因为离子交换膜是透过而不是交换。

3. 对离子交换膜的性能要求

(1) 具有较高的选择透过性。这是衡量离子交换膜性能优劣的重要指标。阳离子交换膜应对阳离子具有较高的选择透过性，即对阳离子的选择性迁移数一般应大于0.9，对阴离子迁移数则应小于0.1；反之，对阴离子交换膜也有同样的要求。随着溶液浓度的增高，离子交换膜的选择透过性下降，因此希望在高浓度的电解质溶液中，离子交换膜仍具有良好的选择透过性。

(2) 较好的化学稳定性。离子交换膜在使用期间应保持较好的化学稳定性，能抗氧化、耐化学腐蚀、耐高温等。

（3）较低的离子反扩散和渗水性。在电渗析过程中，同性离子的迁移和浓差扩散以及水的各种渗透过程都不利于水的脱盐，因此应尽可能地减少这些过程的影响。控制膜的交联度，可以减少离子反扩散和渗水性。

（4）较高的机械强度。离子交换膜应具有较高的机械强度和韧性，在受到一定压力和拉力的作用下，不发生变形和裂纹。

（5）较低的膜电阻。在电渗析过程中，如果膜的电阻太大，将会导致电渗析效率降低。通常可通过减少膜的厚度，提高膜的交换容量和降低膜的交联度来降低膜电阻。

4. 离子交换膜的选择性透过机理

离子交换膜在化学性质上和离子交换树脂很相像，都是由某种聚合物构成的，含有由可交换离子组成的活性基团。这里，以阳离子交换膜为例，论述离子交换膜的选择透过性机理。

如图5.5.3所示，阳离子交换膜中含有大量的带负电荷的固定基团，这种固定基团与聚合物膜基相固定结合，由于电中性原因，会被在周围流动的反离子所平衡。由于静电相斥的作用，膜中的固定基团将阻止其他相同电荷的离子进入膜内。因此，在电渗析过程中，只有反离子才可能在电场的作用下渗透通过膜，这些反离子在膜中可以自由移动，而在膜内可移动的同电荷离子的浓度很低。这种效应称为道南(Donnan)排斥效应。离子交换膜的离子选择透过性是以这种效应为基础的，而这种道南排斥效应只有当膜中的固定基团含量高于周围溶液中的离子浓度时才有效。

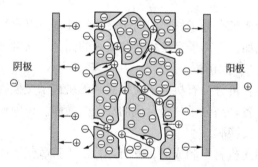

图5.5.3　离子交换膜的选择透过性原理

四、电渗析过程中的浓差极化和极限电流密度

浓差极化是电渗析过程中普遍存在的现象。下面以 NaCl 溶液在电渗析中的迁移过程为例进行说明(图5.5.4)。

在直流电场的作用下，Na^+ 和 Cl^- 分别向阴极和阳极做定向运动，透过阳膜和阴膜，并各自传递一定的电荷。电渗析器中电流的传导是靠正负离子的运动来完成的。Na^+ 和 Cl^- 在溶液中的迁移数可近似认为 0.5。根据离子交换膜的选择性，阴膜只允许 Cl^- 透过，因此 Cl^- 在阴膜内的迁移数要大于其在溶液中的迁移数。为维持正常的电流传导，必然要动用膜边界层的 Cl^- 以补充此差数。这样就造成边界层和主流层之间出现浓度差($c_b - c_m$)。当电流密度增大到一定程度时，离子迁移被强化，使膜边界层内 Cl^- 离子浓度 c_m 趋于零时，边界层内的水分子就会被电解成 H^+ 和 OH^-，OH^- 将参与迁移，以补充 Cl^- 的不足。这种现象即为浓差极化现象。使 c_m 趋于零时的电流密度称为极限电流密度。

以阴离子的传递为例，在电位差作用下，阴离子透过膜的传递通量为

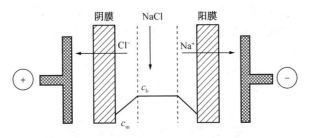

图 5.5.4 电渗析过程中的浓差极化

$$N_{Em} = \frac{t_m i}{Zf} \qquad (5.5.4)$$

阴离子在膜边界层的传递通量为

$$N_{Ebl} = \frac{t_{bl} i}{Zf} \qquad (5.5.5)$$

而边界层中的扩散通量为

$$N_{Dbl} = -D_{bl}\frac{dc}{dz} \qquad (5.5.6)$$

式中　N_{Em}，N_{Ebl}——膜内和边界层内的电驱动通量；

　　　　N_{Dbl}——边界层内扩散通量；

　　　　D_{bl}——边界层内的扩散系数；

　　　　t_m，t_{bl}——膜中和边界层中阴离子的迁移数；

　　　　Z——阴离子的价态（对Cl^-，$Z=1$）；

　　　　f——Faraday 常数，$f=26.8Ah/moL$；

　　　　i——电流密度。

达到稳态平衡时，有以下平衡：

$$N_{Em} = \frac{t_m i}{Zf} = \frac{t_{bl} i}{Zf} - D_{bl}\frac{dc}{dz} \qquad (5.5.7)$$

假设扩散系数为常数（浓度梯度为线性），并按以下边界条件对上式进行积分：
$z=0$ 时，$c=c_m$，$z=\delta_{bl}$ 时，$c=c_b$
则可以得到关于膜表面阴离子浓度减少的方程：

$$c_m = c_b - \frac{(t_m - t_{bl})i\,\delta_{bl}}{Zf\,D_{bl}} \qquad (5.5.8)$$

式中　c_m，c_b——膜表面和溶液主体中的阴离子浓度；

　　　　δ_{bl}——边界层厚度。

由式(5.5.8)可进一步得到

$$i = \frac{Z D_{bl} f(c_b - c_m)}{\delta_{bl}(t_m - t_{bl})} \qquad (5.5.9)$$

当膜表面阴离子浓度 c_m 趋近于零时，达到极限电流密度，有

$$i_{lim} = \frac{Z D_{bl} f c_b}{\delta_{bl}(t_m - t_{bl})} \qquad (5.5.10)$$

此时，进一步增大电位差，不会使阴离子的通量继续增大。从式(5.5.10)可以看出，

极限电流密度取决于主体溶液中阴离子的浓度 c_b 和边界层厚度 δ_{b1}。为了减少浓差极化效应，必须减小边界层的厚度。因此，电渗析器的设计和流体力学条件非常重要。

以上以阴离子为例说明了极化现象。对阳离子也有类似的情况。但阳离子在边界层中的迁移性要比同样价态的阴离子略低。因此，在流体力学条件相近时，阳离子交换膜比阴离子交换膜更容易达到极限电流密度。

第六节　其他膜分离

一、气体膜分离

1. 概述

气体膜分离是两种或两种以上的气体混合物通过高分子膜时，由于各种气体在膜中的溶解和扩散系数的不同，导致气体在膜中的相对渗透速率有差异。在膜两侧压力差的作用下，渗透速率相对较快的气体，如水蒸气（H_2O）、氢气（H_2）、二氧化碳（CO_2）和氧气（O_2）等优先透过膜而被富集；而渗透速率相对较慢的气体，如甲烷（CH_4）、氮气（N_2）和一氧化碳（CO）等气体则是在膜的滞留侧被富集，从而达到混合气体分离的目的。如图 5.6.1 所示。

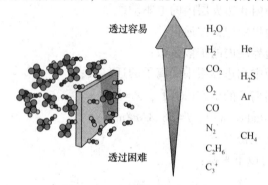

图 5.6.1　气体膜分离示意图

2. 气体在微孔膜中的传递机理

气体在微孔膜中的分离效应是由 Knudsen（Kn）系数来决定的。

$$Kn = \frac{\lambda}{d_m}$$

（5.6.1）

式中　λ——气体分子平均自由程，m；

d_m——膜的孔径，m。

根据 Kn 值，可以判别气体在膜孔内的流态。

当 $Kn \leqslant 0.01$ 时，膜孔径远小于气体分子平均自由程。气体在膜孔内呈黏性流流动，扩散过程以气体分子间的碰撞为主，气体分子与膜壁面的碰撞可忽略，此时属分子扩散，可采用 Hagen-Poiseuille 定律来描述。在这种黏性流动范围，气体混合物不能被膜分离。

当 $Kn \gg 1.0$，尤其是 $Kn \geqslant 10^{10}$ 时，气体分子平均自由程远大于膜孔径，气体在膜孔中靠气体分子与膜孔壁的碰撞进行传递，分子间的碰撞可忽略不计，此类扩散现象称为 Knudsen 扩散，气体以 Knudsen 扩散机理通过膜。

当 Kn 数介于以上值之间，尤其是当 Kn 数在 1 附近时，扩散为过渡区扩散。此时，膜孔内分子间的碰撞和分子与膜孔壁之间的碰撞都起作用，气体分子在膜孔内的扩散与分子扩散和 Knudsen 扩散均有关。若已知分子扩散和 Knudsen 扩散系数，则过渡区的扩散系数可近似用下式计算。

$$D_{\mathrm{m}} = \frac{\varepsilon}{\tau}\left(\frac{1}{D_{\mathrm{AB}}} + \frac{1}{D_{\mathrm{KP}}}\right)^{-1} \tag{5.6.2}$$

式中　D_{AB}——双分子扩散系数，$\mathrm{m^2/s}$；

　　　ε——孔隙率；

　　　τ——膜孔曲折因子；

　　　D_{KP}——Knudsen 扩散系数，$\mathrm{m^2/s}$，计算式为

$$D_{\mathrm{KP}} = 48.5\, d_{\mathrm{m}}\left(\frac{T}{M_i}\right)^{\frac{1}{2}} \tag{5.6.3}$$

式中　T——热力学温度，K；

　　　M_i——组分 i 的摩尔质量，$\mathrm{kg/mol}$。

二、渗透气化

渗透气化又称为渗透蒸发，是有相变的膜渗透过程。膜上游物料为液体混合物，下游透过侧为蒸气。膜上游物料的混合物在膜两侧压差的作用下，利用膜对被分离混合物中某组分有优先选择性透过的特点，使料液侧优先渗透组分渗透通过膜，在膜下游侧气化去除，从而达到从混合物分离提纯的目的。渗透气化主要用于有机物脱水、水中微量有机物的脱除以及有机混合物分离等方面。

1. 渗透气化原理

渗透气化膜分离过程的基本原理如图 5.6.2 所示。渗透气化传递过程可用溶解−扩散机理解释，传递过程可分为三步：①首先液体混合物中被分离的物质在膜上游表面有选择性地被吸附溶解；②被分离的物质在膜内扩散渗透通过膜；③在膜下游侧，膜中的渗透组分蒸发气化而脱离膜。

渗透气化的料液侧为疏水膜，另一侧抽成真空或通入惰性气体，使膜两侧产生溶质分压差。在分压差的作用下，料液中的溶质溶于膜内，扩

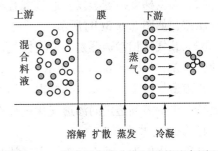

图 5.6.2　渗透气化膜分离过程的基本原理

散通过膜，并在透过侧发生气化，气化的溶质被膜装置外设置的冷凝器冷凝回收。膜与溶质的相互作用决定溶质的渗透速度，根据相似相溶原理，疏水性较大的溶质易溶于疏水膜，因此渗透速度高，可在透过一侧得到浓缩。

渗透气化过程中溶质发生了相变，透过侧溶质以气体状态存在，因此消除了渗透压的作用，从而使渗透气化在较低的压力下进行，适于高浓度混合物的分离。渗透气化法利用溶质之间膜透过性的差别，特别适用于共沸物和挥发度相差较小的双组分溶液的分离。

2. 膜材料的选择

对于渗透气化膜来说，是否具有良好的选择性是首先要考虑的问题。基于溶解扩散理论，只有对所需要分离的某组分有较好亲和性的高分子物质才可能作为膜材料。如以透水为目的的渗透蒸发膜，应该有良好的亲水性，因此聚乙烯醇（PVA）和醋酸纤维素（CA）都是较

好的膜材料；而当以透过醇类物质为目的时，憎水性的聚二甲基硅氧烷(PDMS)则是较理想的膜材料。

3. 渗透气化的操作方式

渗透气化过程的传质推动力为膜两侧的浓度差或表现为膜两侧被渗透组分的分压差。任何能产生这种推动力的技术都可以实现渗透气化过程。

在渗透气化过程中，膜的上游侧一般维持常压，而膜的下游侧有3种方式来维持组分的分压差，如图5.6.3所示。

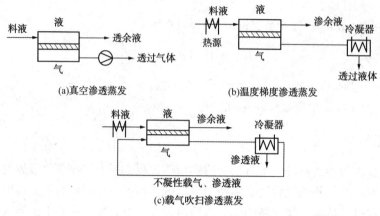

图5.6.3　渗透气化的操作过程

（1）真空渗透蒸发：在膜透过侧用真空泵抽真空，以造成膜两侧组分的蒸气压差，如图5.6.3(a)所示。

（2）温度梯度渗透蒸发：通过混合料液加热或膜透过侧冷凝的方法，形成膜两侧组分的蒸气压差，如图5.6.3(b)所示。

（3）载气吹扫渗透蒸发：用惰性气体吹扫膜透过侧，以带走透过组分，从而维持渗透组分的分压差，如图5.6.3(c)所示。

在渗透气化中，只要膜选择得当，可使含量极少的溶质通过膜，与大量的溶剂通过过程相比较，少量溶剂透过的渗透气化过程更节能。

4. 渗透气化的应用

渗透气化作为一种无污染、高能效的膜分离技术已经引起广泛的关注。该技术最显著的特点是很高的单级分离度，节能且适应性强，易于调节。目前渗透蒸发膜分离技术已在无水乙醇的生产中实现了工业化。除了以上用途外，渗透蒸发膜在其他领域的应用尚都处在实验室阶段。

第七节　膜污染

一、概述

膜使用中最大的问题是膜污染。膜污染是指处理物料中的微粒、胶体或溶质大分子与膜存在物理化学作用或机械作用而引起的在膜表面或膜孔内吸附、沉积造成膜孔径变小或堵塞，使膜产生透过流量与分离特性的不可逆变化现象。

膜污染的表现一是膜通量下降，二是通过膜的压力和膜两侧的压差逐渐增大；三是膜对生物分子的截留性能改变。

膜污染与浓差极化在概念上是不同的，浓差极化加重了污染，但浓差极化是可逆的，即变更操作条件可使之消除，而膜污染是不可逆的，必须通过清洗的办法才能消除。

二、膜污染分类

膜的污染大体可分为：沉淀污染、吸附污染和生物污染。

1. 沉淀污染

沉淀污染对 RO 和 NF 的影响尤为显著。当过滤液中盐的浓度超过了其溶解度，就会在膜上形成沉淀或结垢。普遍受人们关注的污染物是钙、镁、铁和其他金属的沉淀物，如氢氧化物、碳酸盐和硫酸盐等。

2. 吸附污染

有机物在膜表面的吸附通常是影响膜性能的主要因素。随时间的延长，污染物在膜孔内的吸附或累积会导致孔径减少和膜阻增大，这是难以恢复的。与膜污染相关的有机物特征包括它们对膜的亲和性、分子量、功能基团和构型。一般来讲膜的亲水性越强有机物越不易吸附。而疏水作用可增加其在膜上的积累，导致严重的吸附污染。

3. 生物污染

生物污染是指微生物在膜内积累，从而影响系统性能的现象。膜组件内部潮湿阴暗，是一个微生物生长的理想环境，微生物黏附和生长形成生物膜。老化生物膜主要分解成蛋白质、核酸、多糖酯等，强烈吸附在膜面上引起膜表面改性。微生物形成的生物膜，可直接（通过酶作用）或间接（通过局部 pH 或还原电势作用）降解膜材料，造成膜寿命缩短，膜结构完整性被破坏。细菌对不同聚合物黏附速率大不相同。如聚酰胺膜比醋酸纤维素膜更易受细菌污染。所以，降低膜的生物亲和性和采用易清洗的聚合物为材质的分离膜，会阻碍生物膜的生长。

三、防止膜污染的方法

可以通过控制膜污染影响因素，减少膜污染的危害，延长膜的有效操作时间，减少清洗频率，提高生产能力和效率。因此在用微滤、超滤分离或浓缩细胞、菌体或大分子产物时，必须注意以下几点：①进料液的预处理，如预过滤，pH 及金属离子控制；②选择合适的膜材料，可减轻膜的吸附；③改善操作条件，如加大流速。

四、膜污染的清洗方法

膜污染的清洗方法有物理法和化学法。物理清洗法主要有海绵球擦洗，热水法以及反冲洗和循环清洗。化学法可选择使用化学清洗剂对被污染的膜进行清洗，选择清洗剂要注意三点，一是要尽量判别是何种物质引起污染；二是清洗剂要不能对膜或装置有损害，三是要符合产品要求。

化学法常用的清洗剂有：

（1）氢氧化钠。氢氧化钠在发酵工业中用得很普遍，清洗液浓度一般为 $0.1 \sim 1.0 mol/L$。它能水解蛋白质，皂化脂肪，并对某些生物高分子起溶解作用。

（2）酸，如硝酸、磷酸和盐酸。用于去除无机污染物，如钙和镁盐。要注意的是对不锈钢装置不能用盐酸，可选用柠檬酸处理含铁装置上的污染物，效果较好。

（3）表面活性剂。主要对生物高分子、油脂等起乳化、分散、干扰细菌在膜上的黏附。常用的 SDS 和 TritonX-100，有较好的去蛋白质和油脂等作用。

（4）氧化剂，如氯。氯有较强的氧化能力，当氢氧化钠或表面活性剂不起作用时，可以用氯，其用量为 1~6mg/L 活性氯，其最适 pH 值为 10~11。

（5）酶。酶本身是蛋白质，如要去除多糖时，淀粉酶有一定的作用。

（6）有机溶剂。由于有机溶剂对膜和装置有不良作用，因而很少采用。20%~50%乙醇可用于膜装置的灭菌和去除油脂或硅氧烷消泡剂，但使用时系统必须符合防爆要求。

习　题

1. 什么是膜分离？膜材料为什么会有选择渗透性？

2. 超滤过程中的浓差极化现象是怎样产生的？

3. 电渗析的工作原理是什么？

4. 阐述离子交换膜的选择性渗透机理。

5. 膜污染产生的原因有哪些？减小膜污染的控制方法有哪些？如何清洗膜？

6. 含盐量为 9000mg(NaCl)/L 的海水，在压力 5.6MPa 下反渗透脱盐。在 25℃下，采用有效面积为 $12cm^2$ 的醋酸纤维素膜，测得水流量为 $0.012cm^3/s$，溶质浓度为 450mg/L。求溶剂渗透系数、溶质渗透系数和脱盐率。已知该条件下，渗透压系数为 1.8。

7. 20℃，20MPa 下，某反渗透膜对 5000mg/L 的 NaCl 溶液的截留率为 90%，已知膜的水渗透系数为 $4.8 \times 10^{-8}L/(cm^2 \cdot s \cdot MPa)$，求 30MPa 下的截留率。

第六章　反应动力学基础

第一节　反应速率

一、反应速率的概念

利用化学或生物反应进行工业生产或者污染物处理时，需要通过反应条件等的控制，使反应向有利的方向进行，为了达到这一目的而采取的一系列工程措施统称为反应操作。反应速率是一个化学反应或生物反应进行快慢的数量表示，通常以单位时间内单位量(体积或质量)的反应物系中某一反应组分的反应量来定义，即：

$$反应速率 = \frac{反应量}{反应时间 \times 反应体积}$$

二、反应的分类

反应有各种各样的分类方法，从反应器设计的角度可以把反应分为简单反应和复杂反应两大类。这种分类方法与反应机理无关，只是根据独立的计量方程的个数来分类。

简单反应(single reaction)，又称单一反应，是指能用一个计量方程描述的反应。它可以是基元反应，也可以是非基元反应。在简单反应体系中，一组反应物只生成一组特定的产物。对于可逆反应(reversible reaction)(正方向和逆方向都以较显著速度进行的反应)，可以写出正反应和负反应的两个计量方程，但两者并不独立，用其中一个计量方程即可表达反应组分间的定量关系，因此亦可视为一种简单反应。

$$A+B \rightleftharpoons P \tag{6.1.1}$$

复杂反应(multiple reaction)又称复合反应，是指需用多个计量方程描述的反应。反应系统中同时存在多个反应，由一组反应物可以生成若干组不同的产物，各产物间的比例随反应条件以及时间的变化而变化。主要的复杂反应有：并列反应、平行反应(parallel reaction)、串联反应(consecutive reaction)和平行-串联反应(parallel-consecutive reaction)等。

并列反应是指由相互独立的若干个单一反应组成的反应(系统)，任意一个反应的反应速率不受其他反应的影响。

$$A+B \longrightarrow P \tag{6.1.2}$$
$$C+D \longrightarrow Q \tag{6.1.3}$$

平行反应是指一组反应物同时参与多个反应，生成多种产物的反应，即反应物相同而产物不同的一类反应。

$$A \longrightarrow Q, \ A \longrightarrow P \tag{6.1.4}$$
$$A+B \longrightarrow Q, \ A+2B \longrightarrow P \tag{6.1.5}$$

串联反应是指反应中间产物作为反应物再继续反应产生新的中间产物或最终产物的反

应，即由最初反应物到最终产物是逐步完成的。有机污染物的生物降解一般可视为串联反应。

$$A \longrightarrow B \longrightarrow C \longrightarrow P \qquad (6.1.6)$$

平行-串联反应是平行反应和串联反应的组合。

$$A \longrightarrow Q, \ A+Q \longrightarrow P \qquad (6.1.7)$$

$$A+B \longrightarrow Q, \ A+2B \longrightarrow P, \ P+B \longrightarrow R \qquad (6.1.8)$$

另外，根据反应系统中反应组分的相态及其数量可分为均相反应和非均相反应。均相反应是指所有反应组分都处于同一相内的反应，如液相反应、气相反应等。非均相反应中参与反应的组分处于不同的相内，如液-固反应、气-固反应、气-液反应等。

对于某些非均相反应，如气-液相反应，化学反应实质上是发生在均相内，此类反应与均相反应统称为均相内反应。

对于固相催化反应，只有被吸附在流体与固体界面上的成分才能发生反应，也就是说化学反应只发生在界面上，这类反应称界面反应。

三、反应速率

1. 均相单一反应速率的一般定义式

反应系统中某组分的反应速率一般定义为单位时间单位体积反应层中该组分的反应量或生成量。

对于单一反应

$$\nu_A A + \nu_B B \longrightarrow \nu_R R \qquad (6.1.9)$$

反应物 A、B 和产物 R 的反应速率可分别表示为

$$r_A = -\frac{1}{V}\frac{dn_A}{dt} \qquad (6.1.10)$$

$$r_B = -\frac{1}{V}\frac{dn_B}{dt} \qquad (6.1.11)$$

$$r_R = \frac{1}{V}\frac{dn_R}{dt} \qquad (6.1.12)$$

式中　r_A，r_B，r_R——分别以组分 A、B、R 表示的化学反应速度，$kmol/(m^3 \cdot s)$ 或 $kmol/(m^3 \cdot h)$；

V——反应器的有效容积或反应体积，m^3；

n_A，n_B，n_R——分别为组分 A、B、R 的摩尔数，mol 或 kmol；

t——反应时间，s 或 h。

需要注意的是，对反应物 $dn/dt<0$，对产物 $dn/dt>0$，反应速率恒为正。按不同组分计算的反应速率在数值上是不相等的，因此在计算时要注明反应速率是按哪一个组分计算的。

对于液相反应，由于是不可压缩流体，可视为恒容反应，则有

$$r_A = -\frac{dC_A}{dt} \qquad (6.1.13)$$

能否使定义的反应速率不受组分的限制呢？

设反应(6.1.9)开始时系统内的各反应组分物质的量分别为 n_{A0}、n_{B0} 和 n_{R0}，反应开始 t

时刻的各组分物质的量分别为 n_A，n_B 和 n_R。

$$\mathrm{d}n_A : \mathrm{d}n_B : \mathrm{d}n_R = \nu_A : \nu_B : \nu_C \tag{6.1.14}$$

因此有

$$(-r_A) : (-r_B) : r_R = \nu_A : \nu_B : \nu_C \tag{6.1.15}$$

$$\frac{-r_A}{\nu_A} = \frac{-r_B}{\nu_B} = \frac{r_R}{\nu_R} = \bar{r} \tag{6.1.16}$$

其中 $\bar{r}$ 为常数，说明任一组分计算的反应速率，与相应的化学计量系数之比为恒定值，根据式(6.1.16)和式(6.1.10)~式(6.1.12)，有

$$\bar{r} = \frac{1}{\nu_i V} \frac{\mathrm{d}n_i}{\mathrm{d}t} \tag{6.1.17}$$

又因为

$$\frac{|n_A - n_{A_0}|}{\nu_A} = \frac{|n_B - n_{B0}|}{\nu_B} = \frac{|n_R - n_{R0}|}{\nu_R} \tag{6.1.18}$$

即任一组分的反应量与其计量系数之比为相同值，不随组分而变，故该比值可以用于描述反应的进行程度，即反应进度 ξ。

$$\xi = \frac{|n_i - n_{i0}|}{\nu_i} \tag{6.1.19}$$

式中　ξ——反应进度，kmol；

　n_i，n_{i0}——反应前后反应组分 i 的物质的量，kmol；

　ν_i——反应组分 i 的计量系数，无量纲。

由式(6.1.19)得

$$\mathrm{d}n_i = \nu_i \mathrm{d}\xi \tag{6.1.20}$$

结合式(6.1.17)和式(6.1.20)可得

$$\bar{r} = \frac{1}{V} \frac{\mathrm{d}\xi}{\mathrm{d}t} \tag{6.1.21}$$

上式为反应速率的普遍定义式，不受选取反应组分的限制。各组分的反应速率可以用 $\bar{r}$ 乘以相应的化学计量系数计算。

应特别注意，各组分的反应速率与计量式的书写方式无关，但反应的反应速率随计量式的书写方式不同而不同。

【例题 6.1.1】　在一定条件下，二氧化硫氧化反应在反应式为(1)时的反应速率：$\bar{r}=$ 6.36kmol/(m³·h)，试计算 SO_2、O_2 和 SO_3 的反应速率。若反应式改写成(2)的形式，试求出所对应的反应速率 r'。

$$2SO_2 + O_2 \rightleftharpoons 2SO_2 \tag{1}$$

$$SO_2 + \frac{1}{2}O_2 \rightleftharpoons SO_3 \tag{2}$$

解： 对于式(1)，$\dfrac{-r_{SO_2}}{2} = \dfrac{-r_{O_2}}{1} = \dfrac{r_{SO_3}}{2} = \bar{r}$，故

$$-r_{SO_2} = 2\bar{r} = 12.72\text{kmol}/(\text{m}^3 \cdot \text{h})$$

$$-r_{O_2} = \bar{r} = 6.36\text{kmol}/(\text{m}^3 \cdot \text{h})$$

$$r_{SO_2} = 2\bar{r} = 12.72 \text{kmol}/(\text{m}^3 \cdot \text{h})$$

对于 (2)，$\bar{r}' = \dfrac{-r_{SO_2}}{1} = \dfrac{2(-r_{O_2})}{1} = \dfrac{r_{SO_3}}{1} = 12.72 \text{kmol}/(\text{m}^3 \cdot \text{h})$

2. 非均相单一反应的反应速率

对于固定床催化反应器，如气固相催化反应器，气相中反应物的反应速率与固体催化剂的量有密切的关系，为了研究方便，经常采用以下不同基准的反应速率。

（1）以催化剂质量为基准的反应速率：定义为单位时间内单位催化剂质量（m）所能转化的某组分的量。反应物 A 的以催化剂质量为基准的反应速率 $-r_{Am}$ 表示为

$$-r_{Am} = -\frac{1}{m}\frac{dn_A}{dt} \tag{6.1.22}$$

（2）以催化剂表面积为基准的反应速率：定义为单位时间内单位催化剂表面积（A_S）所能转化的某组分的量。反应物 A 的以催化剂表面积为基准的反应速率 $-r_{AS}$ 表示为

$$-r_{AS} = -\frac{1}{A_S}\frac{dn_A}{dt} \tag{6.1.23}$$

3. 流动反应器(定常态过程)反应速率

对于推流式反应器，在流体流动方向（轴向）上存在浓度分布，但在垂直于流体流动方向上浓度各处相同，不存在浓度分布，所以一般选择垂直于轴向的一个微小体积单位作为物料衡算的基本单元。

对于如图 6.1.1 所示的平推流反应器，体积为 dV 的微小单元内反应物 A 的物料衡算如下：

流入量为 q_{nA}，排出量为 $q_{nA}+dq_{nA}$，反应量为 $(-r_A)dV$，积累量为 0，故

$$q_{nA} = q_{nA}+dq_{nA}+(-r_A)dV \tag{6.1.24}$$

$$-dq_{nA} = (-r_A)dV \tag{6.1.25}$$

$$-r_A = -\frac{dq_{nA}}{dV} \tag{6.1.26}$$

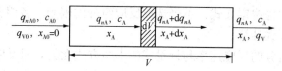

图 6.1.1　平推流反应器的物料衡算图

4. 复合反应速率

当同一个反应物系中同时进行若干个化学反应时，称为复合反应。某一组分的反应量是所参与的各个化学反应共同作用的结果。

对于多个反应的体系，设有 n 个反应组分 A_1，A_2，……，A_n，其中有 M 个独立反应（M 个关键组分），$\bar{r}_j$ 为第 j 个反应的反应速率，则组分 A_i 的复合速率为

$$R_i = \sum_{j=1}^{M} \nu_{ij}\bar{r}_j = \sum_{j=1}^{M} r_{ij}$$

R_i 为单位时间、单位体积反应混合物中某一组分 i 的反应量，叫作该组分的转化速率（对反应物）或生成速率（对生成物）。R_i 值可正可负，为正，代表生成速率；为负，代表消

耗速率。在上式中，对反应物，v_{ij} 取负值；对产物，v_{ij} 取正值。R_i 与 r_i 的区别在于：R_i 针对若干反应，而 r_i 只针对一个反应。

第二节　反应速率方程

一、反应速率方程的一般形式

定量描述反应速率与其影响因素之间的关系式称为反应速率方程（reaction rate equation）。影响反应速率的因素很多，如浓度、温度、溶剂、催化剂、压力、传质传热等，但溶剂、催化剂和压力等因素并非普遍发生影响，而温度和浓度会影响任何反应的速率。在溶剂、催化剂和压力等因素一定的情况下，均相反应的反应速率是反应组分浓度（c）和温度（T）的函数，即

$$r = f(c, T) \tag{6.2.1}$$

对于上述的速率方程，常将浓度及温度对反应速率的影响分开来处理，即

$$r = f_1(T) f_2(c) \tag{6.2.2}$$

在一定温度条件下，$f_1(T)$ 为常数，以反应速率常数 k 来表示。浓度函数表示成反应组分浓度的指数函数

$$f_2(c) = c_A^{\alpha_A} c_B^{\alpha_B} \cdots \tag{6.2.3}$$

结合式（6.2.2）和式（6.2.3），反应速率与反应物浓度之间的关系可用下式表示：

$$r = k c_A^{\alpha_A} c_B^{\alpha_B} \cdots = k \prod_{i=1}^{n} c_i^{\alpha_i} \tag{6.2.4}$$

式中　α_i——反应物 i 的反应级数（order），无量纲。

k——反应速率常数（reaction rate constant），k 的量纲为（浓度）$^{1-n}$（时间）$^{-1}$，即取决于反应级数 n。

上式可称为幂函数型指数方程。反应级数 a_A、a_B 两者之和 $n = a_A + a_B$ 为该反应的总反应级数。

$n = 1$ 时，称为一级反应（first-order reaction），如 $r = k c_A$；$n = 2$ 时，称为二级反应（second-order reaction），如 $r = k c_A^2$ 或 $r = k c_A c_B$；在一些条件下，反应速率与分组分的浓度无关，即 $r = k$，这种情况称为零级反应（zero-order reaction）。

应特别注意以下几点：

（1）反应级数不能独立地预示反应速率的大小，只表明反应速率对浓度变化的敏感程度，反应级数越大，浓度对反应速率的影响也越大。

（2）反应级数是由实验获得的经验值，一般它与各组分的计量系数没有直接的关系。只有当反应物按化学反应式一步直接转化为产物的反应，即基元反应时，才存在以下关系：$\nu_A = a_A$，$\nu_B = a_B$。

（3）理论上说，反应级数可以是整数，也可以是分数和负数。但在一般情况下，反应级数为正值且小于 3。

（4）反应级数会随实验条件的变化而变化，所以只能在获得其值的实验条件范围内应用。

二、单一反应的反应速率方程

1. 不可逆反应

对于不可逆单一反应

$$\nu_A A + \nu_B B \longrightarrow \nu_R R + \nu_S S \tag{6.2.5}$$

其速率方程为

$$r = k c_A^{\alpha_A} c_B^{\alpha_B} \tag{6.2.6}$$

对于均相不可逆的基元反应式(6.2.5)，反应速率方程中的幂 α_i 等于化学计量方程中的化学计量系数 ν_i，即

$$r = k c_A^{\nu_A} c_B^{\nu_B} \tag{6.2.7}$$

基元反应是指反应物分子按化学反应式在碰撞中一步直接转化为生成物分子的化学反应。而非基元反应是指反应物分子经过若干步，即经由几个基元反应才能转化为生成物分子的化学反应。对于非基元反应，反应物要经过一系列基元步骤才变为产物，对于总反应，速率方程中的指数必须要由实验确定。

2. 可逆反应

对于可逆的单一反应

$$\nu_A A + \nu_B B \rightleftharpoons \nu_R R + \nu_S S \tag{6.2.8}$$

其速率方程为

$$r = \overrightarrow{k} c_A^{\alpha_A} c_B^{\alpha_B} - \overleftarrow{k} c_R^{\beta_R} c_S^{\beta_S} \tag{6.2.9}$$

可逆反应速率方程的通式为

$$r = \overrightarrow{k} \prod_{i=1}^{n} c_i^{\alpha_i} - \overleftarrow{k} \prod_{j=1}^{n} c_j^{\beta_j} \tag{6.2.10}$$

式中 $\overrightarrow{k}$，$\overleftarrow{k}$——正、逆反应的反应速率常数。

c_i，c_j——反应物和产物的浓度。

当反应达到平衡时，即 $r=0$，则有

$$\overrightarrow{k} \prod_{i=1}^{n} c_i^{\alpha_i} - \overleftarrow{k} \prod_{j=1}^{n} c_j^{\beta_j} = 0 \tag{6.2.11}$$

$$\frac{\overrightarrow{k}}{\overleftarrow{k}} = \frac{\prod\limits_{j=1}^{n} c_j^{\beta_j}}{\prod\limits_{i=1}^{n} c_i^{\alpha_i}} \tag{6.2.12}$$

令 $K_c = \dfrac{\overrightarrow{k}}{\overleftarrow{k}}$，则

$$K_c = \frac{\prod\limits_{j=1}^{n} c_j^{\beta_j}}{\prod\limits_{i=1}^{n} c_i^{\alpha_i}} \tag{6.2.13}$$

K_c 称为可逆基元反应的化学平衡常数。

三、复合反应的反应速率方程

当同一个反应物系中同时进行若干个化学反应时，称为复合反应。复合反应中，某一组

分可能是一个反应的反应物，同时也可能是另一个反应的生成物，它的反应量是所参与的各个化学反应共同作用的结果。复合反应包括并列反应、平行反应、串联反应等。

1. 并列反应

并列反应系统中各个反应的反应组分不同，各反应独立进行，任一反应的反应速率不受其他反应的反应组分浓度的影响，各反应都可以按单一反应来处理。例如：

$$A \longrightarrow P$$
$$B \longrightarrow Q$$

但在某些多相催化反应和变容反应中，一个反应进行速率可能会受到其他反应的影响。

2. 平行反应

平行反应中反应物相同但产物不同或不全相同，又称为竞争反应。例如：

$$v_{A1}A \longrightarrow v_{P1}P（目的产物） \quad r_1 = k_1 c_A^\alpha$$
$$v_{A2}A \longrightarrow v_{Q2}Q（副产物） \quad r_2 = k_2 c_A^\beta$$

若生产的目标是 P，则 P 为目的产物，生成目的产物的反应叫作主反应，其他则叫作副反应。加快主反应速率，降低副反应速率，是处理一切复合反应问题的着眼点。可用反应选择性(S)来表达主反应进行的程度，另外还可以用收率(Y)和转化率(X)来表示：

$$反应选择性\ S = \frac{转化为目的产物的关键组分量}{关键组分的总消耗量} \quad (6.2.14)$$

$$收率\ Y = \frac{转化为目的产物的关键组分量}{关键组分的起始量} \quad (6.2.15)$$

$$转化率\ X = \frac{某一反应物的转化量}{该反应物的起始量} \quad (6.2.16)$$

收率只是针对反应产物而言，而转化率则是针对反应物而言。如果是有物料循环的反应系统，收率有单程收率和全程收率之分。

转化率、收率和反应选择性的关系可用下式表示：

$$Y = S \cdot X \quad (6.2.17)$$

可用瞬时选择性来评价主副反应速率的相对大小。

$$瞬时选择性\ S = \frac{转化为目的产物的关键组分消耗速率}{关键组分的总消耗速率} \quad (6.2.18)$$

若生成 1mol 目的产物 P 所需的反应物 A 的量为 μ_{PA}，则产物的 P 的瞬时选择性为

$$S_P = \left| \frac{r_{A1}}{R_A} \right| = \left| \frac{v_{A1}}{v_{P1}} \right| \cdot \left| \frac{r_P}{R_A} \right| = \mu_{PA} \left| \frac{r_P}{R_A} \right| \quad (6.2.19)$$

其中反应物 A 的总反应速率为

$$|R_A| = |r_{A1} + r_{A2}| = \left| \frac{v_{A1}}{v_{P1}} \right| r_P + \left| \frac{v_{A2}}{v_{Q2}} \right| r_Q = \left| \frac{v_{A1}}{v_{P1}} \right| \cdot k_1 c_A^\alpha + \left| \frac{v_{A2}}{v_{Q2}} \right| \cdot k_2 c_A^\beta \quad (6.2.20)$$

假定各反应组分的化学计量系数的数值均为 1，将上式和 $r_P = k_1 C_A^\alpha$ 代入式(6.2.19)中可得

$$S_P = \frac{k_1 c_A^\alpha}{k_1 c_A^\alpha + k_2 c_A^\beta} = \frac{1}{1 + \dfrac{k_2}{k_1} c_A^{\beta-\alpha}} \quad (6.2.21)$$

在温度一定的条件下，浓度对反应速率的影响与主、副反应级数有关。

当 $\alpha=\beta$ 时，$S_p=\dfrac{1}{1+\dfrac{k_2}{k_1}}$，反应的反应速率与浓度无关；当 $\alpha>\beta$ 时，浓度增高，瞬时选择性增加；当 $\alpha<\beta$ 时，浓度增高，瞬时选择性降低。

温度对瞬时选择性也有影响，主要与主副反应的活化能 E 有关，活化能的知识将在后面讲述。当主反应的活化能与副反应的活化能相等时，反应的反应速率与温度无关；当前者大于后者时，温度增高，瞬时选择性增加；当前者小于后者时，温度增高，瞬时选择性降低。

3. 串联反应

当一个反应的产物同时又是其他反应的反应物，这种反应称为串联反应。例如在等温、等容的条件下：

$$A \longrightarrow P \longrightarrow Q \qquad\qquad r_1=k_1 c_A \qquad r_2=k_2 c_p$$

这样的串联反应可以看作是若干个基元反应，其反应速率方程分别为：

$$R_A=-r_1=-k_1 c_A$$
$$R_p=r_1-r_2=k_1 c_A-k_2 c_p$$
$$R_Q=r_2=k_2 c_p$$

串联反应具有以下几个特点：

（1）中间产物 P 存在最大浓度；

（2）不论目的产物是 P 还是 Q，提高 A 的转化率总是有利的；

（3）若 Q 为目的产物，加速两个反应都有能提高产量，若 P 为目的产物，则要抑制第二个反应。如欲提高中间产物收率可以通过采用合适的催化剂、采用合适的反应器和操作条件以及采用新的工艺（如反应精馏、膜反应器等）等方法来实现。中间产物的 P 的瞬时选择性可用下式计算：

$$S_p=\left|\frac{R_p}{R_A}\right|=\left|\frac{k_1 c_A-k_2 c_p}{k_1 c_A}\right|=1-\frac{k_2\,c_p}{k_1\,c_A} \qquad\qquad (6.2.22)$$

四、温度对反应速率的影响

1. 反应速率常数

反应速率受温度的影响往往比受浓度的影响还要大。在质量作用定律提出之前，人们便注意到了温度对反应速率的影响，Wilhelmy 和 Berthelot 曾分别于 1850 年和 1860 年指出大多数反应随温度升高而加速。

热力学中，描述化学反应平衡常数 K_p 与温度的关系（Van's Hoff 方程）为

$$\frac{\mathrm{d}\ln K_p}{\mathrm{d}T}=\frac{\Delta H}{RT^2} \qquad\qquad (6.2.23)$$

Hood 于 1855 年提出了相似的函数关系描述反应速率常数 k 与温度之间的关系式：

$$\frac{\mathrm{d}\ln k}{\mathrm{d}T}=\frac{A}{RT^2}+B \qquad\qquad (6.2.24)$$

上两式中

T——热力学温度，K；

R——摩尔气体常数，$R=8.314 J/(mol \cdot K)$；

A，B——方程常数。

Arrhenius 在大量实验数据与理论论证的基础上，于 1889 年提出了著名的 Arrhenius 定律，即

$$\frac{\mathrm{d}\ln k}{\mathrm{d}T} = \frac{E}{RT^2} \qquad (6.2.25)$$

将式(6.2.25)积分可以得到 Arrhenius 的积分式

$$k = k_0 \exp\left(-\frac{E}{RT}\right) \qquad (6.2.26)$$

式中　k_0——指前因子(pre-exponential factor)或表观频率因子(frequency factor)，可以近似地看作与温度无关的常数；

　　　E——反应活化能(activation energy)，J/mol；

该式说明当催化剂、溶剂等其他因素一定时，k 仅是反应温度 T 的函数。反应速率常数 k 的数值与反应物的浓度为 1 时的反应速率相等，因此 k 亦称比反应速率(specific reaction rate)，其物理意义是各组分在单位浓度下的反应速率。对于化学反应，k 的大小与温度和催化剂等有关，但一般与反应物浓度无关。对于一些生物化学和微生物反应，除温度和酶的种类外，有时反应物(即基质)浓度会影响 k 的大小。

根据分子碰撞理论的研究，对于分子直接碰撞引起的基元反应，Arrhenius 公式中活化能 E 的物理意义是碰撞分子发生有效反应必须克服的能垒，或者说是把反应物的分子激发到可进行反应的"活化状态"时所需要的能量，而指前因子 k_0 则是分子碰撞的频率。但在一般的反应中，Arrhenius 公式中的活化能 E 和指前因子 k_0 与反应相关参数之间并无直接的对应关系，往往无确切的物理意义，一般只能通过实验测定。活化能 E 的大小反映了温度对反应速率的影响程度，即反应速率对温度的敏感程度，因此 k 与温度有关，温度越低，k 受温度的影响越大。

将式(6.2.26)两边同时取对数得

$$\ln k = \ln k_0 - \frac{E}{RT} \qquad (6.2.27)$$

实验测得不同温度下的反应速率常数 k，利用式(6.2.27)就可以求得 E。以 $1/T$ 为横坐标、$\ln k$ 为纵坐标作图，可得一直线，该直线的斜率为$-E/R$(图6.2.1)。

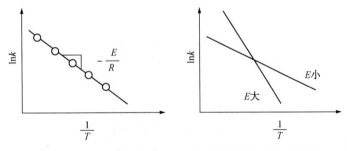

图 6.2.1　活化能的求法及反应速率随温度的变化示意图

值得注意的是，以上有关 k 与温度的关系的讨论仅适用于基元反应。对于非基元反应，理论上可以通过构成该反应的各基元反应的 E 求出，但这样非常烦琐，而且常常与表观 E 有一定的偏差，所以在实际应用中一般通过实验直接求出表观活化能。

【例题 6.2.1】气-固相反应 A→P 的反应速率在常压条件下可表示为 A 摩尔分数 z_A 的一次函数：$-r_{Am}=kz_A$ kmol/[h·g(催化剂)]，在不同温度下测得 k 的值如下表所示，试求该反应的活化能。

T/K	610	620	630	640	650
$k/10^4$	3.05	6.12	8.20	11.5	25.1

解：根据表中数据求出 $1/T$ 和 $\ln k$ 列表如下：

$\dfrac{1}{T}/K^{-1}$	0.001639	0.001613	0.001587	0.001563	0.001538
$\ln k$	10.33	11.02	11.31	11.65	12.43

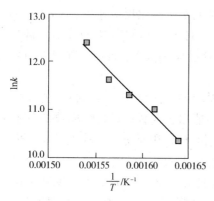

图 6.2.2　例题 6.2.1 附图

以 $1/T$-$\ln k$ 作图，可得一直线，如图 6.2.2 所示。

由直线斜率可得 $-\dfrac{E}{R}=-19199K$。

由 $R=8.314J/(kmol \cdot K)$ 得 $E=160kJ/mol$。

2. 温度对单一反应的影响

（1）不可逆反应

根据式（6.2.4）和式（6.2.25）可知，不可逆反应的速率随温度的升高而增大。

（2）可逆反应

对于可逆的单一反应

$$\nu_A A+\nu_B B \Longleftrightarrow \nu_R R+\nu_S S$$

由式（6.2.27）两边对 T 求导得

$$\frac{d\ln\overrightarrow{k}}{dT}=\frac{\overrightarrow{E}}{RT^2} \quad 或 \quad \frac{d\overrightarrow{k}}{dT}=\frac{\overrightarrow{k}\overrightarrow{E}}{RT^2} \qquad (6.2.28)$$

$$\frac{d\ln\overleftarrow{k}}{dT}=\frac{\overleftarrow{E}}{RT^2} \quad 或 \quad \frac{d\overleftarrow{k}}{dT}=\frac{\overleftarrow{k}\overleftarrow{E}}{RT^2} \qquad (6.2.29)$$

两式相减，则有

$$\frac{d\ln\overrightarrow{k}}{dT}-\frac{d\ln\overleftarrow{k}}{dT}=\frac{\overrightarrow{E}}{RT^2}-\frac{\overleftarrow{E}}{RT^2}$$

即

$$\frac{d\ln\dfrac{\overrightarrow{k}}{\overleftarrow{k}}}{dT}=\frac{\overrightarrow{E}}{RT^2}-\frac{\overleftarrow{E}}{RT^2}=\frac{\Delta H_r}{RT^2} \qquad (6.2.30)$$

当 $\Delta H_r>0$ 时，该可逆反应为吸热反应，$\overrightarrow{E}>\overleftarrow{E}$；当 $\Delta H_r<0$ 时，该可逆反应为放热反应，$\overleftarrow{E}>\overrightarrow{E}$。

反应速率总是随温度的增加而增大，呈强烈非线性关系，温度是影响化学反应速率的最敏感的因素。对于可逆反应，温度升高时，正逆反应速率均增大，但两者之差（即实际反应速率）是否也增加呢？

可逆反应的反应速率方程为

$$r = \vec{k}f(x_A) - \overleftarrow{k}g(x_A)$$

（6.2.31）

其中 x_A 为组分 A 的转化速率。式（6.2.31）两边对 T 求导

$$\left(\frac{\partial r}{\partial T}\right)_{x_A} = \frac{\mathrm{d}\vec{k}}{\mathrm{d}T}f(x_A) - \frac{\mathrm{d}\overleftarrow{k}}{\mathrm{d}T}g(x_A) = \frac{\vec{E}}{RT^2}\vec{k}f(x_A) - \frac{\overleftarrow{E}}{RT^2}\overleftarrow{k}g(x_A)$$

当可逆反应为吸热反应时，$\overleftarrow{E} > \vec{E}$，$\left(\frac{\partial r}{\partial T}\right)_{x_A} > 0$，反应速率总是随着温度的升高而增加；当反应温度一定时，反应速率随转化率的增加而下降，当转化率一定时，反应速率随温度升高而增加。如图 6.2.3 所示。

当可逆反应为放热反应时，$\vec{E} > \overleftarrow{E}$，$\left(\frac{\partial r}{\partial T}\right)_{x_A}$ 可以大于零，等于零或小于零。速率随着温度的升高可增加，可降低。温度较低时，反应速率随温度增加而升高，经过一个极值（最佳反应温度）后，温度继续升高，反应速率反而下降。如图 6.2.4 所示。

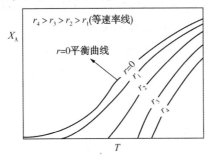

图 6.2.3　可逆吸热反应反应速率与温度及转化率的关系图

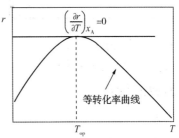

图 6.2.4　可逆放热反应反应速率与温度的关系图

$\left(\frac{\partial r}{\partial T}\right)_{x_A} > 0$ 时，反应速率随温度的升高而增加；$\left(\frac{\partial r}{\partial T}\right)_{x_A} = 0$ 时，反应速率达到最大；$\left(\frac{\partial r}{\partial T}\right)_{x_A} < 0$ 时，反应速率随温度的升高而降低。因此在某一温度下，r 应有一极大值。式（6.2.29）两边对 T 求导并令其等于 0，则有

$$\left(\frac{\partial r}{\partial T}\right)_{x_A} = \frac{\vec{E}}{RT^2}\vec{k}f(x_A) - \frac{\overleftarrow{E}}{RT^2}\overleftarrow{k}g(x_A) = 0$$

$$\vec{E}\vec{k}f(x_A) - \overleftarrow{E}\overleftarrow{k}g(x_A) = 0$$

$$\frac{g(x_A)}{f(x_A)} = \frac{\vec{E}\vec{k}}{\overleftarrow{E}\overleftarrow{k}} = \frac{\vec{E}\,\vec{k_0}\exp(-\vec{E}/RT_{op})}{\overleftarrow{E}\,\overleftarrow{k_0}\exp(-\overleftarrow{E}/RT_{op})}$$

又因为反应达到平衡时 $r = 0$，即

$$\frac{g(x_A)}{f(x_A)} = \frac{\vec{k}}{\overleftarrow{k}} = \frac{\vec{k_0}\exp(-\vec{E}/RT_e)}{\overleftarrow{k_0}\exp(-\overleftarrow{E}/RT_e)}$$

联立上两式，得

$$T_{op} = \frac{T_e}{1 + \frac{RT_e}{\overleftarrow{E} - \vec{E}}\ln\frac{\overleftarrow{E}}{\vec{E}}}$$

（6.2.32）

T_e 为平衡温度，与转化率 x_A 相对应，在每一个平衡温度 T_e 下对应一条等转化率曲线，最佳反应温度是转化率的隐函数。图 6.2.5 中每一条等转化率曲线上都有极值点，此点转化率最高，其温度为 T_{op}。连接所有等速率线上的极值点所构成的曲线，叫最佳温度曲线。

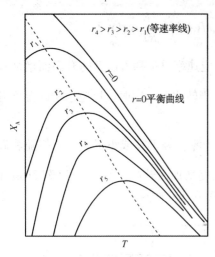

图 6.2.5　可逆放热反应反应速率与
温度及转化率的关系图

（3）复合反应

在并列反应中，反应系统中各个反应的反应组分不同，各反应独立进行，任一反应的反应速率不受其他反应的反应组分浓度的影响。各反应都可按单一反应来处理。但是要注意两种特殊情况，一是某些多相催化反应，二是变容反应。

在平行反应中，反应物相同但产物不同或不全相同。可用瞬时选择性来评价主副反应速率的相对大小。如式（6.2.21）所示。温度对瞬时选择性的影响与主副反应的活化能有关。当 $E_主 = E_副$ 时，瞬时选择性与温度无关；当 $E_主 > E_副$ 时，温度增高，瞬时选择性增加，当 $E_主 < E_副$ 时，温度增高，瞬时选择性降低。

五、反应的计算

1. 膨胀因子

对于不可逆单一反应

$$\nu_A A + \nu_B B \longrightarrow \nu_p P \tag{6.2.33}$$

其中，ν_A、ν_B 和 ν_p 为计量系数。

其速率方程为

$$r = k c_A^{\alpha_A} c_B^{\alpha_B} \tag{6.2.34}$$

在式（6.2.33）中，计量系数的代数和等于零时，这种反应称为"等分子反应"，否则称非等分子反应。非等分子反应在进行一定程度后反应系统内组分的总物质的量将发生变化。每消耗 1mol 的某反应物所引起的反应系统总物质的量的变化量（δ）的称为该反应物的膨胀因子。反应物 A 的膨胀因子可表示为

$$\delta_A = \frac{n - n_0}{n_{A0} - n_A} \tag{6.2.35}$$

式中　n_0，n——反应前后系统的总物质的量，kmol；

n_{A0}，n_A——反应前后系统中反应物 A 的物质的量，kmol。

2. 转化率

工程中往往关心某一关键组分的反应进度，即组分在反应器内的变化情况，所以经常用某关键反应物的转化率（conversion，fractional conversion）来表示反应进行的程度。

对于间歇反应器，反应物 A 的转化率 x_A 定义为 A 的反应量与起始量之比，即

$$x_A = \frac{n_{A0} - n_A}{n_{A0}} = 1 - \frac{n_A}{n_{A0}} \tag{6.2.36}$$

式中　n_{A0}，n_A——反应起始和 t 时刻时 A 的物质的量，kmol；

任一反应物 i 在 t 时刻的物质的量可以根据反应物 A 的转化率，通过下式计算：

$$n_i = n_{i0} - \frac{v_i}{v_A} n_{A0} x_A \tag{6.2.37}$$

任一产物 i 在 t 时刻的物质的量可以根据反应物 A 的转化率，通过下式计算：

$$n_i = n_{i0} + \frac{v_i}{v_A} n_{A0} x_A \tag{6.2.38}$$

对于连续操作的反应器，反应物 A 的转化率的定义式如下：

$$x_A = \frac{q_{nA0} - q_{nA}}{q_{nA0}} = 1 - \frac{q_{nA}}{q_{nA0}} \tag{6.2.39}$$

式中 q_{nA0}，q_{nA}——流入和排出反应器的 A 组分的摩尔流量，kmol/s；

在实际工程中，关键组分的转化率有时不能直接测得，而是通过测定反应器中该组分或其他组分的浓度或质量分数、摩尔分数的变化，然后进行计算求得，下面讨论一下它们之间的关系。

3. 转化率与摩尔分数的关系

由于反应过程中系统的物质的量总数可能发生变化，t 时刻的总物质的量 n_i 为

$$n_t = n_0 + \delta_A n_{A0} x_A \tag{6.2.40}$$

式中 n_0，n_t——反应开始时和 t 时刻的系统内的总物质的量，kmol。

t 时刻 A 的物质的量为

$$n_A = n_{A0}(1 - x_A) \tag{6.2.41}$$

此时的 A 的摩尔分数 z_A 为

$$z_A = \frac{n_A}{n_t} = \frac{n_{A0}(1 - x_A)}{n_0 + \delta_A n_{A0} x_A} = \frac{z_{A0}(1 - x_A)}{1 + \delta_A z_{A0} x_A} \tag{6.2.42}$$

式中 z_{A0}——反应开始时组分 A 的摩尔分数，无量纲。

据 A 的摩尔分数，由式（6.2.42）可计算出 A 的转化率为

$$x_A = \frac{z_{A0} - z_A}{z_{A0}(1 + \delta_A z_A)} \tag{6.2.43}$$

其他各成分的摩尔分数与 x_A 的关系式见表 6.2.1。由表 6.2.1 可知，如果知道反应开始时各组分的物质的量，根据反应后任一组分的摩尔分数就可以计算出反应物 A 的转化率。对于反应

$$v_A A + v_B B \longrightarrow v_p P$$

有

$$x_A = \frac{z_{B0} - z_B}{z_{A0}(v_B/v_A + \delta_A z_B)} = \frac{z_{P0} - z_p}{z_{A0}(-v_p/v_A + \delta_A z_p)} \tag{6.2.44}$$

表 6.2.1 反应 $v_A A + v_B B \longrightarrow v_p P$ 中 A 的转化率与摩尔分数的关系

组分	初始值		转化率为 x_A 时的值	
	物质的量/mol	摩尔分数	物质的量/mol	摩尔分数
A	n_{A0}	z_{A0}	$n_A = n_{A0}(1 - x_A)$	$z_A = \dfrac{z_{A0}(1 - x_A)}{1 + \delta_A z_{A0} x_A}$

组分	初始值		转化率为 x_A 时的值	
	物质的量/mol	摩尔分数	物质的量/mol	摩尔分数
B	n_{B0}	z_{B0}	$n_B = n_{B0} - \dfrac{v_B}{v_A} n_{A0} x_A$	$z_B = \dfrac{z_{B0} - \dfrac{v_B}{v_A} z_{A0} x_A}{1 + \delta_A z_{A0} x_A}$
P	n_{P0}	z_{P0}	$n_p = n_{P0} + \dfrac{v_p}{v_A} n_{A0} x_A$	$z_p = \dfrac{z_{P0} + \dfrac{v_p}{v_A} z_{A0} x_A}{1 + \delta_A z_{A0} x_A}$
M	n_{M0}	z_{M0}	$n_M = n_{M0}$	$z_M = \dfrac{z_{M0}}{1 + \delta_A z_{A0} x_A}$
全体	n_0	1	$n_t = n_0 + \delta_A n_{A0} x_A$	

注：①M 为惰性物质，不参与反应；

②$n_0 = n_{A0} + n_{B0} + n_{P0} + n_{M0}$；

③对于理想气体的气相反应，摩尔分数与分压相等，所以把摩尔分数替换为分压时，表中的各关系式亦成立。

4. 转化率与浓度的关系

恒容条件下，由式(6.2.36)可得

$$x_A = \frac{n_{A0} - n_A}{n_{A0}} = \frac{c_{A0} - c_A}{c_{A0}}$$

$$c_A = c_{A0}(1 - x_A) \tag{6.2.45}$$

$$c_B = c_{B0} - \frac{v_B}{v_A}(c_{A0} - c_A) = c_{B0} - \frac{v_B}{v_A} c_{A0} x_A \tag{6.2.46}$$

其他各成分的浓度与 x_A 的关系式见表 6.2.2。

表 6.2.2　恒容反应 $v_A A + v_B B \longrightarrow v_p P$ 中各组分浓度与 A 的转化率的关系

组分	初始浓度	转化率为 x_A 时的浓度
A	c_{A0}	$c_A = c_{A0}(1 - x_A)$
B	c_{B0}	$c_B = c_{B0} - \dfrac{v_B}{v_A}(c_{A0} - c_A) = c_{B0} - \dfrac{v_B}{v_A} c_{A0} x_A$
P	c_{P0}	$c_p = c_{P0} + \dfrac{v_p}{v_A}(c_{A0} - c_A) = c_{P0} + \dfrac{v_p}{v_A} c_{A0} x_A$
M	c_{M0}	$c_M = c_{M0}$

注：M 为惰性物质。

另外，表 6.2.2 中的各关系式也可以由表 6.2.1 中的物质的量的关系式简单地推导出来。因为恒容系统的体积不发生变化，将物质的量除以体积即可得到浓度与 x_A 的关系式。

对于恒温恒压气相反应，反应体系中的总浓度(c_0)可根据理想气体方程，按下式求得：

$$c_0 = \frac{n_t}{V} = \frac{p}{RT} \tag{6.2.47}$$

式中　p——总压力，kPa；

V——体积，m^3；

R——摩尔气体常数，8.314J/(mol·K)。

将表 6.2.1 中摩尔分数与 x_A 的关系式两边同乘以 $\dfrac{p}{RT}$，即可得到恒温恒压气相反应系统中各组分浓度与反应物 A 的转化率 x_A 之间的关系式。例如，反应物 A 的浓度与 x_A 的关系如下：

$$z_A \frac{p}{RT} = \frac{\frac{p}{RT} z_{A0}(1-x_A)}{1+\delta_A z_{A0} x_A} \tag{6.2.48}$$

$$c_A = \frac{c_{A0}(1-x_A)}{1+\delta_A z_{A0} x_A} \tag{6.2.49}$$

【例题 6.2.2】 一间歇反应器中含有 10.0mol 的反应原料 A，反应结束后，A 的剩余量为 1.0mol。若反应按 $2A+B \longrightarrow P$ 的反应式进行，且反应开始时 A 和 B 的物质的量之比为 5：3。试分别计算 A 和 B 的转化率。

解： $x_A = 1 - \dfrac{n_A}{n_{A0}} = 1 - \dfrac{1.0}{10.0} = 0.9$

根据反应式，$v_A = 2$，$v_B = 1$，故

$$n_B = n_{B0} - \frac{v_B}{v_A} n_{A0} x_A = n_{B0} - \frac{1}{2} n_{A0} x_A$$

$$\frac{n_B}{n_{B0}} = 1 - \frac{1}{2} \frac{n_{A0}}{n_{B0}} x_A$$

$$x_B = 1 - \frac{n_B}{n_{B0}} = \frac{1}{2} \frac{n_{A0}}{n_{B0}} x_A = \frac{1}{2} \times \frac{5}{3} \times 0.9 = 0.75$$

故 A 和 B 的转化率分别为 90% 和 75%。

第三节　均相反应动力学

均相反应是指参与反应的各物质均处于同一个相内进行的化学反应，这里的均相是指在一个相中的反应物料是以分子尺度混合的。均相反应的特点体现在以下几个方面：必须是均相体系，这是均相反应的微观条件；具有强烈的混合手段，这是均相反应的宏观条件；反应的速度远小于分子扩散的速度，反应过程不存在相界面，过程总速度由化学反应本身决定。

反应动力学是研究各种因素，如温度、压力、反应物组成、催化剂、溶剂等对反应速率、反应产物分布的影响，并确定这些影响因素与反应速率之间的定量关系，为工业反应装置的选型、设计计算和反应的操作分析提供理论依据。

此部分主要讨论恒温恒容条件下的反应速率方程，即反应速率与反应组分浓度之间的关系，并在此基础上讨论反应组分浓度随反应时间的变化。

一、不可逆单一反应

对于简单的不可逆单一反应 A→P，其反应速率方程为

$$-r_A = k c_A^n \tag{6.3.1}$$

对于恒温恒容过程，可表示为

$$-\frac{\mathrm{d}c_A}{\mathrm{d}t}=kc_A^n=kc_{A0}^n(1-x_A)^n \tag{6.3.2}$$

1. 零级反应（$n=0$）

对于零级反应 A→P，在恒温恒容的条件下，反应速率方程可表示为

$$-\frac{\mathrm{d}c_A}{\mathrm{d}t}=kc_A^0=k \tag{6.3.3}$$

对上式积分，边界条件为：$t=0$ 时，$c_A=c_{A0}$；$t=t$ 时，$c_A=c_A$。整理可得反应物 A 的浓度与反应时间的关系式：

$$kt=c_{A0}-c_A=c_{A0}x_A \tag{6.3.4}$$

$$t=\frac{c_{A0}-c_A}{k}=\frac{c_{A0}x_A}{k} \tag{6.3.5}$$

$$c_A=c_{A0}-kt \tag{6.3.6}$$

零级反应的反应物浓度与反应时间的关系如图 6.3.1 所示。

零级反应的反应速率与反应物的浓度无关。在生物化学以及微生物反应中，当基质浓度足够高时，反应往往属于零级反应。

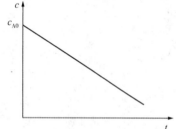

图 6.3.1　零级反应的浓度–时间曲线

在实际应用中，有时用反应物浓度减少到初始浓度的 1/2 时所需要的时间，即半衰期（$t_{1/2}$）来表达反应速率。半衰期越长，表明反应速率越慢。

由式（6.3.5）可得，零级反应的半衰期为

$$t_{1/2}=c_{A0}/(2k) \tag{6.3.7}$$

即它与初始浓度成正比，初始浓度越高，反应物浓度减少到一半所需要的时间越长。

2. 一级反应（$n=1$）

对于一级反应 A→P，在恒温恒容的条件下，反应速率方程可表示为

$$-\frac{\mathrm{d}c_A}{\mathrm{d}t}=kc_A \tag{6.3.8}$$

对上式积分，边界条件为：$t=0$ 时，$c_A=c_{A0}$；$t=t$ 时，$c_A=c_A$。整理可得反应物 A 的浓度与反应时间的关系式：

$$kt=\ln\frac{c_{A0}}{c_A}=\ln c_{A0}-\ln c_A \tag{6.3.9}$$

$$t=\frac{1}{k}\ln\frac{c_{A0}}{c_A} \tag{6.3.10}$$

$$c_A=c_{A0}e^{-kt} \tag{6.3.11}$$

由式（6.3.10）可得一级反应的半衰期为

$$t_{1/2}=\frac{\ln 2}{k}=\frac{0.693}{k} \tag{6.3.12}$$

由上可知，一级反应有以下主要特点：①反应物浓度与反应时间成指数关系，如图 6.3.2(a)所示，只有在反应时间足够长，即 $t\longrightarrow\infty$ 时，反应物浓度才趋近于零；②反应物浓度的对数与反应时间成直线关系，以 $\ln c_A$ 对 t 作图可得一直线，其斜率为 k，如图 6.3.2

（b）所示；③半衰期与 k 成反比，与反应物的初始浓度无关。

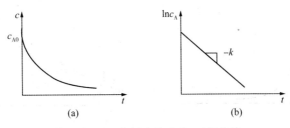

图 6.3.2　一级反应的浓度–时间曲线

【**例题 6.3.1**】　在湿热灭菌过程中，细菌的死亡速率 $-r_A$ 和活菌数 c_A 之间的关系可近似为 $-r_A = kc_A$（式中 k 为死亡速率常数）。

（1）某细菌在 392.4K 时加热 1min，活菌数减少到加热前的 1/10。试计算该细菌的死亡速率常数。

（2）若保证杀菌率为 90%，加热时间浓缩到 1/10 时，灭菌温度不能低于多少度（设杀菌的活化能约为 200kJ/mol）？

解：（1）灭菌反应近似为一级反应，即

$$kt = \ln \frac{c_{A0}}{c_A} = -\ln \frac{c_A}{c_{A0}}$$

由题意，$t = 1\text{min}$，$\dfrac{c_A}{c_{A0}} = 0.1$，$k = -\ln 0.1$

所以 $k = 2.30\text{min}^{-1}$

（2）根据题意，$t = 0.1\text{min}$，$\dfrac{c_A}{c_{A0}} = 0.1$。同理可求得，$k' = 23.0\text{min}^{-1}$，

由 k、k' 和 E 求得 $T = 407.7\text{k}$。

3. 二级反应（$n = 2$）

对于二级反应 $2A \rightarrow P$，在恒温恒容的条件下，速率方程可表示为

$$-\frac{dc_A}{dt} = kc_A^2 \tag{6.3.13}$$

对上式积分，边界条件为：$t = 0$ 时，$c_A = c_{A0}$；$t = t$ 时，$c_A = c_A$。整理可得反应物 A 的浓度和转化率与反应时间的关系式：

$$kt = \frac{1}{c_A} - \frac{1}{c_{A0}} \tag{6.3.14}$$

或

$$kt = \frac{1}{c_{A0}} \frac{x_A}{1 - x_A} \tag{6.3.15}$$

二级反应的半衰期为

$$t_{1/2} = \frac{1}{kc_{A0}} \tag{6.3.16}$$

由上可知，二级反应有以下主要特点：①反应物浓度的倒数与反应时间成直线关系，直线的斜率为 k，如图 6.3.3 所示；②达到一定的转化率所需的时间与反应物初始浓度有关，反应物的初始浓度越大，达到一定的转化率所需的时间越短；③半衰期与 k 和 c_{A0} 的积成反

比，k 和 c_{A0} 的值越大，半衰期越短。

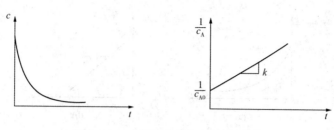

图 6.3.3 二级反应的浓度-时间曲线

【例题 6.3.2】 反应 A —— B 为 n 级不可逆反应，已知在 300K 时要使 A 的转化率达到 20% 需 12.6min，而在 340K 达到同样的转化率仅需 3.20min，求该反应的活化能 E。

解：

$$-r_A = -\frac{dc_A}{dt} = kc_A^n$$

$$-\int_{c_{A0}}^{c_A} \frac{dc_A}{c_A^n} = \int_0^t \frac{dt}{t}$$

即

$$\frac{1}{n-1}\left[\frac{1}{c_A^{n-1}} - \frac{1}{c_{A0}^{n-1}}\right] = kt$$

达到 20% 转化率时，$c_A = 0.8c_{A0}$

则 $k = \dfrac{1}{(n-1)c_{A0}^{n-1}}(1.25^{n-1}-1)\times\dfrac{1}{t} = M\times\dfrac{1}{t}$，式中 M 为常数。

$$k_{300} = M\times\frac{1}{12.6}, \quad k_{340} = M\times\frac{1}{3.2}$$

$$\ln\frac{k_{340}}{k_{300}} = \ln\frac{M/3.2}{M/12.6} = \frac{E}{8.314}\left(\frac{1}{300} - \frac{1}{340}\right)$$

解得 $E = 29.06\text{kJ/mol}$

表 6.3.1 列出了几种单一反应的速率方程。

表 6.3.1 单一反应（恒温恒容）的速率方程

	反应速率方程	速率方程的积分形式	半衰期 $t_{1/2}$
A→P （0 级）	$-r_A = k$	$kt = c_{A0} - c_A$	$\dfrac{c_{A0}}{2k}$
A→P （1 级）	$-r_A = kc_A$	$kt = \ln\dfrac{c_{A0}}{c_A}$	$\dfrac{\ln 2}{k}$
2A→P （2 级）	$-r_A = kc_A^2$	$kt = \dfrac{1}{c_A} - \dfrac{1}{c_{A0}}$	$\dfrac{1}{kc_{A0}}$
$\nu_A A + \nu_B B \to P$ （2 级）	$-r_A = kc_A c_B$	$kt = \dfrac{\nu_A \ln[(c_{A0}/c_A)(c_B/c_{B0})]}{\nu_A c_{B0} - \nu_B c_{A0}}$	$\dfrac{\nu_A}{k(\nu_A c_{B0} - \nu_B c_{A0})}\ln(2 - \dfrac{\nu_B c_{A0}}{\nu_A c_{B0}})$
nA→P （n 级，$n\neq 1$）	$-r_A = kc_A^n$	$kt = \dfrac{1}{n-1}(\dfrac{1}{c_A^{n-1}} - \dfrac{1}{c_{A0}^{n-1}})$	$\dfrac{2^{n-1}-1}{kc_{A0}^{n-1}(n-1)}$

二、可逆单一反应

对于可逆反应 A ⇌ P，设正反应 A→P 和负反应 P→A 的反应速率常数分别为 k_1 和 k_2

则在恒温恒容条件下的反应速率方程可表示为

$$-\frac{dc_A}{dt}=k_1c_A-k_2c_P \tag{6.3.17}$$

设 A 和 P 的初始浓度分别为 c_{A0} 和 c_{P0}，则

$$c_A=c_{A0}(1-x_A) \tag{6.3.18}$$

$$c_P=c_{P0}+c_{A0}x_A \tag{6.3.19}$$

将式(6.3.18)和式(6.3.19)代入式(6.3.17)，整理可得

$$\frac{dx_A}{dt}=\left(k_1-k_2\frac{c_{P0}}{c_{A0}}\right)-(k_1+k_2)x_A \tag{6.3.20}$$

反应达到平衡时，$\dfrac{dc_A}{dt}=0$，设此时的 A 和 P 的浓度分别为 c_{Ae} 和 c_{Pe}，转化率为 x_{Ae}，则反应速率常数与平衡浓度之间存在以下关系：

$$\frac{k_1}{k_2}=\frac{c_{Pe}}{c_{Ae}}=K \tag{6.3.21}$$

式中 K——平衡常数。

将 $c_{Ae}=c_{A0}(1-x_{Ae})$ 和 $c_{Pe}=c_{P0}+c_{A0}x_{Ae}$ 分别代入式(6.3.21)，并变形为

$$k_1c_{A0}(1-x_{Ae})=k_2(c_{P0}+c_{A0}x_{Ae}) \tag{6.3.22}$$

整理可得

$$k_2c_{P0}=k_1c_{A0}-c_{A0}x_{Ae}(k_1+k_2) \tag{6.3.23}$$

将式(6.3.23)代入式(6.3.20)，整理可得

$$\frac{dx_A}{dt}=(k_1+k_2)(x_{Ae}-x_A) \tag{6.3.24}$$

将式(6.3.24)积分，可得转化率与反应时间的关系

$$t=\frac{1}{k_1+k_2}\ln\frac{x_{Ae}}{x_{Ae}-x_A} \tag{6.3.25}$$

将 $x_{Ae}=\dfrac{c_{A0}-c_{Ae}}{c_{A0}}$ 和 $x_A=\dfrac{c_{A0}-c_A}{c_{A0}}$ 代入式(6.3.25)，可得反应物 A 的浓度与反应时间的关系：

$$t=\frac{1}{k_1+k_2}\ln\frac{c_{A0}-c_{Ae}}{c_A-c_{Ae}} \tag{6.3.26}$$

一级可逆反应中各组分的浓度-时间曲线如图 6.3.4 所示。

三、平行反应

同时存在两个以上反应的复合反应，将同时产生多种产物，而通常情况下只有其中一个或某几个产物才是所需要的目标产物，其他产物均称为副产物。生成目标产物的反应称主反应，其他反应称为副反应。研究复合反应动力学的主要目的是提高主反应的反应速率，同时控制副反应的进行。

对于一级平行反应 $A\rightarrow v_pP$，$A\rightarrow v_QQ$，其反应速率常数分别为 k_1 和 k_2，在恒温恒容条件下，反应速率方程可表示为

$$-\frac{dc_A}{dt}=(k_1+k_2)c_A \tag{6.3.27}$$

$$\frac{1}{\nu_P}\frac{\mathrm{d}c_P}{\mathrm{d}t}=k_1 c_A \tag{6.3.28}$$

$$\frac{1}{\nu_Q}\frac{\mathrm{d}c_Q}{\mathrm{d}t}=k_2 c_A \tag{6.3.29}$$

设 A、P 和 Q 的初始浓度分别为 c_{A0}，c_{P0} 和 c_{Q_0}，对式(6.3.27)积分，可得反应物 A 的浓度与反应时间的关系为

$$c_A=c_{A0}e^{-(k_1+k_2)t} \tag{6.3.30}$$

将式(6.3.30)代入式(6.3.28)积分，可得产物 P 的浓度与时间的关系为

$$\frac{c_P-c_{P0}}{\nu_P}=\frac{k_1}{k_1+k_2}(c_{A0}-c_A) \tag{6.3.31}$$

$$\frac{c_P-c_{P0}}{\nu_P}=\frac{k_1 c_{A0}}{k_1+k_2}\left[1-e^{-(k_1+k_2)t}\right] \tag{6.3.32}$$

对于产物 Q，同理可得

$$\frac{c_Q-c_{Q_0}}{\nu_Q}=\frac{k_2 c_{A0}}{k_1+k_2}\left[1-e^{-(k_1+k_2)t}\right] \tag{6.3.33}$$

一级平行反应中各产物浓度随时间的变化曲线如图 3.3.5 所示。

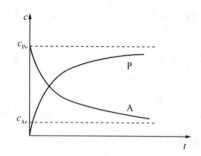

图 6.3.4　一级可逆反应的浓度–时间曲线

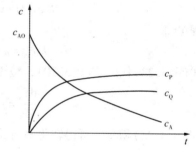

图 6.3.5　一级平行反应的浓度–时间曲线

四、串联反应

对于一级串联反应 A→P→Q，设 k_1 和 k_2 分别为反应 A→P 和 P→Q 的反应速率常数，在恒温恒容的条件下，速率方程可表示为

$$-\frac{\mathrm{d}c_A}{\mathrm{d}t}=k_1 c_A \tag{6.3.34}$$

$$\frac{\mathrm{d}c_P}{\mathrm{d}t}=k_1 c_A-k_2 c_P \tag{6.3.35}$$

$$\frac{\mathrm{d}c_Q}{\mathrm{d}t}=k_2 c_P \tag{6.3.36}$$

设 A、P 和 Q 的初始浓度分别为 c_{A0}、c_{P0} 和 c_{Q_0}，对式(6.3.34)积分，可得反应物 A 的浓度与反应时间的关系：

$$c_A=c_{A0}e^{-k_1 t} \tag{6.3.37}$$

将式(6.3.37)代入式(6.3.35)，整理得

$$\frac{\mathrm{d}c_P}{\mathrm{d}t}+k_2 c_P=k_1 c_{A0}e^{-k_1 t} \tag{6.3.38}$$

对式(6.3.38)积分，可得中间产物 P 的浓度与反应时间的关系：

$$\frac{c_P}{c_{A0}}=\frac{k_1}{k_2-k_1}(e^{-k_1t}-e^{-k_2t}) \tag{6.3.39}$$

因为

$$c_Q=c_{A0}-(c_P+c_A) \tag{6.3.40}$$

故产物 Q 的浓度与反应时间的关系为

$$\frac{c_Q}{c_{A0}}=1-\frac{k_2}{k_2-k_1}e^{-k_1t}+\frac{k_1}{k_2-k_1}e^{-k_2t} \tag{6.3.41}$$

一级串联反应中各组分的浓度—时间曲线如图 6.3.6 所示。由图可知，反应物浓度随反应时间呈指数型递减，中间产物 P 浓度存在极大值；最终产物 Q 随时间延长而单调增加。

将式(6.3.39)对时间求导，并令其导数为零，则可求出 c_p 达到最大时的反应时间 t_{max}，即

$$t_{max}=\frac{1}{k_2-k_1}\ln\frac{k_2}{k_1} \tag{6.3.42}$$

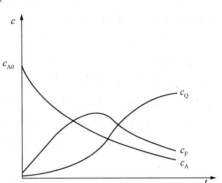

图 6.3.6　一级串联反应的浓度–时间曲线

自然界(土壤、底泥和天然水体)和污水生物处理系统中的氨的生物硝化反应是一种典型的串联反应。氨首先在氨氧化菌(亚硝酸菌)的作用下生成亚硝酸根，亚硝酸根又在亚硝酸氧化菌(硝酸菌)的作用下氧化为硝酸根。

$$NH_3\longrightarrow NO_2^-\longrightarrow NO_3^-$$

一般情况下氨氧化成亚硝酸根的反应速率较慢，而亚硝酸氧化成硝酸根的反应速率较快，故亚硝酸根不易积累。但当亚硝酸氧化菌的数量较少或活性较低时，也会出现亚硝酸根积累的现象。

第四节　反应动力学的解析方法

反应速率方程是反应动力学研究中最基本的方程，也是反应器设计和优化反应操作的基础。反应速率方程很难用理论推导的方法求出，一般只能通过动力学实验确定速率方程的形式以及方程中的各个参数(动力学常数)，在此基础上建立速率方程。

动力学实验一般可分为以下几种：保持温度和 pH 等反应条件不变，找出反应速率与反应物浓度的关系；保持温度不变，研究 pH 等其他反应条件对反应速率的影响，确定反应速率与 pH、共存物质、溶剂等反应条件的关系；保持温度以外的反应条件不变，测定不同温度下的反应速率常数，确定反应速率常数与温度的关系，在此基础上求出(表观)活化能。

在动力学实验中，取得的第一手数据一般是不同反应时间的关键组分的浓度。实验时可以直接测量关键组分(反应物或产物)的浓度变化，也可以测定反应混合物或反应系统的物理化学性质，如压力、密度、导电率等的变化，然后再根据物理性质与反应组分浓度之间的关系，换算成浓度的变化。

一、间歇反应器的解析

间歇反应器多用于液相反应的动力学研究。通过测定关键组分的浓度在实验过程中随时

间的变化，可以利用积分法或微分法进行数据解析。间歇反应操作是一个非稳态操作，反应器内各组分的浓度随反应时间变化而变化，但在任一瞬间，反应器内各处均一，不存在浓度和温度差异。

间歇反应器进行动力学实验的方法为：在保持温度和其他条件恒定的条件下，向反应器中加入一定体积的各组分浓度已知的反应物料。在反应开始后的某一时刻开始测定不同反应时间时的关键组分的浓度。根据需要改变反应物料中关键组分的浓度，在不同初始浓度下测定不同反应时间时的关键组分浓度。通过以上实验可得到不同反应时间的关键组分的浓度，进而进行实验数据的解析。

1. 间歇反应器的基本方程

物料衡算是反应器设计和解析的基础，通过物料衡算可以推导出反应器的基本方程。在对反应器进行物料衡算时，一般选择垂直于轴向的一个微小体积单元作为物料衡算的一个基本单元。在衡算时尽量选取反应物组分浓度、温度等均一的单元，这样可以简化计算。对于如图 6.4.1 所示的反应器内一个微小单元，单位时间内反应物 A 的物料衡算式为

A 的流入量=A 的排出量+A 的反应量+A 的积累量

$$q_{nA0} = q_{nA} + R_A + \frac{\mathrm{d}n_A}{\mathrm{d}t} \tag{6.4.1}$$

式中　q_{nA0}，q_{nA}——单位时间内反应物 A 的流入量和排出量，kmol/s；
　　　　R_A——单位时间内反应物 A 的反应量，kmol/s；
　　　　n_A——微小单元内反应物 A 的物质的量，kmol；
　　　　t——反应时间，s。

将 $R_A = (-r_A)\Delta V$ 代入式(6.4.1)，可以得到反应器的基本方程：

$$q_{nA0} = q_{nA} + (-r_A)\Delta V + \frac{\mathrm{d}n_A}{\mathrm{d}t} \tag{6.4.2}$$

式中　ΔV——微小单元体积，m³；
　　　　$-r_A$——反应物 A 的反应速率，kmol/(s·m³)。

由于间歇式反应器中反应混合物处于剧烈搅拌状态下，其中物系温度和各组分的浓度均达到均一，可以对整个反应器进行物料衡算。对于图 6.4.2 所示的间歇反应器，$q_{nA0}=0$，$q_{nA}=0$，根据式(6.4.2)，反应物 A 的物料衡算式可表示为

$$-\frac{\mathrm{d}n_A}{\mathrm{d}t} = -r_A V \tag{6.4.3}$$

式中　n_A——反应器内反应物 A 的量，kmol；
　　　　V——反应器内反应混合物的体积，通常称反应物的有效体积，m³。

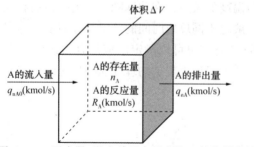
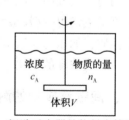

图 6.4.1　反应器-微小单元内反应物 A 的物料衡算图　　图 6.4.2　间歇反应器的物料衡算图

式(6.4.3)为间歇反应器的基本方程。

将 $n_A = n_{A0}(1-x_A)$ 代入式(6.4.3)，可得到以转化率表示的基本方程：

$$n_{A0}\frac{dx_A}{dt} = -r_A V \qquad (6.4.4)$$

式中　n_{A0}——反应器内反应物 A 的初始量，kmol；

　　　x_A——反应物 A 的转化率，无量纲。

将式(6.4.4)积分，可得到转化率与时间的关系式：

$$t = n_{A0}\int_0^{x_A}\frac{dx_A}{-r_A V} \qquad (6.4.5)$$

恒容条件下，V 不变，则式(6.4.5)可写为

$$t = c_{A0}\int_0^{x_A}\frac{dx_A}{-r_A} \qquad (6.4.6)$$

也可以将式(6.4.6)变形为

$$t = -\int_{c_{A0}}^{c_A}\frac{dc_A}{-r_A} \qquad (6.4.7)$$

式中　c_{A0}，c_A——初始时和任一反应时间反应物 A 的浓度，kmol/m³。

式(6.4.6)和式(6.4.7)为恒容反应器的基本方程。该方程与反应速率方程的积分式相同。根据以上各式可以计算达到某一转化率(或浓度)时需要的反应时间，也可以计算任一反应时间时的转化率或反应物的浓度。

2. 积分解析法

积分解析法是基于积分形式的反应速率方程进行数据解析的一种方法。

反应速率方程的一般形式(微分形式)为

$$-r_A = kf(c_A) \qquad (6.4.8)$$
$$-r_A = kg(x_A) \qquad (6.4.9)$$

对于恒容间歇反应容器。其反应速率方程的积分式可表达为

$$F(c_A) = \lambda(k)t \qquad (6.4.10)$$
$$G(x_A) = \lambda(k)t \qquad (6.4.11)$$

上面两式的左边为 c_A 或 x_A 的函数，其形式随反应速率方程变化而变化，右边的 $\lambda(k)$ 为包含 k 的常数。

在积分法中，首先假设一个反应速率方程，求出它的积分式，然后利用间歇反应器测得的不同时间的关键组分的浓度(或转化率)，继而通过积分式计算出不同反应时间时的 $F(c_A)$，或 $G(x_A)$。以 $F(c_A)$ 或 $G(x_A)$ 对时间作图，如果得到一条通过原点的直线，说明假设是正确的，则可以从该直线的斜率求出反应速率常数 k(图 6.4.3)。

对于复杂的反应速率方程，有时不能得到其积分形式，在这种情况下，可采用试算的方法进行。

利用反应的半衰期也可以确定反应级数并求出相应的动力学常数(参见图 6.4.4)。根据表 6.3.1，n 级反应($n \neq 1$)的半衰期可表示为

$$t_{1/2} = \frac{2^{n-1}-1}{kc_{A0}^{n-1}(n-1)} \qquad (6.4.12)$$

将上式两边取对数，整理可得

$$\lg t_{1/2} = b + (1-n)\lg c_{A0} \tag{6.4.13}$$

式中 b——常数，无量纲，$b = \lg \dfrac{2^{n-1}-1}{k(n-1)}$。

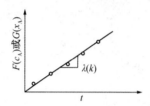

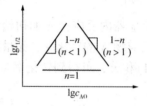

图 6.4.3　利用间歇反应器和
积分解析法确定反应速率方程

图 6.4.4　半衰期法确定速率方程式

由式（6.4.13）可以看出，半衰期与反应物浓度之间存在对数直线关系，直线斜率为（$1-n$）。

在进行动力学实验时，改变反应物的初始浓度，测得不同初始浓度时的半衰期，以图 6.4.4 的形式对实验数据进行作图，即可求得反应级数 n。然后根据 n 和任一 c_{A0} 时的 $t_{1/2}$，可求得反应速率常数 k。

对于一级反应，$t_{1/2} = \ln\dfrac{2}{k}$，$t_{1/2}$ 与初始浓度无关。以 $\lg c_{A0}$ 对 $\lg t_{1/2}$ 作图，若得一水平直线，则可判断该反应为一级反应。

3. 微分解析法

微分解析法是利用反应速率方程的微分形式进行数据解析的一种方法。对于恒容反应的微分解析法，具体步骤如下：①恒容条件下利用间歇反应器测定关键组分，如反应物 A 的浓度 c_A 随反应时间的变化；②以 c_A 对时间 t 作图，并描出圆滑的曲线，参见图 6.4.5；③利用图解法（切线法）或计算法，求得不同 c_A 时的反应速率 $-r_A$，即 $-dc_A/dt$；④把得到的反应速率值对浓度 c_A 作图；⑤根据反应速率与浓度的关系曲线，假设一个速率方程，若与实验数据相符，则假设成立，之后可以求出动力学参数。

对于简单的不可逆反应，若其反应速率只是某一个反应物的浓度的函数，可将反应速率方程线性化。对反应速率方程 $-r_A = kc_A^n$，两边取对数可得：

$$\ln(-r_A) = \ln k + n\ln c_A \tag{6.4.14}$$

以 $\ln c_A$ 为横坐标、$\ln(-r_A)$ 为纵坐标将实验数据作图，可得一直线，该直线的斜率为反应级数 n，截距为 $\ln k$（图 6.4.6）。

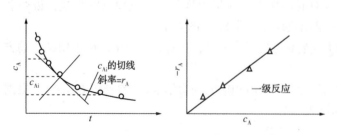

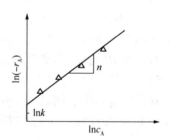

图 6.4.5　利用微分法确定
反应速率方程的方法

图 6.4.6　微分解析法确定 n 级
反应速率方程

166

对于不可逆反应 A+B ——→P，若其反应速率是 A 和 B 两个反应物的浓度的函数时，即 $-r_A = kc_A^a c_B^b$ 时，可以利用过量法确定 $-r_A$ 与各反应物浓度的关系。

让反应在 B 大量过剩的情况下进行，在反应过程中 B 的浓度变化微小，可以忽略不计，则反应速率方程可改写为

$$-r_A = k'c_A^a \tag{6.4.15}$$

式中：$k' = kc_B^b \approx kc_{B0}^b$，可视为常数。

根据式 (6.4.15) 可以确定 a。

让反应在 A 大量过剩的情况下进行，在反应过程中 A 的浓度变化微小，可以忽略不计，则反应速率方程可改写为

$$-r_A = k''c_B^b \tag{6.4.16}$$

式中：$k'' = kc_A^a \approx kc_{A0}^a$，可视为常数。

根据式 (6.4.16) 可以确定 b。

当反应速率方程的形式较复杂时，可以采用回归的方法求出动力学参数。如对于反应速率方程 $-r_A = kc_A^a c_B^b$，两边取对数，得

$$\ln(-r_A) = \ln k + a\ln c_A + b\ln c_B \tag{6.4.17}$$

令 $y = \ln(-r_A)$，$\alpha = \ln k$，$x_1 = \ln c_A$，$x_2 = \ln c_B$，则

$$y = \alpha + ax_1 + bx_2 \tag{6.4.18}$$

令

$$\Delta = \sum (\alpha + ax_1 + bx_2 - y)^2 \tag{6.4.19}$$

式中的 x_1、x_2、y 为试验获得的 $\ln c_A$、$\ln c_B$、$\ln(-r_A)$。α、a 和 b 的最佳值为使 Δ 最小，即

$$\frac{\partial \Delta}{\partial \alpha} = 0; \quad \frac{\partial \Delta}{\partial a} = 0; \quad \frac{\partial \Delta}{\partial b} = 0 \tag{6.4.20}$$

【例题 6.4.1】 以乙酸 (A) 和正丁醇 (B) 为原料在间歇反应器中生产乙酸丁酯，操作温度为 100℃，每批进料 1kmol 的 A 和 4.96kmol 的 B，已知反应速率 $-r_A = 1.045c_A^2 \ kmol/(m^3 \cdot h)$，试求乙酸转化率 x_A 分别为 0.5、0.9、0.99 所需的反应时间。已知乙酸与正丁醇的密度分别为 $960kg/m^3$ 和 $740kg/m^3$。

解：根据题目所描述的反应，其方程式应为

$$CH_3COOH + C_4H_9OH \longrightarrow CH_3COOC_4H_6 + H_2O$$

对 1kmol A 而言，投料情况为

乙酸 (A)   1kmol   60kg   60/960 = 0.0625m³

正丁醇 (B)   4.96kmol   368kg   368/740 = 0.496m³

该反应为液相反应，反应过程中体积不变，对每 1kmol A 而言，每次投料体积

$V = 0.0625 + 0.496 = 0.559m^3$

则 $c_{A0} = n_{A0}/V = 1/0.559 = 1.79kmol/m^3$

$$t = c_{A0}\int_0^{x_A} \frac{dx_A}{-r_A} = c_{A0}\int_0^{x_A} \frac{dx_A}{1.045c_A^2} = \frac{1}{1.045c_{A0}}\left(\frac{x_A}{1-x_A}\right)$$

将 $x_A = 0.5$，0.9，0.99 分别代入上式中计算可得

$t_{0.5} = 0.535h$，$t_{0.9} = 4.81h$，$t_{0.99} = 52.9h$

计算结果表明，转化率从 0.9 提高到 0.99，反应时间从 4.81h 延长到 52.9h，说明大量反应时间花在高转化率上。

二、连续反应器的解析

1. 槽式连续反应器

槽式流动反应器在强烈搅拌情况下可视为全混流反应器（CSTR），反应器内物料达到均匀的浓度和温度，反应物料连续地进入和流出反应器，不存在间歇操作中的辅助时间问题。在定态操作中，容易实现自动控制，操作简单，节省人力，产品质量稳定，可用于产量大的产品生产过程。这种全混流反应器也是一种理想化的假设，实际工业生产中广泛使用连续搅拌槽式反应器进行液相反应，只要达到足够的搅拌强度，其流型很接近于全混流。根据全混流的定义，进入反应器的反应物料与留存于反应器中的物料达到瞬间混合，而且在反应器的出口处即将要流出的物料也与槽内物料浓度相等。

（1）槽式连续反应器的基本方程

对于如图6.4.7所示的全混流槽式连续反应器，根据其特征，反应器内混合均匀，各处组成和温度均一而且与出口处一致。在稳态状态下，组成不变，转化率恒定，即 $dn_A/dt = 0$。

根据式（6.4.2），反应物 A 的物料衡算方程可表示为

$$q_{nA0} = q_{nA} + (-r_A)V \qquad (6.4.21)$$

$$-r_A V = q_{nA0} - q_{nA} \qquad (6.4.22)$$

$$-r_A V = q_{nA0} x_A \qquad (6.4.23)$$

$$-r_A V = q_{v0} c_{A0} x_A \qquad (6.4.24)$$

式中 q_{v0}，q_v——反应器进出口处物料的体积流量，m^3/s。

     q_{nA0}，q_{nA}——单位时间内反应物 A 的流入量和排出量，kmol/s；

     c_{A0}，c_A——反应器进出口处反应物 A 浓度，$kmol/m^3$；

     x_A——连续反应器中反应物 A 的转化率，无量纲。

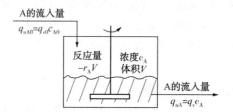

图6.4.7 槽式连续反应器的物料衡算图

令 $\tau = V/q_{v0}$，则由式（6.4.24）可得

$$\tau = \frac{c_{A0} x_A}{-r_A} \qquad (6.4.25)$$

式（6.4.25）为槽式连续反应器的基本方程。

τ 称为空间时间或平均空塔停留时间。

对于恒容反应（$q_{v0} = q_v$），其基本方程可以改写为以反应物 A 浓度表示的形式：

$$-r_A V = q_{v0} c_{A0} - q_{v0} c_A \qquad (6.4.26)$$

$$\tau = \frac{c_{A0} - c_A}{-r_A} \qquad (6.4.27)$$

因此，根据式（6.4.27），利用 c_{A0}、c_A 和 τ 可以计算出反应速率。

（2）槽式连续反应器的动力学实验方法

将式(6.4.25)和式(6.4.27)分别变形，可得反应速率与转化率和浓度的关系式：

$$-r_A = \frac{c_{A0} x_A}{\tau} \tag{6.4.28}$$

$$-r_A = \frac{c_{A0} - c_A}{\tau} (\text{恒容}) \tag{6.4.29}$$

从以上方程不难看出，槽式连续反应器的动力学实验方法有以下两种：

固定 c_{A0}，测定不同 τ 时的 c_A，计算出对应的 A 的反应速率 $-r_A$，然后根据 $-r_A$ 和 c_A 的数据求出反应级数和反应常数。

固定 τ，测定不同 c_{A0} 时的 c_A，计算出对应的 A 的反应速率 $-r_A$，然后根据 $-r_A$ 和 c_A 的数据求出反应级数和反应常数。

与微分反应器不同，由于全混流槽式连续反应器的转化率可以很大，有利于数据的解析。

2. 平推流反应器

平推流反应器中的流动是理想的推流，该反应器有以下特点：在连续稳态操作条件下，反应器各断面上的参数不随时间变化而变化，在反应器的径向断面上各处浓度均一，不存在浓度分布；反应器内各组分浓度等参数随轴向位置变化而变化，故反应速率亦随之变化。如果是管式反应器，则应满足管长为管径的 10 倍以上，在这种情况下，我们认为各断面上的参数不随时间变化而变化。另外，若该平推流反应器是固相催化反应器，则其堆充直径应是催化剂粒径的 10 倍以上。

（1）平推流反应器的基本方程

对于前面图 6.1.1 提到的平推流反应器，体积为 dV 的微小单元内反应物 A 的物料衡算如下：

流入量为 q_{nA}，排出量为 $q_{nA} + dq_{nA}$，反应量为 $(-r_A) dV$，积累量为 0，故

$$q_{nA} = q_{nA} + dq_{nA} + (-r_A) dV \tag{6.4.30}$$

$$-dq_{nA} = (-r_A) dV \tag{6.4.31}$$

$$-\frac{dq_{nA}}{dV} = -r_A \tag{6.4.32}$$

把 $q_{nA} = q_{nA0}(1 - x_A)$ 代入式(6.4.32)，可得

$$q_{nA0} \frac{dx_A}{dV} = -r_A \tag{6.4.33}$$

把 $q_{nA} = q_V c_A$ 代入式(6.4.32)，可得

$$-\frac{d(q_V c_A)}{dV} = -r_A \tag{6.4.34}$$

式(6.4.33)与式(6.4.34)为平推流反应器的微分形式的基本方程。

令 $\tau = V/q_V$，将式(6.4.33)积分，并整理可得

$$\tau = c_{A0} \int_0^{x_A} \frac{dx_A}{-r_A} \tag{6.4.35}$$

式(6.4.35)为平推流反应器的积分形式的基本方程。

在恒容条件下，$c_A = c_{A0}(1 - x_A)$，即 $-c_{A0} dx_A = dc_A$。将此式代入式(6.4.35)，可得恒容反应的基本方程：

$$\tau = -\int_{c_{A0}}^{c_A} \frac{dc_A}{-r_A} \quad (6.4.36)$$

式(6.4.35)和式(6.4.36)与间歇反应器的基本方程式(6.4.5)和式(6.4.7)的形式相同。

(2) 积分反应器实验法

利用积分反应器进行动力学实验时，一般是固定进入反应器的各组分的浓度，改变体积流量 q_V，即改变 τ，测定反应器出口处的转化率或关键组分(如反应物 A)的浓度。

实验数据的解析方法与间歇反应器相同，可以用积分法，也可以用微分法。

① 实验数据的积分解析法

积分解析法是利用平推流式反应器的积分形式基本方程进行数据解析的一种方法。该方法的关键是根据反应速率方程，得到具体的积分形式基本方程，即反应速率常数与反应器出口处的转化率的关系。

将 $-r_A = kf(x_A)$ 代入式(6.4.35)得

$$\tau = \frac{c_{A0}}{k}\int_0^{x_A} \frac{dx_A}{f(x_A)} \quad (6.4.37)$$

$$k\tau = c_{A0}\int_0^{x_A} \frac{dx_A}{f(x_A)} \quad (6.4.38)$$

如果知道 $f(x_A)$ 的具体函数，将式(6.4.38)积分即可求得反应速率常数与 x_A 的关系式，根据此关系式和实验数据即可求得反应速率常数。

例如，对于一级恒温恒容反应，速率方程为

$$-r_A = kc_A = kc_{A0}(1-x_A) \quad (6.4.39)$$

即 $f(x_A)$ 的具体函数形式为

$$f(x_A) = c_{A0}(1-x_A)$$

将 $f(x_A) = c_{A0}(1-x_A)$ 代入式(6.4.38)可得

$$k\tau = c_{A0}\int_0^{x_A} \frac{dx_A}{c_{A0}(1-x_A)} \quad (6.4.40)$$

将式(6.4.40)积分，整理可得

$$k\tau = -\ln(1-x_A)$$

$$k = -\frac{1}{\tau}\ln(1-x_A) = -\frac{q_V}{V}\ln(1-x_A) = -\frac{q_{nA0}}{c_{A0}V}\ln(1-x_A) \quad (6.4.41)$$

根据实验求得 x_A 和 q_{nA0}，利用式(6.4.41)就可计算出 k 值。

② 实验数据的微分解析法

微分解析法的关键是依据平推流反应器的微分形式基本方程，利用图解微分法或数值微分法，根据实验数据求出不同转化率时的反应速率。

根据式(6.4.33)，可得

$$-r_A = \frac{dx_A}{d(V/q_{nA0})} \quad (6.4.42)$$

把 $q_{nA0} = c_{A0}q_{V0}$ 代入上式，得

170

$$-r_A = c_{A0} \frac{dx_A}{d(V/q_{v0})} \qquad (6.4.43)$$

依据式(6.4.43)，微分法的一般步骤是：先根据实验数据，以 x_A 对 V/q_{v0} 作图，利用图解微分法求得切线斜率 $-r_A/c_{A0}$ 的值(图6.4.8)，继而求得不同 x_A 时的 $-r_A$(也可以利用数值计算法求出 $-r_A$)；之后，假设一个反应速率方程，判断该方程是否与实验得到的 $-r_A$ 及 x_A 相符，据此求出动力学参数。

【例题6.4.2】 在直径为1cm、长为3m的管式反应器内进行乙酸的水解反应，在温度为298.15K时，测得不同原料供应速率时的出口处的转化率如下表所示。已知反应原料中的乙酸浓度为 $2.0×10^{-4}$ mol/cm^3，反应液的密度为 1.0 g/cm^3，并保持不变。

(1) 试证明该反应为一级反应；

(2) 求出该反应在298.15K时的反应速率常数。

原料体积流量 $q_{v0}/(\text{cm}^3 \cdot \text{min}^{-1})$	20	40	70	100	160
出口处的 x_A	0.853	0.600	0.433	0.325	0.200

解：由于反应器的长径比很大，可以视为推流式反应器，又因为反应混合液的密度保持不变。可以认为是恒容反应。

根据已知条件，求得反应器的有效体积为

$$V = \frac{1}{4}\pi × 1.0^2 × 300 \text{cm}^3 = 235.6 \text{cm}^3$$

以 x_A 对 V/q_{v0} 作图，如图6.4.9所示。

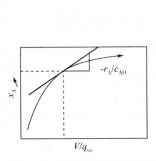

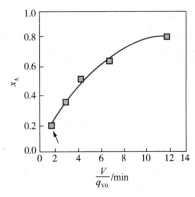

图6.4.8 积分反应器实验数据的微分解析方法   图6.4.9 例题6.4.2附图1

根据图上的实验点，画一光滑曲线，由该曲线求出 $x_A = 0.20$，0.40，0.60，0.80 时的 $dx_A/d(V/q_{v0})$，即 $(-r_A)/c_{A0}$ 值，并继而求得 $-r_A$，结果列于下表：

x_A	0.20	0.40	0.60	0.80
$1-x_A$	0.80	0.60	0.40	0.20
$-r_A/(\text{mol} \cdot \text{cm}^{-3} \cdot \text{min}^{-1})$	$2.85×10^{-5}$	$2.00×10^{-5}$	$1.45×10^{-5}$	$0.60×10^{-5}$

假设为一级反应(恒温恒容)

$$-r_A = kc_A = kc_{A0}(1-x_A)$$

即 $-r_A$ 与 $(1-x_A)$ 成直线关系。将实验所得的 $(1-x_A)$ 对 $-r_A$ 作图，得一直线(图6.4.11)，

故假设成立，该反应为一级反应。

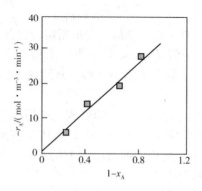

图 6.4.10　例题 6.4.2 附图 2

图 6.4.10 中的连线斜率即为 kc_{A0}，由此求得 $k = 0.168\,min^{-1}$。

习　　题

1. 等容气相反应 A→Y 的反应速率常数 $k_A(s^{-1})$ 与温度 $T(K)$ 具有如下的关系式：

$$\ln k_A = 24 - \frac{9622}{T}$$

（1）计算此反应的活化能；

（2）欲使 A 在 10min 内转化率达到 90%，则反应温度应控制在多少？

2. 已知 NaOCl 分解反应速率常数在 25℃ 时 $k = 0.0093\,s^{-1}$，在 30℃ 时 $k = 0.0144\,s^{-1}$。试求在 40℃ 时 NaOCl 要用多少时间能分解掉 99%？

3. 改变 A 和 B 反应的初始浓度 $[A]_0$ 和 $[B]_0$，测定 A 的半衰期得到如下结果：

$[A]_0 / mol \cdot dm^{-3}$	0.010	0.010	0.020
$[B]_0 / mol \cdot dm^{-3}$	0.500	0.250	0.250
$t_{1/2} / min$	80	160	80

（1）证明反应的速率方程为 $-r = k[A]^2[B]$；

（2）求反应速率常数 k。

4. 800K 时，实验测得反应 $CH_3CHO(g) \longrightarrow CH_4(g) + CO(g)$ 的速率方程为 $-r = k[CH_3CHO]^2$，反应速率常数 $k = 9.00 \times 10^{-5}\,mol^{-1} \cdot L \cdot s^{-1}$，计算当 $CH_3CHO(g)$ 的压力为 26.7kPa 时，CH_3CHO 的分解速率是多少？

5. 反应 $2NO(g) + 2H_2(g) \longrightarrow N_2(g) + 2H_2O(g)$，其速率方程式中对 $[NO]$ 是二次幂，对 $[H_2]$ 是一次幂。

（1）写出 N_2 生成的速率方程；

（2）求出反应速率常数 k 的单位；

（3）写出 NO 浓度减小的速率方程。

6. 在连续反应器内进行的如下的恒容平行反应式（1）和式（2），

$$A + B \Longleftrightarrow R(1) \qquad\qquad 2A \Longleftrightarrow R + S(2)$$

当原料中(反应器进口)的 A、B 浓度均为 3000mol/m³ 时，出口反应液中的 A、R 的浓度分别为 250mol/m³ 和 2000mol/m³。试计算反应器出口处的 A 的转化率以及 B 和 S 的浓度(原料中不含 R 和 S)。

7. 对于等温恒压气相反应 $\nu_A A + \nu_B B \longrightarrow \nu_p P$，已知该反应的膨胀因子为 δ_A，反应开始时各组分的分压分别为 p_{A0}，p_{B0}，p_{P0} 和 p_{M0}，A 的摩尔分数为 z_{A0}。反应系统中含有惰性组分 M。试求出反应体系中各组分的分压与 A 的转化率 x_A 的关系。

8. 在间歇反应器中进行液相反应 $A+B \longrightarrow P$，$c_{A0}=0.307mol/L$，测得二级反应速率常数 $k=61.5×10^{-2}L/(mol·h)$，计算当 $c_{B0}/c_{A0}=1$ 和 5 时，转化率分别为 0.5、0.9、0.99 所需的反应时间，并对计算结果加以讨论。

第七章　固相催化反应

第一节　概述

一、催化反应与催化剂

很多化学反应从热力学分析是可能发生的，但其反应速率很慢，甚至察觉不到。在某些物质存在时，其反应速率可能会大大加快。例如，SO_2 和 O_2 中加入 NO_2，$KMnO_4$ 溶液在硫酸存在情况下氧化草酸($H_2C_2O_4$)时引入 $KMnO_4$，N_2 和 H_2 合成氨时引入活性 α-Fe 等。这些能加速反应而在反应过程中又不消耗的物质称为催化剂(catalyst)，有催化剂参加的反应称为催化反应。

催化反应可分为均相催化反应和非均相催化反应。前者是催化剂与反应物料在同一相的反应，后者则是催化剂与反应物料不在同一相的反应。如反应物料为气相，催化剂是固体时，该反应称为气固催化反应；同样，如反应物料为液相，催化剂是固体时，称为液固催化反应。

催化反应过程是一个十分复杂的过程，反应物必须通过碰撞发生分子重组才能生成产物。只有那些具有足够高能量的分子碰撞时才能形成有效碰撞，使旧键断裂形成新键而发生反应。反应分子所必须具有的最低能量称为反应的活化能。显然，当活化能较高时，能达到此最小能量的分子很少，反应速率便很慢。如果在体系中引入一种催化剂，它可以不需要太高的活化能便能同某一些反应物分子反应生成一种或多种过渡络合物，而这些过渡络合物又能继续以较低的活化能与其余反应物(或络合物)反应生成产物并还原出催化剂。在这一过程中，催化剂起桥梁的作用，使反应速率大大加快。

催化反应有以下基本特征：①催化剂本身在反应前后不发生变化，能够反复利用，所以一般情况下催化剂的用量很少；②催化剂只能改变反应的历程和反应速率，不能改变反应的产物；③对于可逆反应，催化剂不改变反应的平衡状态，即不改变化学平衡关系。

图 7.1.1 是反应进行时体系的能量变化图，它充分反映了反应热效应同活化能之间的关系：

$$\Delta H = E_1 - E_2 = E'_1 - E'_2 \tag{7.1.1}$$

当反应是可逆反应时，催化剂既改变正反应的活化能，也改变逆反应的活化能，因此，正反应使用的催化剂往往也可以作为逆反应的催化剂。

可逆反应的化学平衡常数(K)与反应的自由焓变化(ΔG^0)有如下关系：

$$\Delta G^0 = -RT\ln K \tag{7.1.2}$$

即 K 取决于 ΔG^0，无论有没有催化剂的存在，ΔG^0 不变，因此 K 也不变。

对于 $A \rightleftharpoons P$ 的可逆反应，K 与正、负反应的反应速率常数 k_1 和 k_2 有如下关系：

$$K = \frac{k_1}{k_2} \tag{7.1.3}$$

174

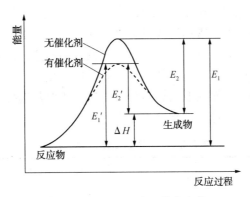

图 7.1.1　催化反应活化能变化

由于催化剂不改变 K 的值，所以催化剂能加快正反应，同样也能加快逆反应。

此外，催化剂对反应有较好的选择性，一种催化剂一般只能催化特定的一个或一类反应。催化反应在环境工程中主要应用在有机废气的催化氧化处理；低浓度有机废水、污染地下水的氧化处理；高浓度有机废水的催化湿式氧化；含硝酸根废水、硝酸盐污染地下水的催化还原处理等。

二、固体催化剂

1. 催化剂的概念

催化剂，又称触媒，是指在化学反应里，能改变其他物质的化学反应速度，而本身质量和化学性质，在化学反应前后都没有改变的物质。根据国际纯粹与应用化学联合会（IUPAC）于 1981 年提出的定义，催化剂是一种物质，它能够改变反应的速率而不改变该反应的标准 Gibbs 自由焓变化，这种作用称为催化作用，涉及催化剂的反应为催化反应。

例如若在双氧水（H_2O_2）中加入 Fe、Mn 等金属离子，分解反应会剧烈的发生。在高浓度有机废水的空气氧化（通常称为湿式氧化）中加入贵金属催化剂可大大提高反应速率。

固体催化剂进行催化反应时，反应物必须在催化剂的固体表面形成能量合适的表面络合物，固体表面的能量状态是至关重要的。不同的反应需要不同的表面能量状态，因此，催化剂结构上的微小变化都会急剧影响反应速率。通常用于非均相催化反应的催化剂有金属催化剂、氧化物催化剂、酸碱催化剂及过渡络合物催化剂，但同一种催化剂，制备方法甚至制备条件不同都可能使催化剂性能差别很大。

固相催化反应发生在固体表面，但并非固体表面每一点都能起催化作用，只有那些活泼的、有利于电子传输的活性中心（active site）才可能以较低的活化能同反应物分子形成表面过渡络合物，进而进行催化反应。每个活性中心在单位时间内反应发生的次数称为反应频数（turnover number），催化剂表面所有活性中心的反应频数之和便是催化反应的速率。因此，制备催化剂时除了通过化学方式改善活性中心的反应条件外，还必须提供足够大的反应表面积以提供尽可能多的活性中心。

催化剂的特征主要有：（1）可产生中间产物，改变反应途径，因而降低反应活化能和加速反应速率；（2）不能改变平衡状态和反应热，催化剂必然同时加速正反应和逆反应的速率；（3）具有选择性，可使化学反应朝着所期望的主反应方向进行，抑制不需要的副反应。

2. 固体催化剂的组成

固体催化剂一般由活性物质和载体组成，必要时加入助催化剂。

（1）载体：载体是催化剂中用来增大表面积，提高耐热性和机械强度的物质，主催化剂和助催化剂均匀分布在载体上。常用固体催化剂载体如表7.1.1所示。载体常常是多孔性物质，活性组分能在载体上铺展、分散，大大增加了其表面暴露，使较少量的活性组分能有较高的活性。另一方面，载体如有合适的孔结构，能提高催化剂的择形选择性。某些情况下载体可与活性组分相互作用，从而改变活性组分的作用或改变其选择性。除此之外，载体还可以提高催化剂的机械强度、热稳定性和抗毒能力。

表 7.1.1　常用的固体催化剂载体

类　　型	载体	比表面积/（m² · g⁻¹）	特点
无孔低表面载体	石英粉	1 左右	硬度高，导热性好，耐热
	碳化硅		
有孔低表面积载体	浮石	<20	耐高温
	碳化硅烧结物		
	耐火砖		
	硅藻土		
有孔高比表面积载体	活性炭	500～1500	孔结构多种多样，表面积随制法而变化；载体自身亦能提供活动中心
	硅胶	200～600	
	活性氧化铝	160～350	
	活性白土	150～300	
	硅酸铝		

（2）主催化活性物质：活性物质是催化剂中真正起催化作用的组分，它常被分散固定在多孔物质的表面。常见的催化活性物质有：①金属催化剂（又称导体催化剂），多为贵金属及铁、钴、镍等过渡金属元素，有单金属和多金属催化剂，大多数采用载体，也有不采用载体的；②金属氧化物和硫化物催化剂（又称半导体催化剂），在工业上用得最多的是过渡金属氧化物，如 ZnO、NiO、Fe_3O_4、V_2O_5、MnO_2、WO_3、MoO_3，既有采用载体，也有不采用载体的；③绝缘体催化剂，主要是非金属氧化物和卤化物。

（3）助催化剂：在催化剂中的含量较少，具有提高主催化剂活性、选择性、改善催化剂的耐热性、抗毒性、机械强度和寿命等性能的组分。根据其功能，可将其分为结构性助催化剂和调变性助催化剂两种。结构性的助催化剂在温度升高时能防止或减慢催化剂微晶体长大而造成表面积减小，防止催化剂因烧结而降低活性，增加其结构稳定性、热稳定性、使用寿命和抗毒性。这种助催化剂只改变主催化剂的物理性质，增大活性表面。调变性的助催化剂可改变助催化剂的化学组成、电子结构、表面性质或晶形结构，从而提高催化剂的活性和选择性，能使反应活化能降低。比如在铁催化剂中加入 K_2O，提高铁的本征活性。

3. 固体催化剂的性能参数

为了得到足够大的反应表面，很多情况下催化剂被制备成多孔的。因此催化剂的孔结构是非常重要的性能参数。衡量催化剂微孔结构的参数有孔容、孔径和内比表面积，这些参数与催化剂的制备过程密切相关，通常只能由实验测定微孔参数，如 BET 法、压汞法等。

（1）比表面积（a_s）：单位质量催化剂具有的表面积（包括外表面积和内表面积）称为比表面积（specific surface area）。

由于固相催化反应发生在催化剂的表面上，所以，固体催化剂的比表面积直接影响活性的高低。为了获得较高的活性，往往利用多孔载体。孔的来源包括微粒子固有的孔，主要是中孔和小孔，和微粒子间隙的孔，主要是大孔，这些孔构成了催化剂的颗粒内表面。内表面积占催化剂总表面积的95%以上，其中中孔和小孔占绝大部分。大多数固体催化剂的比表面积在 $5 \sim 1000 m^2/g$ 之间。

（2）孔隙率

颗粒孔体积（V_g）是单位质量催化剂内部微孔所占的体积称孔体积，亦称孔容积（简称孔容）。

颗粒孔隙率（ε_p）是固体催化剂颗粒孔体积与总体积的比值，即

$$\varepsilon_p = \frac{颗粒微孔体积}{颗粒总体积} = \frac{V_g}{V_p} \tag{7.1.4}$$

式中　V_g——颗粒内微孔体积，m^3/kg。

　　　V_p——颗粒总体积，m^3/kg。

填充层空隙率（ε_b）是填充层颗粒间孔隙体积与填充层体积的比值，即

$$\varepsilon_b = \frac{填充层颗粒间空隙体积}{填充层体积} = \frac{填充层体积 - 颗粒体积}{填充层体积}$$

$$\varepsilon_b = 1 - \frac{V_p}{V} = 1 - \frac{\rho_b}{\rho_p} \tag{7.1.5}$$

式中　ε_b——填充层空隙率，无量纲。

（3）催化剂的密度

固体密度是指单位体积催化剂固体物质（不包括孔所占的体积）的质量，又称真密度，用 ρ_s 表示，单位为 kg/m^3，可用公式表示为：

$$\rho_s = m_p/(V_p - V_g) \tag{7.1.6}$$

颗粒密度是指单位体积固体催化剂颗粒（包括孔体积）的质量，用 ρ_p 表示，单位为 kg/m^3，颗粒密度可以表示为：

$$\rho_p = m_p/V_p \tag{7.1.7}$$

颗粒堆积密度是指单位填充层体积的催化剂质量，用 ρ_b 表示，单位为 kg/m^3，颗粒堆积密度可以表示为：

$$\rho_b = \frac{颗粒质量}{填充层体积} = \frac{m_p}{V} \tag{7.1.8}$$

以上各式中　ρ_s——固体密度，kg/m^3；

　　　　　　ρ_p——颗粒密度，kg/m^3；

　　　　　　ρ_b——颗粒堆积密度，kg/m^3；

　　　　　　m_p——固体催化剂的质量，kg；

　　　　　　V——填充层体积，m^3。

颗粒孔隙率 ε_p 与固体密度 ρ_s 之间存在以下关系：

$$\varepsilon_p = \frac{颗粒微孔体积}{颗粒微孔体积 + 固体体积}$$

$$\varepsilon_p = \frac{V_g m_p}{V_g m_p + m_p/\rho_s} = \frac{V_g \rho_s}{V_g \rho_s + 1} \tag{7.1.9}$$

同样，颗粒孔隙率 ε_p 与颗粒密度 ρ_p 的关系式为

$$\varepsilon_p = \frac{m_p V_g \rho_p}{m_p} = V_g \rho_p \tag{7.1.10}$$

（4）颗粒微孔的结构与孔体积分布

除孔容外，颗粒内微孔的形状和孔径对催化剂的性质也有很大的影响。用孔体积分布，即不同孔径的微孔所占总孔体积的比例，可以粗略的评价微孔的结构。

第二节　固相催化反应动力学

一、固相催化反应过程

固相催化反应发生在催化剂的表面（主要是微孔表面，即内表面）。在反应过程中，流体（气相或液相）中的反应物需与表面接触才能进行反应。当流体与固体催化剂接触时，在颗粒的表面形成一层相对静止的层流边界层（气膜或液膜），流体中的反应物须穿过该边界层才能与催化剂接触，反应产物也须穿过该边界层才能到达流体主体。固相催化反应可概括为 7 个步骤，如图 7.2.1 所示。

（1）反应物的外扩散：反应物从流体主体穿过边界层向固体催化剂外表面传递。这种传递主要是分子扩散。这种扩散引起流体主体与催化剂表面的反应物的浓度不同。

（2）反应物的内扩散：反应物从外表面向固体催化剂微孔内部传递。这种传递也主要靠分子扩散。这种扩散使颗粒内部不同深处反应物的浓度不同。另外，当微孔的直径小于气相分子平均自由程时，气体分子与孔壁之间碰撞以及分子与分子之间的碰撞影响较小，这样的扩散称努森扩散。

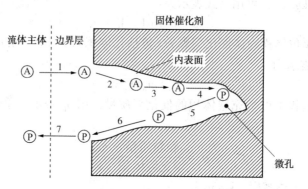

图 7.2.1　固相催化反应的过程（反应 A→P）

（3）反应物的吸附：反应物在催化剂微孔表面活性中心上吸附，成为活化分子。

（4）表面反应：活化分子在微孔表面上发生反应，生成吸附态产物。反应必须借助于催化剂表面的活性中心才能发生。

（5）产物的脱附：反应产物从固体表面脱附，进入固体催化剂微孔。

（6）产物的内扩散：反应物沿固体催化剂内部微孔从内部传递到固体催化剂外表面。

（7）产物的外扩散：反应产物从固体催化剂外表面穿过流体边界层传递到流体主体。

以上 7 个过程中，步骤（1）、（2）、（6）、（7）称为扩散过程，步骤（3）、（4）、（5）称为反应动力学过程，由于这 3 个过程是在表面上发生的，所以亦称表面过程。

总之，固相催化反应是一个多步骤串联的过程，有以下几个特点：①固相反应速率不仅与反应本身有关，而且与反应物及产物的扩散速率有关。②若其中某一个步骤的速率比其他步骤慢，则整个反应速率取决于这一步骤，该步骤称为控制步骤（rate controlling step）；若控制步骤是一个扩散过程，则称扩散控制，又称传质控制；若控制步骤是一个动力学过程，则称动力学控制。③反应达到定常态时，各步骤的速率相等。

二、多相催化反应动力学

固相催化反应的本质是反应物分子以吸附的方式与催化剂结合，形成吸附络合物，吸附络合物之间进一步反应，生成产物，即吸附→表面反应→脱附的过程，这三个过程是直接与化学反应相关的过程，称为本征动力学过程。

1. 基本假定

（1）速率控制步骤假设

在构成反应机理的各个基元反应中，若其中有一个基元反应的速率最慢，它的反应速率即可代表整个反应的速率，则这一最慢反应称为速率控制步骤。但要注意的是，当反应速率相差不大或接近平衡程度的差异不大时，可能不存在速率控制步骤的反应步骤；反应过程中可能同时存在两个速率控制步骤；速率控制步骤并不一定是一成不变的，可能会由于条件的改变而发生变化。

（2）定态近似法

由于自由基等中间产物极活泼、浓度低、寿命又短，所以可以近似认为在反应达到稳定状态后，它们的浓度基本上不随时间而变化。中间产物可能是活化分子、正碳离子、负碳离子、游离基或游离的原子等，其浓度在整个反应过程中维持恒定。

2. 多相催化反应速率方程的推导

（1）一般方程的推导

假设有多相催化反应 $A+B \Longrightarrow R$，下面推导其反应速率方程。由于化学吸附只能发生在活性中心（active site），即固体表面上能与反应物反应的原子。活性中心用符号"σ"表示，则化学吸附的过程可表示为

$$A+\sigma \Longrightarrow A\sigma \tag{7.2.1}$$

式中：$A\sigma$——A 与活性中心生成的络合物。

对于气-固催化反应，吸附速率 v_a 和脱附速率 v_d 可分别表示为

$$v_a = k_{aA} p_A \theta_V \tag{7.2.2}$$

$$v_d = k_{dA} \theta_A \tag{7.2.3}$$

式中　v_a，v_d——吸附速率和脱附速率；

　　　　p_A——A 组分在气相中的分压；

　　　　θ_V——空位率，无量纲；

　　　　θ_A——吸附率，无量纲；

　　　　k_a，k_d——吸附速率常数和脱附速率常数。

同反应速率常数一样，k_a 和 k_d 与温度的关系亦可用阿伦尼乌斯（Arrhenius）公式表示：

$$k_a = k_{a0} \exp\left(-\frac{E_a}{RT}\right) \tag{7.2.4}$$

$$k_d = k_{d0} \exp\left(-\frac{E_d}{RT}\right) \tag{7.2.5}$$

式中：　k_{a0}，k_{d0}——吸附和脱附的增强因子；

　　　　E_a，E_d——吸附和脱附的活化能。

实际观察到的吸附速率，即净吸附速率是吸附速率 v_a 与脱附速率 v_d 之差，当吸附达到平衡时，净吸附速率为零。故

$$k_{aA}p_A\theta_V = k_{dA}\theta_A \qquad (7.2.6)$$

$$\theta_A = K_A p_A \theta_V \qquad (7.2.7)$$

同理对于组分 B 有

$$B + \sigma \rightleftharpoons B\,\sigma \qquad (7.2.8)$$

达到平衡时

$$k_{aB}p_B\theta_V = k_{dB}\theta_B \qquad (7.2.9)$$

$$\theta_B = K_B p_B \theta_V$$

被吸附的组分 A 和组分 B 在催化剂表面发生反应

$$A\,\sigma + B\,\sigma \rightleftharpoons R\,\sigma + \sigma \qquad (7.2.10)$$

$$r = \overrightarrow{k_s}\theta_A\theta_B - \overleftarrow{k_s}\theta_R\theta_V \qquad (7.2.11)$$

产物 R 在催化剂表面脱附

$$R\,\sigma \rightleftharpoons R + \sigma \qquad (7.2.12)$$

达到平衡时

$$k_{aR}p_R\theta_R = k_{dR}\theta_R \qquad (7.2.13)$$

$$q_R = k_R P_R q_v$$

以上各式中，吸附平衡常数 $K_A = k_{aA}/k_{dA}$，$K_B = k_{aB}/k_{dB}$，$K_R = k_{aR}/k_{dR}$ $\qquad (7.2.14)$
又因为

$$\theta_V = 1 - \theta_A - \theta_B - \theta_R \qquad (7.2.15)$$

计算可得

$$\theta_V = \frac{1}{1 + K_A p_A + K_B p_B + K_R p_R} \qquad (7.2.16)$$

$$\theta_A = \frac{K_A p_A}{1 + K_A p_A + K_B p_B + K_R p_R} \qquad (7.2.17)$$

$$\theta_B = \frac{K_B p_B}{1 + K_A p_A + K_B p_B + K_R p_R} \qquad (7.2.18)$$

则有

$$r = r_s = \frac{\overrightarrow{k_s}K_A K_B p_A p_B - \overleftarrow{k_s}K_R p_R}{(1 + K_A p_A + K_B p_B + K_R p_R)^2} = \frac{k\left(p_A p_B - \dfrac{p_R}{K_p}\right)}{(1 + K_A p_A + K_B p_B + K_R p_R)^2} \qquad (7.2.19)$$

其中

正反应速率常数 $k = \overrightarrow{k_s}K_A K_B$

化学平衡常数 $K_p = \dfrac{\overrightarrow{k_s}K_A K_B}{\overleftarrow{k_s}K_R}$

（2）几种特殊情况的讨论

① 若表面反应不可逆，反应速率式可修正为

$$r = \frac{k p_A p_B}{(1 + K_A p_A + K_B p_B + K_R p_R)^2} \qquad (7.2.20)$$

② 若有惰性气体 I 存在，为催化剂所吸附，则会影响反应速率，反应速率式可修正为

180

$$r = \frac{k\left(p_A p_B - \dfrac{p_R}{K_p}\right)}{\left(1 + K_A p_A + K_B p_B + K_R p_R + K_I p_I\right)^2} \quad\quad (7.2.21)$$

③ 如果 A 在吸附时解离，即 $A_2 + 2\sigma \rightleftharpoons 2A\sigma$，反应速率式可修正为

$$r = \frac{k\left(p_A p_B - \dfrac{p_R}{K_p}\right)}{\left[1 + (K_A p_A)^{\frac{1}{2}} + K_B p_B + K_R p_R\right]^2} \quad\quad (7.2.22)$$

④ 若 B 不吸附，R 也不吸附，即 $A\sigma + B \rightleftharpoons R + \sigma$，反应速率式可修正为

$$r = \frac{\vec{k}_s K_A p_A p_B}{1 + K_A p_A} \quad\quad (7.2.23)$$

⑤ 反应物 A 的吸附控制

此时反应速率由反应物 A 吸附净速率决定 $r = k_{aA} p_A \theta_V - k_{dA} \theta_A$

第三步表面反应达到平衡时 $\dfrac{\theta_R \theta_V}{\theta_A \theta_B} = \vec{k}_s / \overleftarrow{k}_s = K_s \theta_A = K_A p_A \theta_V / (K_s K_B p_B)$

其中 K_s 为表面反应平衡常数。

此时

$$\theta_V = \frac{1}{1 + K_R p_R / K_s K_B p_B + K_B p_B + K_R p_R} \quad\quad (7.2.24)$$

$$r = \frac{k_{aA} p_A - k_{dA} K_R p_R / K_s K_B p_B}{1 + K_R p_R / K_s K_B p_B + K_B p_B + K_R p_R} = \frac{k_{aA}(p_A - p_R / K_p p_B)}{1 + K_R p_R / K_s K_B p_B + K_B p_B + K_R p_R} \quad\quad (7.2.25)$$

⑥ 产物 R 的脱附控制

此时反应速率由产物 R 的脱附净速率决定 $r = k_{dR} \theta_R - k_{aR} p_R \theta_V$

$$\theta_V = \frac{1}{1 + K_A p_A + K_B p_B + K_s K_A K_B p_A p_B} \quad\quad (7.2.26)$$

$$r = k_{dR} \theta_R - k_{aR} p_R \theta_V = \frac{k(p_A p_B - p_R / K_p)}{1 + K_A p_A + K_B p_B + K_s K_A K_B p_A p_B} \quad\quad (7.2.27)$$

不同的控制步骤，推出的速率方程式各不相同，但都可以概括为如下的形式：

$$\text{反应速率} = \frac{(\text{动力学项}) \cdot (\text{推动力项})}{(\text{吸附项})^n}$$

$$\text{过程速率} = \text{系数} \times \text{过程的推动力}$$

动力学项——指反应速率常数，它是温度的函数。

推动力项——对于可逆反应，表示离平衡的远近；对于不可逆反应，表示反应进行的程度。

吸附项——表明哪些组分被吸附和吸附的强弱。

（3）推导多相催化反应速率方程的步骤

① 假设该反应的反应步骤；

② 确定速率控制步骤，以该步的速率表示反应速率，并写出该步的速率方程；

③ 其余步骤视为达到平衡，写出各步的平衡式，将各组分的覆盖率转变为各组分分压的函数；

④ 根据覆盖率之和等于1，并结合由步骤③得到的各组分的覆盖率表达式，可将未覆盖率变为各组分分压的函数；

⑤ 将步骤③和④得到的表达式代入步骤②所列出的速率控制步骤速率方程，化简整理后即得该反应的速率方程。

几点说明：①理想吸附极其罕见，但仍广泛使用，是因为所得的速率方程适应性强（是多参数方程）；②采用真实模型来推导反应速率方程，方法、步骤相同，只是采用的吸附速率方程和吸附平衡等温式不同。导出的速率方程有双曲线型的，也有幂函数型；③对一些气固相催化反应的动力学数据分别用幂函数和双曲线型速率方程关联，所得速率方程精度相差不大，前者参数少，便于使用。④有些催化剂表面存在两类吸附位。

3. 动力学参数的确定

动力学参数是指速率方程中所包含的参数，包括吸附平衡常数，反应速率常数（吸附热、指前因子、活化能等），反应级数。对于双曲型动力学模型，需确定反应速率常数和吸附平衡常数；对于幂指数动力学模型，需确定反应级数和反应速率常数。由实验数据求动力学参数的方法主要有两种：积分法和微分法。积分法是将速率方程积分后，再对实验数据进行处理；微分法是根据不同实验条件下测得到反应速率，直接由速率方程估计参数值。

（1）积分法

将速率方程积分后，再对实验数据进行处理。例如恒容条件下幂指型方程：

$$r_A = - \frac{dc_A}{dt} = kc_A^a \qquad (7.2.28)$$

积分后得

$$\frac{1}{c_A^{a-1}} - \frac{1}{c_{A0}^{a-1}} = (a-1)kt \qquad (a \neq 1) \qquad (7.2.29)$$

以时间 t 对 $\frac{1}{c_A^{a-1}}$ 作图应得一条直线，斜率为 $(a-1)k$，截距为 $\frac{1}{c_{A0}^{a-1}}$，如图7.2.2所示。

采用积分法求反应级数和反应速率常数的方法是：先假定 a 值，实验测得 t 与 c_A 的数据，按上法若得一直线，表明 a 正确，进而求得 k，否则重新假定 a 值，直到满意为止。

（2）微分法

根据不同实验条件下测得的反应速率，直接由速率方程估计参数值。两边取对数得

$$\ln r_A = a\ln c_A + \ln k$$

以 $\ln c_A$ 对 $\ln r_A$ 作图应得一条直线，斜率为 a，截距为 $\ln k$，如图7.2.3所示。

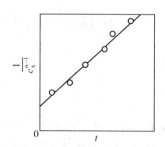
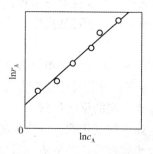

图7.2.2　积分法求反应级数和反应速率常数　图7.2.3　微分法求反应级数和反应速率常数

若参数不多于两个，均可由积分法和微分法求解，若多于两个，除非合理简化，否则需要借助最小二乘法来求解。

4. 内外扩散影响的消除

要测定真实的反应速率，必须排除外扩散和内扩散过程的影响。在消除内、外扩散影响的条件下，各组分在流体主体，固体催化剂表面、微孔内部的浓度相同，可以较简单地确定本征动力学方程。在实验过程中，需要做一些预实验以确定消除扩散影响的实验条件。

（1）外扩散影响的消除

根据传质理论，加大流体流动速度，提高流体湍流程度，可以减小边界层厚度，使边界层的扩散阻力小到足以忽略的程度，这样可以消除外扩散的影响。确定流体流速条件的方法如下：

① 在一反应器内装入质量为 m_1 的催化剂，此时的填充层高度为 h_1，在保持一定温度、压力及进口物料组成的条件下，改变进料流速 q_{nA0}，测定相应的转化率 x_A；

② 在与①相同的反应器内装入质量为 m_2 的催化剂，此时的填充层高度为 h_2，在与①同样的温度、压力、进口物料组成的条件下，改变进料流速 q_{nA0}，测定相应的转化率 x_A；

③ 将实验数据按 x_A-m/q_{nA0} 作图，得两条曲线，如图 7.2.4 所示。

在两条曲线重合部分，尽管气体流动的线速度不同（即流体的流动状态不同），但反应速率相同，说明反应没有受到扩散的影响。在这种实验条件下，可认为消除了外扩散的影响。

（2）内扩散影响的消除

内扩散阻力的大小主要取决于粒径，改变催化剂的直径进行实验，可以确定无内扩散阻力时的催化剂粒径。具体做法为：在一定温度、压力、进口物料组成、进料速率和催化剂填装量的条件下，测定采用不同催化剂粒径 d_p 时的 x_A，以 x_A-d_p 作图，得一曲线，如图 7.2.5 所示。x_A 不随 d_p 变化而变化的区域，即为无内扩散阻力的粒径条件。

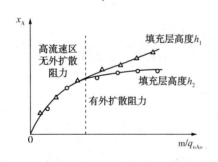
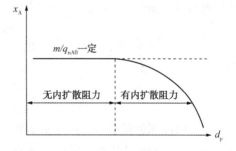

图 7.2.4　消除外扩散影响的实验条件的确定　　图 7.2.5　消除内扩散影响的实验条件的确定

第三节　固相催化反应的宏观动力学

一、宏观反应速率的定义

气-固相催化反应动力学包含了物理过程和化学反应过程，称之为宏观动力学。气-固相催化反应速率，是反应物和产物在气相主体、固体颗粒外表面和内表面上进行物理过程和化学过程反应速率的总和，称之为宏观反应速率或总体速率。在固相催化反应器中，由于内、外扩散的影响，固体催化剂颗粒内部各处的浓度和温度不同，反应速率也不同，因此本征动力学方程应用起来非常困难。在实际应用中，为了方便，常用催化剂颗粒体积为基准的平均反应速率，即宏观反应速率表示反应进行的快慢。宏观反应速率($-R_A$)与本征反应速率$-r_A$之间存在以下关系：

$$-R_A = \frac{\int_0^{V_P}(-r_A)dV_P}{\int_0^{V_P}dV_P} \qquad (7.3.1)$$

式中　$-R_A$——宏观反应速率，$kmol/(m^3 \cdot s)$；

　　　V_P——催化剂颗粒体积，m^3。

宏观反应速率不仅与本征反应速率有关，还与催化剂颗粒大小、形状及扩散过程有关。

二、固相催化反应的宏观动力学方程

宏观动力学方程受颗粒形状、大小以及温度等的影响，下面以球形催化剂为例讨论等温固相催化反应的宏观动力学。

1. 球形催化剂的基本方程

在球形催化剂颗粒内部，由于不断地发生反应消耗反应物，生成产物，则在其内部的反应物的浓度低于流体主体处反应物的浓度，内部的产物的浓度高于流体主体处的产物浓度。从流体主体到颗粒中心，形成了反应物浓度由高(气相主体浓度 C_{Ag})到低(颗粒中心浓度 C_{Ac})的连续分布。如图 7.3.1 所示。

如上所述，催化剂内部各处的浓度不同，温度也有可能不同，因此颗粒内部各处的反应速率也不同。由于内扩散阻力的影响，越靠近中心，反应物浓度越低，因而反应越慢。固体催化剂的实际反应速率(即宏观反应速率)与固体颗粒内部各处的反应物浓度和温度均与固体表面相同时的理想反应速率(即催化剂内部与表面无浓度和温度差时的反应速率)之比定义为催化剂的有效系数(η)，也称效率因子。

$$\eta = \frac{催化剂的实际反应速率}{催化剂表面与内部无浓度及温度差时的理想反应速率}$$

在一级反应中，有

$$\eta = \frac{-R_A V_P}{k_V c_{As} V_P} = \frac{-R_A}{k_V c_{As}} \qquad (7.3.2)$$

式中　k_V——以体积为基准的反应速率常数；

　　　c_{As}——催化剂固体表面的反应物 A 的浓度，$kmol/m^3$。

η 的数值一般在 0~1 之间，η 的数值越接近于 1，说明颗粒内部反应物浓度越接近外表面浓度，内扩散影响越小，催化剂越有效率。反之，η 的数值越接近于 0，则颗粒内部反应物浓度与外表面浓度差异越大，内扩散的影响越大，催化剂的效率越低。影响有效系数的因素很多，可以通过实验测得，也可以通过计算求得。

设在半径为 R 的球形催化剂颗粒内进行等温催化反应。取任一半径为 r 处，厚度为 dr 的壳层为体积单位，如图 7.3.1 所示。流体中 A 组分在体积单位内的物料衡算计算如下：

A 的输入，即($r+dr$)面进入量：$4\pi D_e(r+dr)^2 \frac{d}{dr}(c_A + \frac{dc_A}{dr}dr)$

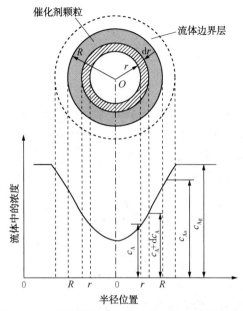

图 7.3.1 球形催化剂颗粒内反应物 A 的浓度分布

A 的输出，即 r 面输出量：$4\pi r^2 D_e \dfrac{dc_A}{dr}$

A 的反应消耗量：$(4\pi r^2 dr)(-r_A)$

积累量：对于连续稳定状态，积累量为 0。

式中 D_e——颗粒外表面积为基准的有效扩散系数，m^2/s。

c_A——颗粒内部各处的浓度，$kmol/m^3$。

A 的物料衡算式为

A 的输入量 = A 的输出量 + A 的反应消耗量 + 积累量

令 $z = r/R$，略去 $(dr)^2$ 项，整理可得

$$\frac{d^2 c_A}{dz^2} + \frac{2}{z}\frac{dc_A}{dz} = \frac{R^2}{D_e}(-r_A) \tag{7.3.3}$$

式中 R——催化剂颗粒半径，m。

式(7.3.3)为球形催化剂的基本方程，其边界条件为

$$r = 0, \quad z = 0, \quad \frac{dc_A}{dz} = 0$$

$$r = R, \quad z = 1, \quad c_A = c_{As}$$

2. 球形催化剂内反应物的浓度分布

对于 n 级不可逆反应，本征动力学方程为

$$-r_A = k_V c_A^n \tag{7.3.4}$$

则球形催化剂颗粒的最大反应速率，即反应物 A 在催化剂颗粒内部各处的浓度与催化剂表面的浓度 c_{As} 相等时的理想反应速率(即最大反应速率)为

$$\frac{4}{3}\pi R^3 k_V c_{As}^n$$

最大内部扩散速率，即催化剂内部球心处反应物 A 的浓度为 0 时(不存在反应物，浓度梯度为 c_{As}/R)的扩散速率为 $4\pi R^2 D_e (c_{As}/R)$。

令

$$\phi_s = \frac{R}{3}\sqrt{\frac{k_V c_{As}^{n-1}}{D_e}} \tag{7.3.5}$$

则

$$\frac{最大反应速率}{内部最大扩散速率} = \frac{\frac{4}{3}\pi R^3 k_V c_{As}^n}{4\pi R^2 D_e(c_{As}/R)} = \frac{R^2}{3}\frac{k_V c_{As}^{n-1}}{D_e} = 3\phi_s^2 \tag{7.3.6}$$

式中　ϕ_s——西勒(Thiele)模数，无量纲。

对于一级反应，$n=1$，式(7.3.5)变为

$$\phi_s = \frac{R}{3}\sqrt{\frac{k_V}{D_e}} \tag{7.3.7}$$

于是

$$\frac{d^2 c_A}{dz^2} + \frac{2}{z}\frac{dc_A}{dz} = (3\phi_s)^2 c_A \tag{7.3.8}$$

令 $\omega = c_A z$，则上式可变为二阶齐次常微分方程：

$$\frac{d^2\omega}{dz^2} = (3\phi_s)^2 \omega \tag{7.3.9}$$

其通解为

$$\omega = c_A z = A_1 \exp(3\phi_s z) + A_2 \exp(-3\phi_s z)$$

将边界条件代入，可求出积分常数 A_1 和 A_2：

$$A_1 = \frac{c_{As}}{2\sinh(3\phi_s)} \tag{7.3.10}$$

$$A_2 = -A_1 = -\frac{c_{As}}{2\sinh(3\phi_s)} \tag{7.3.11}$$

将 A_1 和 A_2 代入通解方程，可得到球形催化剂内反应物 A 的浓度分布方程：

$$c_A = \frac{c_{As}}{z} \cdot \frac{\sinh(3\phi_s z)}{\sinh(3\phi_s)} \tag{7.3.12}$$

3. 球形催化剂的宏观速率方程

球形催化剂的宏观反应速率表达式为

$$-R_A = \frac{1}{V_P}\int_0^{V_P}(-r_A)dV_P \tag{7.3.13}$$

对于球形催化剂，颗粒体积为

$$V_P = \frac{4}{3}\pi r^3$$

则

$$dV_P = 4\pi r^2 dr \tag{7.3.14}$$

对于一级反应 $-r_A = k_V c_A$；将上式和式(7.3.12)代入式(7.3.13)，积分可得

$$-R_A = \frac{1}{\phi_s}\left[\frac{1}{\tanh(3\phi_S)} - \frac{1}{3\phi_S}\right]k_V c_{As} \tag{7.3.15}$$

$$\frac{-R_A}{k_V c_{As}} = \frac{1}{\phi_S}\left[\frac{1}{\tanh(3\phi_S)} - \frac{1}{3\phi_S}\right] \tag{7.3.16}$$

比较式(7.3.16)的左边和催化剂的效率系数的定义，可得

$$\eta = \frac{1}{\phi_S}\left[\frac{1}{\tanh(3\phi_S)} - \frac{1}{3\phi_S}\right] \tag{7.3.17}$$

由式(7.3.2)可知，宏观动力学方程可表示为

$$-R_A = \eta k_V c_{As} \tag{7.3.18}$$

$$-R_A = \eta(-r_A^*) \tag{7.3.19}$$

式中　$-r_A^*$——催化剂内部浓度等于催化剂外表面浓度时的本征反应速率，即最大反应速率，$kmol/(m^3 \cdot s)$。

由式(7.3.18)和式(7.3.19)可知，只要知道 η 值，就可以很简单地计算出宏观反应速率。

4. 西勒模数对固相催化反应过程的影响

西勒模数(ϕ_S)的物理意义是以催化剂颗粒体积为基准的最大反应速率与最大内扩散速率的比值，反映了反应过程受本征反应及内扩散的影响程度。

ϕ_S 值越小，说明扩散速率越大，反应速率受扩散的影响就越小。$\phi_S < 0.1 \sim 0.3$ 时，$\eta \approx 1$，此时扩散的影响可忽略不计。

反之，ϕ_S 值越大，说明扩散速率越小，反应速率受扩散的影响就越大。$\phi_S > 5 \sim 9$ 时，η 小于 0.1，且 $\eta \approx 1/\phi_S$。此时宏观反应速率主要受扩散的影响。

另外，由式(7.3.17)可知，西勒模数直接决定催化剂效率因子的大小。

第四节　固相催化反应器的设计与操作

一、固定床催化反应器

1. 固定床催化反应器的概念

流体通过静态固体颗粒床层进行催化反应的设备叫作固定床催化反应器。固定床催化反应器分为气-固催化反应器和液-固催化反应器。其中以气态反应物料通过由固体催化剂所构成的床层进行化学反应的气-固催化反应器在化工生产中应用最为广泛。

固定床催化反应器床层内流体呈理想流动，流体停留时间可严格控制，温度分布可适当调节；催化反应所需催化剂用量少，反应器体积小，催化剂的颗粒不易磨损，可在高温高压下操作等。但在反应器内，流体流速不能太快，传热性能比较差，温度分布不易控制；特别是在换热式反应器的放热反应中，轴向位置存在"热点"，易造成"飞温"；不能使用细颗粒的催化剂，且催化剂的再生和更换不便。

固定床催化剂的形式多种多样，按床层与外界的热交换方式，可分为绝热式反应器（单段绝热式、多段绝热式）、对外换热式反应器、自热式反应器等。催化反应大多数伴随着热效应，反应器的温度控制非常重要，但当催化反应的热效应很小，且单位床层体积具有较大传热表面时，可以近似作为等温反应计算，这样可以大大简化设计计算。

2. 固定床催化反应器的设计

固定床反应器设计的主要任务是根据原料组成和要实现的转化率计算求出反应器的体

积，催化剂的需要量、床层高度以及有关的工艺参数等。

由于固定床内的流动、传热、传质和反应非常复杂，在设计中通常采用模型法，即对床层内的流体与催化剂颗粒的行为进行一定的简化。其中，一维拟均相理想模型是最简单的模型，在该模型中，忽略床层中催化剂颗粒与流体之间温度与浓度差别，将气相反应物与催化剂看成均匀连续的均相物系。一维拟均相理想模型的基本假设如下：①流体在反应器中的温度、浓度在径向上均一，仅沿轴向变化，流体流动相当于推流式反应器；②流体与催化剂在同一截面处的温度、反应物浓度相同。

（1）等温反应器的设计

对于如图 7.4.1 所示的等温固定床反应器，设床层温度为 T，且均匀一致，入口处 A 组分摩尔流量为 q_{nA_0}，反应率为 $x_{A0}=0$，反应速率用反应率的函数表示为

$$-r_{Am} = -\frac{1}{m} \cdot \frac{dn_A}{dt} = \frac{n_{A0}}{m} \cdot \frac{dx_A}{dt} \tag{7.4.1}$$

$$-r_{Am} = -\frac{R_A}{\rho_p} \tag{7.4.2}$$

式中　$-r_{Am}$——以催化剂质量为基准的反应速率，$kmol/kg \cdot s$；

ρ_p——催化剂颗粒的密度，kg/m^3。

对于厚度为 dl 的填充层微体积单元，单位时间内的反应物 A 是进入量、流出量以及反应量如下：

A 的流入量 $= q_{nA}$

A 的流出量 $= q_{nA}+dq_{nA}$

A 的反应量 $= (-r_{Am}) dm = (-r_{Am}) S\rho_b dl$

式中　ρ_b——催化剂层的颗粒堆积密度，kg/m^3；

S——床层截面积，m^2；

m——催化剂质量，kg。

反应达到定常态时，积累量 $=0$，故微体积单元的物料衡算式可表示为

$$q_{nA} = (q_{nA}+dq_{nA}) + (-r_{Am}) dm \tag{7.4.3}$$

$$(-r_{Am}) dm = -dq_{nA} \tag{7.4.4}$$

因为　　　$q_{nA} = q_{nA0}(1-x_A)$ $\tag{7.4.5}$

故　　　　$dq_{nA} = -q_{nA0} dx_A$ $\tag{7.4.6}$

将式(7.4.6)代入(7.4.4)，可得

$$(-r_{Am}) dm = q_{nA0} dx_A \tag{7.4.7}$$

对式(7.4.7)进行积分，可得

$$\frac{m}{q_{nA0}} = \int_0^m \frac{dm}{q_{nA0}} = \int_0^{x_A} \frac{dx}{-r_{Am}} \tag{7.4.8}$$

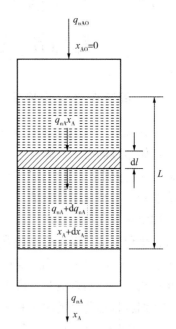

图 7.4.1　固定床催化反应器的物料衡算

利用反应速率 $-r_{Am}$ 与 x_A 的函数关系 $-r_{Am}=f(x_A)$ 或不同 x_A 时 $-r_{Am}$ 的数值，由式(7.4.8)可求得催化剂的质量 m，再利用式(7.4.9)可求出床层高度 L：

$$L = \frac{m}{S\rho_b} \qquad (7.4.9)$$

一般来说，固定床反应器换热比较困难，很难做到等温操作，因此此法仅用于对反应器进行估算。

（2）非等温固定床催化反应器的设计

非等温固定床反应器设计的基本方法是根据物料衡算、热量衡算和反应速率随温度与转化率的函数 $-r_{Am} = f(x_A, T)$ 解联立方程，或用图解法计算出所需催化剂的质量和体积以确定反应率与温度。

【例题7.4.1】 三氯乙烯（C_2HCl_3，TCE）与 TiO_2 接触反应时，大部分转化成 CO_2 和 HCl（Cl^-），还生成少量的 $COCl_2$ 和 $CHCl_3$。TCE 浓度为 $c_0 = 0.02mol/m^3$ 的地下水用填充 TiO_2 的反应器分解，流量为 $q_v = 0.05m^3/s$，分解反应的速率是 $-r_c = \dfrac{ac}{1+bc}$（式中反应速率常数 a、b 分别为 $0.029m^3/s \cdot kg$ 和 $109m^3/mol$）。求 TCE 浓度减少80%所需催化剂质量 m。

解： 由式（7.4.8）

$$\frac{m}{q_n c_0} = \int_0^{x_c} \frac{dx_c}{-r_c}$$

得

$$\frac{m}{q_V} = c_0 \int_0^{x_C} \frac{dx_C}{-r_C} = \int_{c_0}^{c} \frac{dc}{r_C} = -\frac{1}{a}\ln\frac{c}{c_0} - \frac{b}{a}(c - c_0)$$

代入数据求得

$$m = q_V \int_{c_0}^{c} \frac{dc}{r_C} = q_V \left[-\frac{1}{a}\ln\frac{c}{c_0} - \frac{b}{a}(c - c_0) \right]$$

$$= 0.05 \times \left[-\frac{1}{0.029}\ln\frac{0.02 \times (1-80\%)}{0.02} + \frac{109}{0.029} \times 0.02 \times 0.8 \right]kg = 5.78kg$$

二、流化床反应器的设计与操作

1. 固体粒子的流态化

（1）流态化

当流体自下而上通过固体颗粒层时，若流速达到一定程度，床层中的固体颗粒会悬浮在流体介质中，进行不规则的激烈运动，看起来固体粒子像流体一样进行流动，这种现象称作固体粒子的流态化。除重力作用外一般是依靠气体或液体的流动来带动固体颗粒运动的。

催化剂颗粒处于流化态状态的反应器称流化床反应器。固体流化态分为固定床、临界流化床、流化床、气流输送床等几种形式。

流化床内固体颗粒的流化状态随流速的变化而变化，如图7.4.2所示。

如流速较低，则固体颗粒不动，这就是固定床；流速升高到一定程度时，颗粒间空隙开始增加，床层体积逐渐增大，床高增加，此时处于膨胀状态；流速继续升高，当流体颗粒间的摩擦力等于固体颗粒质量时，固体颗粒开始悬浮在流体中，开始形成流态化，此时对应的空床线速度称为临界流化速度（u_{mf}）。流体流速大于 u_{mf} 时，床层继续升高，进入完全流态化状态。流体流速继续升高至某一数值时，固体颗粒将被流体带出，这种现象称为流体输送，对应的流速称为颗粒带出速度（u_t）。

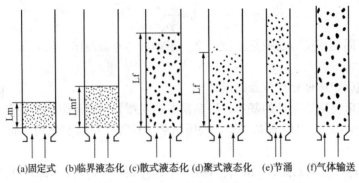

(a)固定式　(b)临界液态化　(c)散式液态化　(d)聚式液态化　(e)节涌　(f)气体输送

图 7.4.2　流化态的各种形式

与固定床相比，流化床有许多优点，因此其应用范围从化学工业拓展到燃烧、环境工程等领域。流化床的主要优点：①热能效率高，而且床内温度易于维持均匀；②传质效率高；③颗粒一般较小，可以消除内扩散的影响，能有效发挥催化剂的作用；④反应器的结构简单。但流化床也存在以下不足：①能量消耗大；②颗粒间的磨损和带出造成催化剂的损耗；③气-固反应的流动状态不均匀，有时会降低气-固接触面积；④颗粒的流动基本上是全混流，同时造成流体的返混，影响反应速率。

（2）散式流化床和聚式流化床

散式流化床是指颗粒均匀地分布在整个床层内的流化床。其特点是随着流速的增加床层均匀膨胀，床内空隙率均匀增加，床层上界面平稳，压降稳定，波动很小。因此散式流化态是较理想的流化状态。一般流-固两相密度差较小的体系呈现散式流态化特征，如液-固流化床。

聚式流化床颗粒在床层的分布不均匀，床层呈现两相结构：一相是颗粒浓度与空隙率分布较为均匀且接近初始流态化状态的连续相，称为乳化相；另一相则是以气泡形式夹带少量颗粒穿过床层向上运动的不连续的气泡相，因此又称为鼓泡流态化。聚式流态化出现在流-固密度差较大的体系，如气-固流化床。在聚式流态化中，超过初始流化所需的大量气体聚并成气泡上升，在床面上破裂而将颗粒向床面以上空间抛送。这不仅造成床层界面的较大起伏、压降的波动，而乳化相中的气体因流速低，与颗粒接触时间太长，由此造成了气-固接触不均匀。

一般情况下，液固流化为散式流化，气固流化为聚式流化，颗粒与流体之间的密度差是它们之间的主要区别。如果是在压力较高的气固系统或者用较轻的液体流化较重的颗粒等特殊情况下，可用弗劳德数（Fr_{mf}）来区分两种流化态：

$$Fr_{mf} = \frac{u_{mf}^2}{d_p g} \qquad (7.4.10)$$

式中　u_{mf}——临界流化速度；

　　　d_p——颗粒粒径。

研究表明，当 $Fr_{mf} > 1.3$ 时，则流化态为散式流化，当 $Fr_{mf} < 0.13$ 时，流化态为聚式流化。

2. 流化床反应器

流化床反应器是利用气体或液体自下而上通过固体颗粒床层而使固体颗粒处于悬浮运动

状态，并进行气固相反应或液固相反应的反应器。在用于气固系统时，又称作沸腾床反应器。流化床反应器广泛应用于气固催化反应器，由于流化床反应器具有传热性能好、温度均匀的特点，已成为强放热反应或对温度特别敏感的反应过程的重要设备。

催化剂在气流的作用下呈流化态。被处理的气体由下部进气管进入，经过流化床发生催化反应，在经高温过滤器分离催化剂后，由排气管排放。为防止催化剂颗粒堵塞过滤器，从上部喷入某种气体进行周期性反吹清灰。流化床内还设有列管式换热器，以控制反应温度。流化床反应器如图 7.4.3 所示。

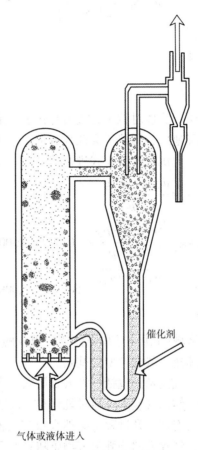

图 7.4.3　流化床反应器

3. 流化床的设计

流化床反应器的设计由一系列的物料平衡、热量平衡、流体力学方程、动力学方程组成。建立了流化床的数学模型，就可进行反应器参数和操作条件的设计。在气-固反应流化床中，由于颗粒分布不均匀以及气泡的存在，数学模型较为复杂。在环境工程中，流化床反应器常用于水质净化系统，流体为水溶液，床层处于散式流态化状态。因此，大多数情况下可以利用简单均相模型即全混流模型或活塞流模型进行计算。

（1）流化床中的气-固运动

① 临界流化速度 u_{mf}

当流体流过颗粒床层的阻力等于床层颗粒重量时，床层中的颗粒开始流动起来，这时的流体速度为临界流化速度，仅与流体和颗粒的物性有关。

对于小颗粒，若 $Re_p = \dfrac{d_p u_{mf} \rho}{\mu} < 20$，有

$$u_{mf} = \frac{d_p^2 (\rho_p - \rho) g}{1650 \mu} \tag{7.4.11}$$

对于大颗粒，若 $Re_p = \dfrac{d_p u_{mf} \rho}{\mu} > 1000$，有

$$u_{mf} = \left[\frac{d_p (\rho_p - \rho) g}{24.5 \rho} \right]^{1/2} \tag{7.4.12}$$

式中 d_p——颗粒的平均粒径；

ρ_p，ρ——颗粒和气体的密度；

μ——气体的黏度。

② 带出速度

当气体流速增大到一定值时，流体对粒子的曳力与粒子的重力相等，即床层内流体的速度等于颗粒在流体中的自由沉降速度，则粒子会被气流带走，此时气体的空床速度即带出速度。对于球形固体颗粒，可用重力沉降速度公式进行计算：

$$u_t = \frac{d_p^2 (\rho_p - \rho) g}{18 \mu} \qquad Re_p < 0.4 \tag{7.4.13}$$

$$u_t = d_p \sqrt[3]{\frac{4 g^2 (\rho_p - \rho)^2}{225 \mu \rho}} \qquad 0.4 < Re_p < 500 \tag{7.4.14}$$

$$u_t = 1.74 \sqrt{\frac{(\rho_p - \rho) d_p g}{\rho}} \qquad 500 < Re_p < 200000 \tag{7.4.15}$$

（2）气泡及其行为

流化床层由固体颗粒密集区域(乳化相)和固体颗粒很少的区域(气泡相)组成，气泡的结构和行为是分析流化床特性和建立数学模型的基础。

气泡由气泡和气泡晕组成，气泡晕又包括气泡云和尾涡。当气体通过床层时一部分气体与颗粒之间组成乳化相，其余气体以气泡形式通过乳化相。由于气体上升速度与乳化相速度不同，存在明显的速度差异，气泡在上升过程中必然会挟带气泡周围一定量的乳化相物质。气泡在上升时其尾部形成负压，将吸入部分乳化相物质随其上升，这部分称尾涡。气泡上升时气泡外侧一定厚度的乳化相将随气泡一起上升，这部分被称为气泡云。气泡晕中粒子浓度与乳化相相同，包在气泡周围，伴随着气泡一起上升，形成循环气流。尾涡夹带颗粒上升，上升到一定高度气泡破裂，颗粒下降，形成颗粒的大循环。而在乳化相内，颗粒的无规则运动形成小循环。气泡及其流线情况如图 7.4.4 所示。

气泡的上升速度是影响气泡相与乳化相之间传质和传热的重要因素。根据不同的模型和实验数据，整理出一些经验公式。

单个气泡上升速度：

$$u_{br} = 0.711 (g d_b)^{1/2} \tag{7.4.16}$$

式中 u_{br}——单个气泡上升速度，cm/s；

d_b——气泡直径，cm。

气泡群上升速度：

$$u_b = u_0 - u_{mf} + 0.711(gd_b)^{1/2} \qquad (7.4.17)$$

式中 u_b——气泡群上升速度，cm/s;

u_0——空床气速，cm/s。

事实上床层内气泡大小是不均匀的，且是不断长大的，有人提出一些不同的经验式。由于气泡行为的复杂性，现有的经验公式都存在一定的局限性。

气泡中气体的穿流量可用下式计算：

$$q = 3u_{mf}\pi R_b^2 \qquad (7.4.18)$$

式中 R_b——气泡半径，cm。

（3）乳化相的动态

乳化相是指床层中气泡相之外的区域。该区域内颗粒密集，是发生化学反应的主要场所。

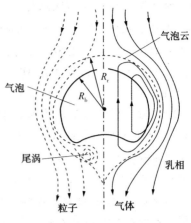

图 7.4.4　气泡及其流线情况

在上升气泡作用下，乳化相中的颗粒形成上下循环和杂乱无章的随机运动，这种运动促使颗粒快速混合均匀。在安装挡板或挡网等内部构件的床层中，颗粒的自由运动受到阻碍，其行程变得更加复杂。

乳化相中颗粒的形状、尺寸和密度对其流态化的性能影响极大。对于气固流态化，根据不同的颗粒密度和粒度，颗粒可分为 A、B、C、D 四类。A 类颗粒，称为细颗粒，粒度较小，在 30~100μm 之间，密度 $\rho_p < 1400kg/m^3$，适于流化，A 类颗粒形成鼓泡床后，乳化相中气、固返混较严重，床层中生成的气泡小，特别适合催化过程。B 类颗粒，称为粗颗粒，粒度较大，在 100~600μm 之间，密度 ρ_p 在 $1400kg/m^3$~$4000kg/m^3$ 之间，适于流化，乳化相中气、固返混较小。砂粒是典型的 B 类颗粒。C 类为超细颗粒，粒度小于 30μm，颗粒间有黏附性，易团聚，气体容易产生沟流，不适用于流化床。D 类为过粗颗粒，粒度大于 600μm，流化时，易产生大气泡和节涌，操作难以稳定。因此在确定颗粒粒度时要注意，颗粒粒径应在 A 类或 B 类范围内，且颗粒应具有适当的粒度分布。

习　　题

1. 用氨催化还原法治理硝酸车间排放含有 NO_x 的尾气。尾气排放量为 13000Nm³/h，尾气中含有 NO_x 为 0.28%，N_2 为 95%，H_2O 为 1.6%。使用的催化剂为直径 5mm 的球形粒子，反应器入口温度为 493K，空速为 18000h⁻¹，反应温度为 533K，空气速度为 1.52m/s。求：

（1）催化固定床中气固相的接触时间；

（2）催化剂床层体积；

（3）催化床床层层高；

（4）催化剂床层的阻力。

2. 将处理量为 25mol/min 的某一种污染物送入催化反应器，要求达到 74% 的转化率。假定采用长 6.1m，直径为 3.8cm 管式反应器，试求所需催化剂量及反应管数。设反应速度为 $-r_A(kmol \cdot kg^{-1} \cdot min^{-1}) = 0.15(1-x_A)$，催化剂的填充密度为 580kg/m³。

3. 为减少 SO_2 排放，拟用一催化剂将 SO_2 转化为 SO_3。已知：进入催化器的总气体量为 7320kg/d，SO_2 的质量流量为 230kg/d，进气温度为 250℃。假如反应时恒温，并要求不大

于 SO_2 的允许排放量 56.75kg/d，试计算催化剂用量。

4. 某气相反应 2A —→R+S 在固体催化剂存在下进行，该反应的速率方程为 $-r_A = kc_A^2$。已知纯 A 的体积流量为 2.5m³/h 时，在 350℃、2MPa 下加入装有 3L 催化剂的中试管式反应器中，反应物 A 的转化率为 70.0%。现要求设计一反应器，在 350℃、4MPa 下处理体积流量为 150m³/h 的原料气，原料气中 A 和稀释剂的体积分数分别为 0.70 和 0.30，求 A 的转化率为 90.0% 时，所需催化剂的床层体积。

5. 某一级不可逆气固相催化反应，在 $c_A = 10^{-2}$ mol/L、0.1013MPa 和 400℃ 条件下，其反应速率为 $-r_A = kc_A = 10^{-6}$ mol/(s·cm³)，如果要求催化剂内扩散对总速率基本上不发生影响，则如何确定催化剂粒径(已知 $D_e = 10^{-3}$ cm²/s)？

6. 由直径为 3mm 的多孔球形催化剂组成的等温固定床，在其中进行一级不可逆反应，基于催化剂颗粒体积计算的反应速率常数为 0.8s⁻¹，有效扩散系数为 0.013cm²/s。当床层高度为 2m 时，可达到所要求的转化率。为了减小床层的压力降，改用直径为 6mm 的球形催化剂，其余条件均保持不变，流体在床层中的流动均为层流。试计算：

(1) 催化剂床层的高度；

(2) 床层压力降减小的百分率。

附录1 干空气的物理性质

温度/ ℃	密度/ (kg·m^{-2})	比热容/ (kJ·kg^{-1}·K^{-1})	比热容/ (kcal·kg^{-1}·℃$^{-1}$)	导热系数/ (W·m^{-1}·K^{-1})	导数系数/ (kcal·m^{-1}·h^{-1}·℃$^{-1}$)	黏度/ (10^{-5}Pa·s)	运动黏度/ (10^{-6}m^2·s^{-1})	普兰特数 Pr
−50	1.584	1.013	0.242	0.0204	0.0175	1.46	9.23	0.728
−40	1.515	1.013	0.242	0.0212	0.0182	1.52	10.04	0.728
−30	1.453	1.013	0.242	0.0220	0.0189	1.57	10.80	0.723
−20	1.395	1.009	0.241	0.0228	0.0196	1.62	11.60	0.716
−10	1.342	1.009	0.241	0.0236	0.0203	1.67	12.43	0.712
0	1.293	1.005	0.240	0.0244	0.0210	1.72	13.28	0.707
10	1.247	1.005	0.240	0.0251	0.0216	1.77	14.16	0.705
20	1.205	1.005	0.240	0.0259	0.0223	1.81	15.06	0.703
30	1.165	1.005	0.240	0.0267	0.0230	1.86	16.00	0.701
40	1.128	1.005	0.240	0.0276	0.0237	1.91	16.96	0.699
50	1.093	1.005	0.240	0.0283	0.0243	1.96	17.95	0.698
60	1.060	1.005	0.240	0.029	0.0249	2.01	18.97	0.696
70	1.029	1.009	0.241	0.0297	0.0255	2.06	20.02	0.694
80	1.000	1.009	0.241	0.0305	0.0262	2.11	21.09	0.692
90	0.972	1.009	0.241	0.0313	0.0269	2.15	22.10	0.690
100	0.946	1.009	0.241	0.0321	0.0276	2.19	23.13	0.688
120	0.898	1.009	0.241	0.0334	0.0287	2.29	25.45	0.686
140	0.854	1.013	0.242	0.0349	0.0300	2.37	27.80	0.684
160	0.815	1.017	0.243	0.0364	0.0313	2.45	30.09	0.682
180	0.779	1.022	0.244	0.0378	0.0325	2.53	32.49	0.681
200	0.746	1.026	0.245	0.0393	0.0338	2.60	34.85	0.680
250	0.674	1.038	0.248	0.0429	0.0367	2.74	40.61	0.677
300	0.615	1.048	0.25	0.0461	0.0396	2.97	48.33	0.674
350	0.566	1.059	0.253	0.0491	0.0422	3.14	55.46	0.676
400	0.524	1.068	0.255	0.0521	0.0448	3.31	63.09	0.678
500	0.456	1.093	0.261	0.0575	0.0494	3.62	79.38	0.687
600	0.404	1.114	0.266	0.0622	0.0535	3.91	96.89	0.699
700	0.362	1.135	0.271	0.0671	0.0577	4.18	115.4	0.706
800	0.329	1.156	0.276	0.0718	0.0617	4.43	134.8	0.713
900	0.301	1.172	0.28	0.0763	0.0656	4.67	155.1	0.717
1000	0.277	1.185	0.283	0.0804	0.0694	4.90	177.1	0.719
1100	0.257	1.197	0.286	0.0850	0.0731	5.12	199.3	0.722
1200	0.239	1.206	0.288	0.0915	0.0787	5.35	233.7	0.724

附录2 水的物理性质

温度/ ℃	饱和蒸 气压 p/ kPa	密度 ρ/ (kg·m⁻³)	焓 H/ (kJ·kg⁻¹)	比定 压热容 c_p/ (kJ·kg⁻¹· K⁻¹)	导热系数 λ/ (10⁻²W· m⁻¹·K⁻¹)	黏度 μ/ (10⁻⁵Pa·s)	体积膨胀 系数 β/ (10⁻⁴℃⁻¹)	表面张力 σ/ (10⁻³N· m⁻¹)	普兰特数 Pr
0	0.6082	999.9	0	4.212	55.13	179.21	0.63	75.60	13.66
10	1.2262	999.7	42.04	4.191	57.45	130.77	0.70	74.10	9.52
20	2.3346	998.2	83.90	4.183	59.89	100.50	1.82	72.60	7.01
30	4.2474	995.7	125.69	4.174	61.76	80.07	3.21	71.20	5.42
40	7.3766	992.2	167.51	4.174	63.38	65.60	3.87	69.60	4.32
50	12.310	988.1	209.30	4.174	64.78	54.94	4.49	67.70	3.54
60	19.923	983.2	251.12	4.178	65.94	46.88	5.11	66.20	2.98
70	31.164	977.8	292.99	4.178	66.76	40.61	5.70	64.30	2.54
80	47.379	971.8	334.94	4.195	67.45	35.65	6.32	62.60	2.22
90	70.136	965.3	376.98	4.208	67.98	31.65	0.95	60.70	1.96
100	101.33	958.4	419.1	4.220	68.04	28.38	7.52	58.80	1.76
110	143.31	951.0	461.34	4.238	68.27	25.89	8.08	56.90	1.61
120	198.64	943.1	503.67	4.250	68.50	23.73	8.64	54.80	1.47
130	270.25	934.8	546.38	4.266	68.50	21.77	9.17	52.80	1.36
140	361.47	926.1	589.08	4.287	68.27	20.10	9.72	50.70	1.26
150	476.24	917.0	632.2	4.312	68.38	18.63	10.30	48.60	1.18
160	618.28	907.4	675.33	4.346	68.27	17.36	10.70	46.60	1.11
170	792.59	897.3	719.29	4.379	67.92	16.28	11.30	45.30	1.05
180	1003.5	886.9	763.25	4.417	67.45	15.30	11.90	42.30	1.00
190	1255.6	876.0	807.63	4.460	66.99	14.42	12.60	40.80	0.96
200	1554.77	863.0	852.43	4.505	66.29	13.63	13.30	38.40	0.93
210	1917.72	852.8	897.65	4.555	65.48	13.04	14.10	36.10	0.91
220	2320.88	840.3	943.7	4.614	64.55	12.46	14.80	33.80	0.89
230	2798.59	827.3	990.18	4.681	63.73	11.97	15.90	31.60	0.88
240	3347.91	813.6	1037.49	4.756	62.80	11.47	16.80	29.10	0.87
250	3977.67	799.0	1085.64	4.844	61.76	10.98	18.10	26.70	0.86
260	4693.75	784.0	1135.04	4.949	60.84	10.59	19.70	24.20	0.87
270	5503.99	767.9	1185.28	5.070	59.96	10.20	21.60	21.90	0.88
280	6417.24	750.7	1236.28	5.229	57.45	9.81	23.70	19.20	0.89
290	7443.29	732.3	1289.95	5.485	55.82	9.42	26.20	17.20	0.93
300	8592.94	712.5	1344.8	5.736	53.96	9.12	29.20	14.70	0.97
310	9877.96	691.1	1402.16	6.071	52.34	8.83	32.90	12.30	1.02

温度/ ℃	饱和蒸气压 p/ kPa	密度 ρ/ (kg·m^{-3})	焓 H/ (kJ·kg^{-1})	比定压热容 c_p/ (kJ·kg^{-1}·K^{-1})	导热系数 λ/ (10^{-2}W·m^{-1}·K^{-1})	黏度 μ/ (10^{-5}Pa·s)	体积膨胀系数 β/ (10^{-4}℃$^{-1}$)	表面张力 σ/ (10^{-3}N·m^{-1})	普兰特数 Pr
320	11300.3	667.1	1462.03	6.573	50.59	8.53	38.20	10.00	1.11
330	12879.6	640.2	1526.19	7.243	48.73	8.14	43.30	7.82	1.22
340	14615.8	610.1	1594.75	8.164	45.71	7.75	53.40	5.78	1.38
350	16538.5	574.4	1671.37	9.504	43.03	7.26	66.80	3.89	1.60
360	18667.1	528.0	1761.39	13.984	39.54	6.67	109.0	2.06	2.36
370	21040.9	450.5	1892.43	40.319	33.73	5.69	264.0	0.48	6.80

参 考 文 献

[1] 胡洪营，等．环境工程原理[M]．北京：高等教育出版社，2005.

[2] 威廉·W·纳扎洛夫，莉萨·阿尔瓦雷斯-科恩．环境工程原理[M]．北京：化学工业出版社，2006.

[3] 何强，井文涌，王翊亭．环境学导论[M]．北京：清华大学出版社，2004.

[4] 近藤精一，石川达雄，安部郁夫．吸附科学(第二版)[M]．北京：化学工业出版社，2006.

[5] 陈敏恒，等．化工原理(第四版)[M]．北京：化学工业出版社，2015.

[6] 朱炳辰主编．化学反应工程(第五版)[M]．北京：化学工业出版社，2013.

[7] 朱炳辰，翁惠新，朱子彬．催化反应工程[M]．北京：中国石化出版社，2001.